连续流动分析方法
在烟草化学检测中的应用

张 威　何声宝　刘 楠　主编

化学工业出版社

·北京·

内容简介

　　流动分析是自动湿化学分析方法，具有自动化程度高、分析用样少、精度高等优点，目前已广泛用于烟草及其制品分析检测中。本书围绕烟草分析和连续流动分析方法，对方法的背景、相关技术、发展趋势有详细的介绍，内容涵盖了烟草分析必备的化学分析基础知识、分光光度法及连续流动法基础知识、烟草化学基础，重点介绍了烟草中各成分的测定，旨在为烟草分析技术人员使用连续流动分析仪时提供帮助，以利于提高烟草检测技术水平。

图书在版编目（CIP）数据

连续流动分析方法在烟草化学检测中的应用 / 张威，
何声宝，刘楠主编. —北京：化学工业出版社，2022.7
　　ISBN 978-7-122-41193-8

　　Ⅰ．①连…　Ⅱ．①张…②何…③刘…　Ⅲ．①烟草-
化学成分-化学分析　Ⅳ．①TS424

　　中国版本图书馆 CIP 数据核字（2022）第 059577 号

责任编辑：李晓红　　　　　　　　　　　　　文字编辑：高璟卉
责任校对：杜杏然　　　　　　　　　　　　　装帧设计：关　飞

出版发行：化学工业出版社（北京市东城区青年湖南街 13 号　邮政编码 100011）
印　　刷：三河市航远印刷有限公司
装　　订：三河市宇新装订厂
710mm×1000mm　1/16　印张 20¾　字数 394 千字
2022 年 8 月北京第 1 版第 1 次印刷

购书咨询：010-64518888　　　　　　　　售后服务：010-64518899
网　　址：http://www.cip.com.cn
凡购买本书，如有缺损质量问题，本社销售中心负责调换。

定　　价：128.00 元　　　　　　　　　　　版权所有　违者必究

编写人员名单

主 编

张 威　何声宝　刘 楠

副主编

彭丽娟　王英元　冯晓民

罗安娜　刘恩芬　张海燕　王红霞

编 委

彭黔荣　范多青　王 锴　孔浩辉　冯群芝

王晓春　张 杰　马 莉　杜国荣　王春琼

高 韬　杨 柳　戴硕荣　杜 文　王 菲

吴寿明　李绍晔　张玉璞　周 浩　蒋腊梅

姜兴益　张洪非　王 颖　尚 峰　王 毅

前　言

　　烟草化学是一门新兴的学科，它是在烟草工业发展过程中建立和发展起来的。自 1809 年发现烟草中含有剧毒物质尼古丁后，人们对烟草成分的研究就非常重视。烟草从栽培到制成供人们消费的烟草制品，经历了一系列的变化过程，在这些过程中，对烟草吸食品质起主导作用的化学成分的质和量的变化，直接影响烟草制品的质量。这样就促使人们从化学角度对烟草进行研究，对烟草成分进行分析，同时积累了大量资料，逐步形成了烟草化学和烟草分析。

　　从分析技术上讲，目前烟草分析已走上灵敏、连续、自动化的道路，各种先进的分离分析方法已广泛应用。流动分析是一种自动湿化学分析方法，由于其具有自动化程度高、分析用样少、精度高等优点，目前已广泛用于烟草及烟草制品的分析检测中。本书共分十章，内容涵盖了化学分析基础，分光光度法及连续流动法基础，烟草化学基础，抽样及水分的测定，烟草中总植物碱、水溶性糖、含氮化合物、无机元素及无机阴离子、淀粉等化学成分的测定，以及卷烟烟气中氰化物的测定，旨在为烟草分析技术人员使用连续流动分析仪时提供帮助，以利于提高烟草检测技术水平。

　　本书在编写过程中参考了大量国内外专家和学者的研究成果及相关文献，在此向他们致以衷心的感谢。

　　受编者水平所限，书中难免存在疏漏和不妥之处，敬请读者批评指正。

编者
2022 年 6 月

目 录

第一章

化学分析基础

第一节 化学分析方法

化学分析又称为经典分析法或湿法分析，是以物质所发生的化学反应为基础的分析方法，主要有滴定分析法和重量分析法。滴定分析法按照滴定过程中所采用的化学反应类型，又可分为酸碱滴定法、氧化还原滴定法、沉淀滴定法等，下面分别予以介绍。

一、酸碱滴定法

酸碱滴定法是以酸碱中和反应为基础的滴定分析方法。其滴定反应的实质是 H^+ 与 OH^- 中和生成难解离的水：

$$H^+ + OH^- \rightleftharpoons H_2O$$

此法可测定酸、碱、弱酸盐、弱碱盐等。酸碱中和反应的特点是：反应速度快，反应过程简单，副反应少，有很多指示剂可供选用以确定滴定终点。这些特点都有利于进行滴定分析。因此，酸碱滴定法是应用非常广泛的滴定分析方法之一。

（一）水溶液中的酸碱解离平衡

1. 酸碱质子理论

1923 年，丹麦化学家布朗斯特提出的酸碱质子理论认为：凡是能给出质子（H^+）的物质都是酸，如 HCl、HAc、H_2CO_3、HCO_3^-、NH_4^+ 等；凡是能接受质子（H^+）的物质都是碱，如 OH^-、NH_3、Ac^-、HCO_3^-、CO_3^{2-} 等。可见酸碱可以是阳离子、阴离子，也可以是中性分子。它们的关系可用下式表示：

$$HA（酸）\rightleftharpoons H^+ + A^-（碱）$$

上述反应称为酸碱半反应。反应式中 HA 给出一个质子形成酸根 A^-；反之，A^- 接受一个质子后又可生成 HA。HA 和 A^- 称为共轭酸碱对，如：

$$HAc \rightleftharpoons H^+ + Ac^-$$
$$HCl \rightleftharpoons H^+ + Cl^-$$
$$H_2CO_3 \rightleftharpoons H^+ + HCO_3^-$$
$$HCO_3^- \rightleftharpoons H^+ + CO_3^{2-}$$

有些物质，如 HCO_3^- 等，在某一条件下可以给出质子表现为酸，在另一条件下又可以接受质子表现为碱，这样的物质称为两性物质。

应该指出的是上述酸碱半反应不能单独进行。当一种酸给出质子时，溶液中必定有一种碱接受质子。酸碱反应的实质是两个共轭酸碱对之间的质子传递。例如，HAc 在水溶液中解离时，HAc 是给出质子的酸，而溶剂水是接受质子的碱，两个酸碱对相互作用达到平衡状态。

半反应1 $\qquad$ $HAc \rightleftharpoons H^+ + Ac^-$

半反应2 $\qquad$ $H_2O + H^+ \rightleftharpoons H_3O^+ + Ac^-$

总反应 $\qquad$ $HAc + H_2O \rightleftharpoons H_3O^+ + Ac^-$

$\qquad$ 酸1 $\quad$ 碱2 $\qquad$ 酸2 $\quad$ 碱1

同样，碱在水溶液中的解离过程也必须有溶剂分子参加，如 NH_3 的解离反应式如下：

半反应1 $\qquad$ $NH_3 + H^+ \rightleftharpoons NH_4^+$

半反应2 $\qquad$ $H_2O \rightleftharpoons OH^- + H^+$

总反应 $\qquad$ $NH_3 + H_2O \rightleftharpoons OH^- + NH_4^+$

$\qquad$ 碱1 $\quad$ 酸2 $\qquad$ 碱2 $\quad$ 酸1

在上述反应中，H_2O 既可以作为酸给出质子生成共轭碱 OH^-，也可以作为碱接受质子生成共轭酸 H_3O^+，因此 H_2O 也是两性物质。水分子间的质子转移作用如下：

$$H_2O + H_2O \rightleftharpoons H_3O^+ + OH^-$$

这种在溶剂分子之间发生的质子传递作用，称为溶剂水的质子自递反应，反应的平衡常数称为水的质子自递常数（又称为水的离子积），用 K_W 表示。

$$K_W = [H_3O^+][OH^-] = 10^{-14} （在25℃）$$
$$pK_W = 14.0$$

根据酸碱质子理论，酸碱中和反应、盐的水解等，其实质都是质子的转移过程。

2. 酸碱解离常数

根据酸碱质子理论，当弱酸或弱碱加入溶剂后，就发生质子传递反应，并产生相应的共轭碱或共轭酸。如 HAc 及其共轭碱在水中发生解离的反应为：

$$HAc + H_2O \rightleftharpoons H_3O^+ + Ac^-$$

$$Ac^- + H_2O \rightleftharpoons HAc + OH^-$$

反应的平衡常数称为酸或碱的解离常数，分别用 K_a 和 K_b 来表示。其中，酸 HAc 的解离常数 K_a 为：

$$K_a = \frac{[Ac^-][H^+]}{[HAc]}$$

其共轭碱 Ac^- 的解离常数 K_b 为：

$$K_b = \frac{[HAc][OH^-]}{[Ac^-]}$$

显然，对于共轭酸碱对 HAc 和 Ac^-，K_a 和 K_b 存在以下关系：

$$K_a K_b = \frac{[H^+][Ac^-]}{[HAc]} \times \frac{[HAc][OH^-]}{[Ac^-]} = [H^+][OH^-] = K_W = 1.0 \times 10^{-14}$$

即一元共轭酸碱对的 K_a 和 K_b 的关系为：

$$K_a K_b = K_W$$

在水溶液中，酸碱的强度用它们在水溶液中解离常数的大小来衡量，K_a 值越大，表示该酸给出质子的能力越强，其酸性越强；反之，K_b 值越大，表示该碱接受质子的能力越强，其碱性越强。

（二）酸碱溶液 pH 值的计算

1. 酸度

酸度是指溶液中氢离子的活度。当溶液的浓度不太大时，活度近似等于浓度。因此，酸度可以说是溶液中氢离子的浓度，通常用 pH 表示，即：

$$pH = -lg[H^+]$$

酸的浓度和酸度在概念上是不同的。酸的浓度是指某种酸的摩尔浓度，又叫酸的总浓度或该种酸的分析浓度，包括溶液中未解离酸的浓度和已解离酸的浓度。

有时，对于碱性较强的物质，可用碱度表示其酸碱性的强弱，碱度通常用 pOH 值表示。对于水溶液来说：

$$pH + pOH = 14.0$$

2. 一元强酸（碱）溶液 pH 值的计算

强酸（碱）在水溶液中完全解离，因此对于一元强酸（碱），其 H^+（OH^-）的浓度等于强酸（碱）的浓度。例如，对于 $0.01\ mol \cdot L^{-1}$ HCl 溶液，其 H^+ 浓度为：

$$[H^+] = 0.01\ mol \cdot L^{-1} \qquad pH = 2.0$$

对于 $0.01\ mol \cdot L^{-1}$ NaOH 溶液，其 OH^- 浓度为：

$$[OH^-] = 0.01\ mol \cdot L^{-1} \qquad pOH = 2.0 \qquad pH = 12.0$$

3. 一元弱酸（碱）溶液 pH 值的计算

弱酸（碱）在水溶液中只有少部分解离。现以一元弱酸 HA 为例说明一元弱酸溶液 pH 值的计算方法。HA 在水溶液中存在下列平衡关系：

$$HA \rightleftharpoons H^+ + A^-$$

$$K_a = \frac{[H^+][A^-]}{[HA]}$$

设弱酸的分析浓度为 c_a，达到解离平衡时 $[H^+] = [A^-]$，未解离部分的浓度 $[HA] = c_a - [H^+]$，由于弱酸的解离度较小，且 $c_a \gg [H^+]$，因此近似认为 $[HA] = c_a$。

$$K_a = \frac{[H^+]^2}{c_a} \tag{1-1}$$

故

$$[H^+] = \sqrt{K_a c_a}$$

当 $c_a/K_a \geqslant 500$ 时，用上式计算弱酸的 pH 值，其相对误差不大于 2.5%。

同理，对于一元弱碱溶液，有以下关系式：

$$[OH^-] = \sqrt{K_b c_b} \tag{1-2}$$

4. 水解性盐溶液 pH 值的计算

由于盐类的离子与水中的 H^+ 或 OH^- 作用生成弱酸或弱碱，而使溶液中 OH^- 或 H^+ 浓度增大的现象称为盐的水解。强酸强碱盐在水溶液中完全解离（如 NaCl 解离为 Na^+ 和 Cl^-），溶液呈中性，不水解；强碱弱酸盐在水溶液中水解显碱性；强酸弱碱盐在水溶液中水解显酸性。

强碱弱酸盐 NaAc 在水溶液中全部解离成 Na^+ 和 Ac^-，解离出的 Ac^- 与水中的 H^+ 结合成难以解离的 HAc 分子，使溶液中 H^+ 浓度降低，水的解离平衡向右移动，溶液中 OH^- 浓度不断增加，直至达到新的平衡，因此 NaAc 溶液呈碱性。

$$
\begin{array}{c}
NaAc \rightleftharpoons Na^+ + Ac^- \\
+ \\
H_2O \rightleftharpoons OH^- + H^+ \\
\Updownarrow \\
HAc
\end{array}
$$

Ac^- 是 HAc 的共轭碱，在水溶液中有下列酸碱平衡：

$$Ac^- + H_2O \rightleftharpoons HAc + OH^-$$

可见，NaAc 可作为一元弱碱来处理，设其分析浓度为 c_s，由于 $K_W = K_a K_b$，根据式（1-2）得：

$$[OH^-] = \sqrt{K_W c_s} = \sqrt{\frac{K_W}{K_a} c_s}$$

同理，强酸弱碱盐（如 NH_4Cl）水解后溶液显酸性，设其分析浓度为 c_s，则 $[H^+]$ 可按下式计算：

$$[H^+] = \sqrt{K_W c_s}\sqrt{\frac{K_W}{K_b}c_s}$$

5. 两性物质溶液 pH 值的计算

两性物质溶液在水溶液中既可给出质子，又可失去质子，其酸碱平衡关系比较复杂。一般用以下简式计算溶液中 H^+ 浓度：

如 NaH_2PO_4 $[H^+] = \sqrt{K_{a_1}K_{a_2}}$

Na_2HPO_4 $[H^+] = \sqrt{K_{a_2}K_{a_3}}$

（三）缓冲溶液

酸碱缓冲溶液是一种能对溶液酸度起稳定作用的溶液。在分析化学中，许多定量分析过程都要求在一定的酸度条件下进行，因此酸碱缓冲溶液在滴定分析过程中起着非常重要的作用。

1. 缓冲溶液的组成及作用原理

缓冲溶液一般分两类：一类是普通缓冲溶液，主要由浓度较大的弱酸及其共轭碱或弱碱及其共轭酸组成，如 HAc-NaAc、NH_3-NH_4Cl 等，这类缓冲溶液主要用于控制溶液酸度；另一类是标准缓冲溶液，可由逐级解离常数相差较小的两性化合物组成（如酒石酸氢钾），也可由共轭酸碱对组成（如 H_2PO_4-HPO_4^{2-}），主要用作测定 pH 值的参比标准溶液。此外，浓度较大的强酸（pH<2）、强碱（pH>12）也可作为缓冲溶液。

下面以 HAc-NaAc 组成的缓冲体系为例来说明缓冲溶液的作用原理。

HAc-NaAc 在溶液中按下式解离：

$$NaAc \Longrightarrow Na^+ + Ac^-$$

$$HAc \Longrightarrow H^+ + Ac^-$$

如果向此溶液中加入少量强酸，加入的 H^+ 与溶液中的 Ac^- 结合成难解离的 HAc，使 HAc 解离平衡向左移动，溶液中[H^+]增加得不多，pH 值变化很小。如果向此溶液中加入少量强碱，则加入的 OH^- 与 H^+ 结合成水，HAc 继续解离，平衡向右移动，溶液中[H^+]降低得不多，pH 值变化仍很小。当溶液被加水稀释时，HAc 和 NaAc 的浓度都相应降低，但 HAc 的解离度会相应增大，也使[H^+]变化不大。因此缓冲溶液具有控制溶液酸度的能力。

2. 缓冲溶液 pH 值的计算

以弱酸和弱酸盐组成的缓冲溶液 HAc-NaAc 为例。设 HAc 的分析浓度为 c_a，

NaAc 的分析浓度为 c_A。HAc 和 NaAc 在溶液中按下式解离：

$$NaAc \rightleftharpoons Na^+ + Ac^-$$

$$HAc \rightleftharpoons H^+ + Ac^-$$

由于同离子效应，近似认为 $[HAc] = c_a$。此外，NaAc 的水解作用受到抑制，$[Ac^-] = c_A$，所以

$$K_a = \frac{[H^+][Ac^-]}{[HAc]} = \frac{[H^+]c_A}{c_a}$$

$$[H^+] = K_a \frac{c_a}{c_A} \qquad (1\text{-}3)$$

$$pH = pK_a - \lg \frac{c_a}{c_A}$$

同理，对于弱碱和弱碱盐组成的缓冲溶液，以 NH_3-NH_4Cl 为例，设 NH_3 浓度为 c_b，NH_4Cl 浓度为 c_B，其 $[OH^-]$ 及 pOH 值计算公式如下：

$$[OH^-] = K_b \frac{c_b}{c_B}$$

$$pOH = pK_b - \lg \frac{c_b}{c_B} \qquad (1\text{-}4)$$

从式（1-3）和式（1-4）可以看出，酸碱缓冲溶液的 pH 值主要取决于缓冲体系中弱酸或弱碱的解离常数 K_a 和 K_b。对于同一种缓冲溶液，pK_a 或 pK_b 是常数，溶液的 pH 值随溶液的浓度比稍有改变。适当改变酸碱对的浓度比 c_a/c_A 或 c_b/c_B，可在一定范围内配制不同 pH 值的缓冲溶液。当浓度比为 1 时，缓冲溶液具有最大缓冲能力，且 $pH = pK_a$ 或 $pOH = pK_b$；当浓度比小于等于 1/10 或大于等于 10 时，缓冲能力就很小了。因此，$pH = pK_a \pm 1$ 或 $pOH = pK_b \pm 1$ 是缓冲溶液的有效作用范围，简称缓冲范围。例如，HAc-NaAc 缓冲溶液的 $pK_a = 4.74$，其缓冲范围为 pH 3.74～5.74。NH_3-NH_4Cl 缓冲溶液的 $pK_a = 9.26$，因此，该缓冲溶液可在 pH 8.26～10.26 范围内起到缓冲作用。

每一种缓冲溶液只具有一定的缓冲能力，通常用缓冲容量来衡量缓冲溶液缓冲能力的大小。缓冲容量是使 1 L 缓冲溶液的 pH 值增加或减少一个单位时所需要加入强碱或强酸的物质的量。缓冲容量越大，其缓冲能力越强。

3. 缓冲溶液的选择和配制

常用的缓冲溶液种类很多，应根据实际情况选用不同的缓冲溶液。在选用缓冲溶液时应注意，所选用的缓冲溶液应对分析过程没有干扰，所需控制的 pH 值应在缓冲溶液的缓冲范围之内，缓冲溶液应有足够的缓冲容量。还应注意，应使其中酸

（碱）组分的 pK_a（pK_b）等于或接近于所需要控制的 pH 值。若需要控制溶液的酸度在 pH = 5 左右，可以选择 HAc-NaAc 作缓冲溶液；若需要控制溶液的酸度在 pH = 9 左右，可选择 NH_3-NH_4Cl 作缓冲溶液。几种常用的缓冲溶液见表 1-1。

表 1-1　常用的缓冲溶液

缓冲溶液	酸的存在形式	碱的存在形式	pK_a
氨基乙酸-HCl	$^+NH_3CH_2COOH$	$NH_2CH_2COO^-$	2.35
一氯乙酸-NaOH	$CH_2ClCOOH$	CH_2ClCOO^-	2.86
HAc-NaAc	HAc	Ac^-	4.74
六亚甲基四胺-HCl	$(CH_2)_6N_4H^+$	$(CH_2)_6N_4$	5.15
NaH_2PO_4-Na_2HPO_4	$H_2PO_4^-$	HPO_4^{2-}	7.2
$Na_2B_4O_7$-HCl	H_3BO_3	$H_2BO_3^-$	9.24
NH_3-NH_4Cl	NH_4^+	NH_3	9.26
$NaHCO_3$-Na_2CO_3	HCO_3^-	CO_3^{2-}	10.30

由一对共轭酸碱组成的缓冲溶液应用比较广泛。这类缓冲溶液的配制方法可参见书后附录 3 或查阅相关手册，也可根据具体要求计算出各组分的用量。

（四）酸碱指示剂

1. 酸碱指示剂的作用原理

酸碱指示剂一般是结构复杂的有机弱酸和弱碱，其酸式和碱式具有不同的颜色。当溶液的 pH 值改变时，指示剂由酸式变为碱式，或由碱式变为酸式。由于指示剂结构发生变化从而引起溶液颜色的变化。

例如，甲基橙是一种有机弱碱，在水溶液中发生如下的解离作用：

$$(CH_3)_2N-\!\!\!\!\bigcirc\!\!\!\!-N=N-\!\!\!\!\bigcirc\!\!\!\!-SO_3^- \underset{OH^-}{\overset{H^+}{\rightleftharpoons}} (CH_3)_2\overset{+}{N}=\!\!\!\!\bigcirc\!\!\!\!=N-\overset{H}{N}-\!\!\!\!\bigcirc\!\!\!\!-SO_3^-$$

黄色(偶氮式) 　　　　　　　　　　　红色(醌式)

以上平衡关系表明，增大溶液的酸度，平衡向右移动，溶液由黄色转变为红色；反之，溶液则由红色转变为黄色。可见，酸碱指示剂的变色与溶液的 pH 值有关。

类似于甲基橙，其酸式和碱式型体都有颜色的指示剂称为双色指示剂。酚酞的酸式型体无色，碱式型体红色，因此酚酞属于单色指示剂。

2. 酸碱指示剂的变色范围

以弱酸指示剂 HIn 为例说明指示剂颜色变化与溶液酸度的关系。HIn 的解离平衡用下式表示：

$$HIn \rightleftharpoons H^+ + In^-$$

指示剂解离平衡常数可按下式求得：

$$K_{\text{HIn}} = \frac{[\text{H}^+][\text{In}^-]}{[\text{HIn}]} \qquad \text{或} \qquad \frac{[\text{HIn}]}{[\text{In}^-]} = \frac{[\text{H}^+]}{K_{\text{HIn}}}$$

$$\text{pH} = \text{p}K_{\text{HIn}} - \lg \frac{[\text{HIn}]}{[\text{In}^-]}$$

一般来说，当 $\dfrac{[\text{HIn}]}{[\text{In}^-]} \geqslant 10$ 时，看到 HIn 的颜色（酸色），此时 $\text{pH} \leqslant \text{p}K_{\text{HIn}} - 1$；当 $\dfrac{[\text{HIn}]}{[\text{In}^-]} \leqslant 1/10$ 时，看到 In^- 的颜色（碱色），此时 $\text{pH} \geqslant \text{p}K_{\text{HIn}} + 1$。只有当溶液的 pH 值由 $\text{p}K_{\text{HIn}} - 1$ 变化到 $\text{p}K_{\text{HIn}} + 1$（或由 $\text{p}K_{\text{HIn}} + 1$ 变化到 $\text{p}K_{\text{HIn}} - 1$）时，才能观察到指示剂由酸（碱）色变化到碱（酸）色。因此，这一颜色变化的 pH 值范围，即 $\text{p}K_{\text{HIn}} \pm 1$ 称为指示剂的理论变色范围，为 2 个 pH 单位。但由于人们对不同颜色的敏感程度不同，实际观察到的大多数指示剂的变色范围都小于 2 个 pH 单位。常用的酸碱指示剂及其变色范围见表 1-2。

表 1-2　常用的酸碱指示剂及其变色范围

指示剂	酸色	碱色	$\text{p}K_{\text{HIn}}$	变色范围 pH 值	用法	用量（滴/10 mL 试剂）
百里酚兰	红	黄	1.65	1.2～2.8	0.1%的20%乙醇溶液	1～2
甲基黄	红	黄	3.25	2.9～4.0	0.1%的90%乙醇溶液	1
甲基橙	红	黄	3.45	3.1～4.4	0.05%的水溶液	1
溴酚蓝	黄	紫	4.1	3.0～4.6	0.1%的20%乙醇溶液	1
溴甲酚绿	黄	蓝	5.0	4.0～5.6	0.1%的水溶液	1～3
甲基红	红	黄	5.0	4.4～6.2	0.1%的60%乙醇溶液或其钠盐水溶液	1
溴百里酚蓝	黄	蓝	7.25	6.2～7.6	0.1%的20%乙醇溶液或其钠盐水溶液	1
酚红	红	橙黄	7.35	6.8～8.0	0.1%的60%乙醇溶液或其钠盐水溶液	1～3
酚酞	无	红	9.1	8.0～9.0	0.1%的90%乙醇溶液	1～3
百里酚酞	无	蓝	10.0	9.4～10.6	0.1%的90%乙醇溶液	1～2

3. 影响指示剂变色范围的因素

（1）指示剂用量。在滴定过程中，指示剂的用量过多或过少、浓度过高或过低都会使终点颜色变化不明显，从而影响对终点的判断，降低滴定分析的准确度。另外，指示剂本身也会消耗一定的标准溶液，用量过多会引起较大的终点误差。因此，使用酸碱指示剂时用量要合适。对单色指示剂来说，用量过多会使其变色范围向 pH 值减小的方向移动。例如，在 50～100 mL 溶液中加入 2～3 滴 0.1%酚酞，溶液在 pH=9 时出现微红色；若加 10～15 滴酚酞，则在 pH=8 时溶液即出现微红色。

（2）温度。温度的变化会引起指示剂解离常数的改变，指示剂的变色范围也随之改变。例如 18℃时，甲基橙指示剂的变色范围为 pH=3.1～4.4，而在 100℃时，则为 pH=2.5～3.7。

（3）溶剂。指示剂在不同的溶剂中解离常数不同，因此，其变色范围也会不同。例如，在甲基橙水溶液中 pK_{HIn}=3.4，在甲醇中则为 3.8。

4. 混合指示剂

混合指示剂是利用颜色间的互补关系，使终点变色敏锐，变色范围变窄。在某些酸碱滴定过程中，滴定的突跃范围较小，若使用单一指示剂，因其变色范围较宽，所以终点颜色变化不明显，会引起较大的终点误差。在这种情况下使用混合指示剂可正确地指示滴定终点，提高分析结果的准确度。

混合指示剂有两种类型：一是由两种和两种以上指示剂按一定比例混合而成，如溴甲酚绿和甲基红；二是由某种指示剂中加入一种惰性染料混合而成。

例如，甲基橙和靛蓝二磺酸钠组成的混合指示剂，靛蓝二磺酸钠为蓝色染料，在滴定过程中不变色，对甲基橙的颜色变化起衬托作用。该混合指示剂在不同 pH 值的溶液中颜色变化如表 1-3 所示。

表 1-3　甲基橙和靛蓝二磺酸钠混合指示剂在不同 pH 溶液中的颜色变化

溶液酸度	甲基橙 + 靛蓝二磺酸钠	甲基橙
pH≥4.4	黄绿色	黄色
pH=4.0	浅灰色	橙色
pH≤3.1	紫色	红色

可见，甲基橙和靛蓝二磺酸钠混合指示剂由黄绿色（或紫色）变为紫色（或黄绿色），中间呈近乎无色的浅灰色，颜色变化明显，易于观察，且变色范围窄。常用的混合指示剂列于表 1-4。

表 1-4　几种常见的混合指示剂

指示剂组成	变色点（pH 值）	酸色	碱色	备注
1 份 0.1%甲基橙水溶液 + 1 份 0.25%靛蓝二磺酸钠水溶液	4.1	紫	黄绿	pH=4.1（灰色）
3 份 0.1%溴甲酚绿水溶液 + 1 份 0.2%甲基红乙醇溶液	5.1	酒红	绿	

指示剂组成	变色点（pH 值）	酸色	碱色	备注
1 份 0.1%溴甲酚绿钠盐水溶液 + 1 份 0.1%氯酚红钠盐水溶液	6.1	黄绿	蓝绿	
1 份 0.1%中性红乙醇溶液 + 1 份 0.1%次甲基蓝水溶液	7.0	蓝紫	绿	pH = 7.0（紫蓝）
1 份 0.1%甲酚红钠盐水溶液 + 3 份 0.1%百里酚蓝钠盐水溶液	8.3	黄	紫	pH = 8.2（玫瑰色） pH = 8.4（紫色）
1 份 0.1%百里酚蓝的 5%乙醇溶液 + 3 份 0.1%酚酞的 50%乙醇溶液	9.0	黄	紫	

（五）一元酸碱的滴定

在酸碱滴定过程中，只有了解溶液 pH 变化情况，特别是化学计量点附近 pH 值的变化，才能正确地选用指示剂。描述滴定过程中 pH 值随标准溶液的加入量的变化而不断变化的曲线叫滴定曲线。对于不同类型的滴定过程，pH 值的变化情况不同，将得到不同的滴定曲线。下面讨论几种常见的滴定过程。

1. 强碱滴定强酸

以 0.1000 mol·L^{-1} NaOH 溶液滴定 20.00 mL 0.1000 mol·L^{-1} HCl 为例，讨论强碱滴定强酸的滴定过程。滴定反应为：

$$NaOH + HCl =\!=\!= NaCl + H_2O$$

现将整个滴定过程分成四个阶段来考虑。

① 滴定开始前。溶液 pH 值主要取决于 HCl 溶液的分析浓度，pH 值计算如下：

$$[H^+] = c_{HCl} = 0.1000 \ mol·L^{-1}$$
$$pH = 1.00$$

② 从滴定开始到化学计量点前。此时溶液的 pH 值取决于剩余 HCl 物质的量，若加入 19.98 mL NaOH 溶液，剩余 HCl 溶液的体积为 0.02 mL。pH 值计算如下：

$$[H^+] = \frac{c_{HCl} \times 剩余HCl溶液的体积}{溶液总体积}$$
$$= \frac{0.1000 \times 0.02}{20.00 + 19.98}$$
$$= 5 \times 10^{-5} (mol·L^{-1})$$
$$pH = 4.30$$

③ 化学计量点时。此时 NaOH 溶液和 HCl 溶液恰好完全中和，溶液呈中性，pH = 7.00。

④ 化学计量点后。此时溶液的 pH 值主要取决于过量的 NaOH 溶液。若加入 20.02 mL NaOH 溶液，则 NaOH 溶液过量 0.02 mL。

$$[OH^-] = \frac{c_{NaOH} \times 过量的NaOH溶液的体积}{溶液总体积}$$

$$= \frac{0.1000 \times 0.02}{20.00 + 20.02}$$

$$= 5 \times 10^{-5}(mol \cdot L^{-1})$$

$$pOH = 4.30$$

$$pH = 14 - pOH = 14.00 - 4.30 = 9.70$$

利用上述方法可计算出滴定过程中任何一点的 pH 值，并将主要计算结果列于表 1-5 中。然后以 NaOH 溶液的加入量为横坐标，以对应的 pH 值为纵坐标作图，可得到用 NaOH 溶液滴定 HCl 溶液的滴定曲线，如图 1-1 所示。

表 1-5　用 0.1000 mol·L⁻¹ NaOH 溶液滴定 20.00 mL 0.1000 mol·L⁻¹ HCl

加入 NaOH 溶液体积/mL	剩余 HCl 溶液体积/mL	过量 NaOH 溶液体积/mL	pH 值
0.00	20.00		1.0
18.00	2.00		2.28
19.80	0.20		3.30
19.98	0.02		4.30
20.00	0.00		7.00
20.02		0.02	9.70
20.20		0.20	10.70
22.00		2.00	11.70
40.00		20.00	12.50

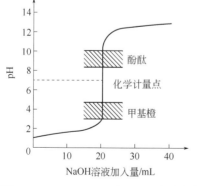

图 1-1　0.1000 mol·L⁻¹ NaOH 溶液滴定 20.00 mL 0.1000 mol·L⁻¹ HCl 溶液的滴定曲线

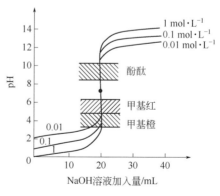

图 1-2　不同浓度 NaOH 溶液滴定 不同浓度 HCl 溶液的滴定曲线

从表 1-5 和图 1-l 可以看出，随着 NaOH 溶液的不断加入，溶液的 pH 值不断升高。开始时变化比较缓慢，曲线上升较平缓。在化学计量点附近，NaOH 溶液的加入量对 pH 值影响非常明显。从化学计量点前剩余 0.02 mL HCl 溶液到过量 0.02 mL NaOH 溶液，NaOH 溶液加入量仅变化 0.04 mL（1 滴），而溶液的 pH 值却从 4.30 增加到 9.70，变化了 5.4 个 pH 单位，形成了滴定曲线的突跃部分。化学计量点后，pH 值变化又较缓慢。分析化学上将化学计量点前后±0.1%误差范围内 pH 值的变化称为 pH 值突跃范围。因此，用 0.1000 mol·L^{-1} NaOH 溶液滴定 20.00 mL 0.1000 mol·L^{-1} HCl 溶液的 pH 值突跃范围为 4.30～9.70。

理想的指示剂应恰好在化学计量点时变色。实际上，凡是在突跃范围内变色的指示剂都在滴定所允许的误差范围之内。因此，选择指示剂的原则是使指示剂的突跃范围全部或部分落在 pH 值突跃范围内。上述滴定过程可供选择的指示剂有很多，如酚酞、甲基红、甲基橙等。

溶液浓度改变，化学计量点时溶液 pH 值不变，但 pH 值突跃的长短却不相同。酸碱溶液越浓，化学计量点附近的 pH 值突跃越长，选择指示剂越方便，但将造成较大的误差，如图 1-2 所示。因此，常用的酸碱标准溶液的浓度为 0.1 mol·L^{-1} 左右，一般不低于 0.01 mol·L^{-1}，不高于 1.0 mol·L^{-1}。

用强酸滴定强碱时滴定曲线与强碱滴定强酸互相对称，溶液 pH 值变化方向相反。颜色的变化由浅到深容易观察，而由深变浅则不易观察。因此应选择在滴定终点时使溶液颜色由浅变深的指示剂。强酸和强碱中和时，尽管酚酞和甲基橙都可以用，但用酸滴定碱时，甲基橙加在碱里，达到化学计量点时，溶液颜色由黄变红，易于观察，故选择甲基橙。用碱滴定酸时，酚酞加在酸中，达到化学计量点时，溶液颜色由无色变为红色，易于观察，故选择酚酞。

2. 强碱滴定弱酸

以 0.0001 mol·L^{-1} NaOH 溶液滴定 20.00 mL 0.1000 mol·L^{-1} HAc 溶液为例，计算强碱滴定弱酸滴定过程 pH 值变化情况。滴定反应为：

$$NaOH + HAc \Longleftrightarrow NaAc + H_2O$$

① 滴定开始前。溶液的 pH 值由 HAc 溶液的浓度决定。因为 HAc 是弱酸，因此溶液的 pH 值根据式 $[H^+] = \sqrt{K_a c_a}$ 计算：

$$[H^+] = \sqrt{K_a c_a} = \sqrt{1.75 \times 10^{-5} \times 0.1000} = 1.32 \times 10^{-3} (mol·L^{-1})$$
$$pH = 2.88$$

② 从滴定开始到化学计量点前。这一阶段剩余的 HAc 与反应生成的 NaAc 组成缓冲体系，溶液的 pH 值应按缓冲溶液的计算公式来计算。若加入 19.98 mL NaOH 溶液，剩余 HAc 溶液 0.02 mL，pH 值计算如下：

$$c_{HAc} = \frac{0.02 \times 0.1000}{20.00 + 19.98} = 5.03 \times 10^{-4} (\text{mol} \cdot \text{L}^{-1})$$

$$c_{Ac^-} = \frac{19.98 \times 0.1000}{20.00 + 19.98} = 4.97 \times 10^{-2} (\text{mol} \cdot \text{L}^{-1})$$

$$pH = 7.74$$

③ 化学计量点时。加入 20.00 mL NaOH 溶液，HAc 全部被中和成 NaAc，NaAc 水解使溶液呈碱性，溶液 pH 值根据强碱弱酸盐的计算公式计算。

$$[OH^-] = \sqrt{\frac{K_W}{K_a}c} = \sqrt{\frac{1.0 \times 10^{-14}}{1.75 \times 10^{-5}} \times 0.050} = 5.34 \times 10^{-6} (\text{mol} \cdot \text{L}^{-1})$$

$$pOH = 5.27$$

$$pH = 14.00 - pOH = 8.73$$

④ 化学计量点后。由于过量的 NaOH 抑制了 NaAc 的水解，溶液的 pH 值主要取决于过量的 NaOH，计算方法与强碱滴定强酸相同。若加入 20.02 mL NaOH 溶液，NaOH 溶液过量 0.02 mL，pH 值为 9.70。

用上述方法求出滴定过程中 pH 值变化数据，并列入表 1-6 中，绘出滴定曲线，如图 1-3 所示。

表 1-6 用 0.1000 mol·L⁻¹ NaOH 溶液滴定 20.00 mL 0.1000 mol·L⁻¹ HAc 溶液过程 pH 值变化

加入 NaOH 溶液体积/mL	剩余 HCl 溶液体积/mL	过量 NaOH 溶液体积/mL	pH 值
0.00	20.00		2.88
18.00	2.00		4.72
19.80	0.20		6.72
19.98	0.02		7.73
20.00	0.00		8.73
20.02		0.02	9.70
20.20		0.20	10.70
22.00		2.00	11.70
40.00		20.00	12.50

与 NaOH 溶液滴定 HCl 溶液相比较，NaOH 溶液滴定 HAc 溶液的滴定曲线有以下特点：

① 由于 HAc 是弱酸，在水溶液中部分解离，溶液中 [H⁺] 较相同浓度的 HCl 溶液中低，pH = 2.87，所以滴定曲线的起始 pH 值比 NaOH 溶液滴定 HCl 溶液高 1.88。

② NaOH 溶液滴定 HAc 溶液滴定曲线的突跃部分较 NaOH 溶液滴定 HCl 溶液的要小得多，且在碱性范围内，化学计量点 pH 值呈碱性。因此只能选择在弱碱性范围内变色的指示剂，如酚酞。

③ 强碱滴定弱酸的滴定突跃大小决定于弱酸的浓度和它的解离常数。如果被

滴定的酸比 HAc 更弱，则滴定到化学计量点时，溶液 pH 值更高，化学计量点时 pH 值突跃更小，见图 1-4。

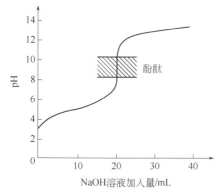

图 1-3　0.1000 mol·L^{-1} NaOH 溶液滴定 20 mL 0.1000 mol·L^{-1} HAc 溶液的滴定曲线　　图 1-4　0.1 mol·L^{-1} NaOH 溶液滴定 0.1 mol·L^{-1} 不同强度的弱酸 I～Ⅲ的滴定曲线

一般来说，如果要求滴定误差不大于 0.1%，只有 $c_aK_a \geqslant 10^{-8}$ 的弱酸才能用强碱准确滴定。判断弱碱能否被直接滴定的依据为 $c_bK_b \geqslant 10^{-8}$。用强酸滴定弱碱时，其滴定曲线与强碱滴定弱酸相似，只是 pH 值变化相反，化学计量点时 pH 值突跃较小且处在酸性范围内。

（六）多元酸碱的滴定

1. 多元酸的滴定

多元酸大多是二元弱酸或三元弱酸，它们在水溶液中是分步解离的。下面以 NaOH 溶液滴定 H_3PO_4 溶液为例进行讨论。

H_3PO_4 是三元酸，在水溶液中分三级解离：

$$H_3PO_4 \rightleftharpoons H^+ + H_2PO_4^- \qquad K_{a_1} = 7.5 \times 10^{-3}$$

$$H_2PO_4^- \rightleftharpoons H^+ + HPO_4^{2-} \qquad K_{a_2} = 6.3 \times 10^{-8}$$

$$HPO_4^{2-} \rightleftharpoons H^+ + PO_4^{3-} \qquad K_{a_3} = 4.4 \times 10^{-13}$$

滴定过程中，中和反应也是分步的。如果用 0.1000 mol·L^{-1} NaOH 标准溶液滴定 0.1000 mol·L^{-1} H_3PO_4 溶液，H_3PO_4 首先被中和成 $H_2PO_4^-$，反应式如下：

$$NaOH + H_3PO_4 \rightleftharpoons NaH_2PO_4 + H_2O$$

反应完全时，达到第一化学计量点，此时 pH = 4.66，可选用甲基橙作指示剂。继续用 NaOH 溶液滴定 $H_2PO_4^-$，被进一步中和成 HPO_4^{2-}，反应式如下：

$$NaOH + NaH_2PO_4 \rightleftharpoons Na_2HPO_4 + H_2O$$

反应完全时，达到第二化学计量点，此时 pH = 9.78，可选用百里酚酞作指示剂。H_3PO_4 解离出的第三个 H^+ 的 $K_{a3} = 4.4 \times 10^{-13}$，说明酸性太弱，不能用 NaOH 溶液直接滴定。上述滴定过程的滴定曲线如图1-5所示。

从以上讨论可以总结出滴定多元酸的一般规律：第一，多元酸解离出的几个 H^+ 能否被准确滴定，要看各级的 c_aK_a 的值，若 $c_aK_a \geqslant 10^{-8}$，则这一级解离的 H^+ 可以被准确滴定。第二，多元酸能否被分步滴定，要看其相邻两级的 k_a 之比，若相邻两级的 k_a 比大于 10^4，则该多元酸可被分步滴定，如 H_3PO_4。

2. 多元碱的滴定

多元碱的滴定与多元酸的滴定相类似。若相邻两级的 K_b 之比大于 10^4，则该多元碱可被分步滴定。若 $c_bK_b \geqslant 10^{-8}$，则这一级解离的 OH^- 可以被准确滴定。

例如，用 HCl 溶液滴定 Na_2CO_3 溶液，滴定分两步进行，滴定曲线如图1-6所示。在第一化学计量点时，Na_2CO_3 被中和成 $NaHCO_3$，滴定反应为：

$$HCl + Na_2CO_3 =\!=\!= NaCl + NaHCO_3$$

此时，可用酚酞作指示剂。在第二化学计量点时，$NaHCO_3$ 被中和成 Na_2CO_3，滴定反应为：

$$HCl + NaHCO_3 =\!=\!= NaCl + H_2O + CO_2\uparrow$$

此时，可用甲基橙作指示剂。但由于 CO_2 的生成，使溶液酸度有所增大，终点出现过早，指示剂变色不够敏锐，因此在快到第二化学计量点时，应剧烈摇动溶液加速 H_2CO_3 的分解。为了提高滴定的准确度，当滴定到甲基橙刚变为橙色时，将溶液加热煮沸，驱逐出 CO_2 后冷却，继续滴定至溶液再次出现橙色。

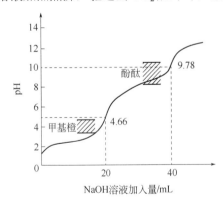

图1-5　NaOH 溶液滴定 H_3PO_4
溶液的滴定曲线

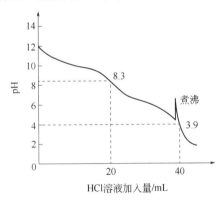

图1-6　HCl 溶液滴定
Na_2CO_3 溶液的滴定曲线

（七）标准溶液的配制和标定

酸碱滴定法常用的酸标准溶液有 HCl 溶液和 H_2SO_4 溶液。HCl 溶液价格低廉，尤其是稀 HCl 溶液无氧化还原性，酸性强且稳定，因此用得较多。H_2SO_4 标准溶液虽然稳定性较好，但其第二步解离常数较小，滴定突跃范围相应要小一些，终点时指示剂变色不敏锐，所以一般在温度较高滴定时才考虑用 H_2SO_4 作标准溶液。常用的碱标准溶液是 NaOH 溶液，有时也用 KOH 溶液。

1. 盐酸标准溶液的配制和标定

（1）配制

市售盐酸的密度为 1.19 g·mL^{-1}，HCl 的质量分数约为 37%，其物质的量浓度约 12 mol·L^{-1}。由于市售浓盐酸常含有杂质，且具有挥发性，因此采用间接配制法。

配制时先计算出所需浓盐酸的体积。例如，要配制浓度为 0.1 mol·L^{-1} 的 HCl 溶液 500 mL，经计算需要上述市售浓盐酸 4.2 mL。用量筒量取约 4.5 mL 浓盐酸（因浓盐酸有挥发性，量取时应适当多些）配成大致所需浓度的溶液，然后再标定出准确浓度。

（2）标定

① 常用于标定 HCl 溶液的基准物是无水碳酸钠和硼砂，在《化学试剂标准滴定溶液的制备》（GB/T 601—2016）中，使用无水碳酸钠（Na_2CO_3）作基准物，用前先将无水碳酸钠在 270～300℃下灼烧至恒重，然后放在干燥器中保存备用。标定时，用减量法准确称取一定质量的无水碳酸钠于锥形瓶中，用蒸馏水溶解，滴入 10 滴甲基红-溴甲酚绿混合指示剂，再用 HCl 溶液滴定至溶液由绿色变为暗红色。近终点时煮沸赶除 CO_2 后继续滴定至暗红色。平行测定 4 次。滴定反应为：

$$Na_2CO_3 + 2HCl \xlongequal{\hspace{1cm}} 2NaCl + H_2O + CO_2\uparrow$$

同时做空白实验，用下式计算待标定盐酸溶液的准确浓度：

$$c_{HCl} = \frac{m}{(V - V_0)M_{\frac{1}{2}Na_2CO_3}} \times 10^{-3}$$

式中　m——称取基准物 Na_2CO_3 的质量，g；

　　　V——盐酸溶液的体积，mL；

　　　V_0——空白实验消耗盐酸溶液的体积，mL；

$M_{\frac{1}{2}Na_2CO_3}$——$\frac{1}{2}Na_2CO_3$ 的摩尔质量，g·mol^{-1}。

② 如果实验室中有 NaOH 标准溶液，可以用与 NaOH 标准溶液比较的方法。以酚酞作指示剂，用 NaOH 标准溶液滴定一定体积的 HCl 溶液，滴定至浅粉红色为终点。然后利用 NaOH 标准溶液的浓度和体积计算 HCl 标准溶液的准确浓度。

2. 氢氧化钠标准溶液的配制和标定

（1）配制

固体氢氧化钠具有很强的吸湿性，容易吸收空气中的 CO_2 和水分而含有少量

Na_2CO_3，还含有少量的硅酸盐、硫酸盐和氯化物等杂质，因此用间接配制法配制。为了配制不含 Na_2CO_3 的 NaOH 标准溶液，可采取下列措施：

① 先配制 50% 浓 NaOH 溶液，待 Na_2CO_3 沉下后，吸取上清液稀释。

② 称取稍多的固体 NaOH，用少量水迅速洗涤 2～3 次，除去固体表面的碳酸盐，用水溶解，配制溶液。

（2）标定

① 标定 NaOH 标准溶液常用的基准物是邻苯二甲酸氢钾。准确称取于 105～110℃烘箱中干燥至恒重的邻苯二甲酸氢钾，用无 CO_2 的水溶解，加 2 滴酚酞指示剂。用 NaOH 溶液滴定至溶液呈浅粉红色，半分钟不褪为终点，平行测定 4 次。滴定反应为：

$$NaOH + KHC_8H_4O_4 \Longrightarrow KNaC_8H_4O_4 + H_2O$$

同时做空白实验，用下式计算待标定氢氧化钠溶液的准确浓度：

$$c_{NaOH} = \frac{m}{(V - V_0)M_{KHC_8H_4O_4} \times 10^{-3}}$$

式中　　m——称取基准物邻苯二甲酸氢钾的质量，g；

　　　　V——氢氧化钠溶液的体积，mL；

　　　　V_0——空白实验消耗氢氧化钠溶液的体积，mL；

$M_{KHC_8H_4O_4}$——$KHC_8H_4O_4$ 的摩尔质量，g·mol^{-1}。

② 也可用与 HCl 标准溶液比较的方法确定 NaOH 溶液的准确浓度。

（八）酸碱滴定方式

酸碱滴定法应用相当广泛。许多本身具有酸碱性的物质，以及一些能与酸碱直接或间接发生定量反应的物质，都可用酸碱滴定法测定其含量。酸碱滴定法还可以间接测定一些本身不具有酸碱性的物质。按滴定方式不同叙述如下。

（1）直接滴定

可以被直接滴定的物质有强酸、强碱、$c_aK_a \geqslant 10^{-8}$ 的弱酸、$c_bK_b \geqslant 10^{-8}$ 的弱碱、混合酸以及混合碱。

（2）返滴定

在待测物质上先加入一种过量的标准溶液，待反应完全后，再用另一种标准溶液滴定剩余的前一种标准溶液，这种滴定方式称返滴定或剩余滴定。返滴定适用于反应较慢，需要加热，或者直接滴定缺乏适当指示剂等情况。

（3）置换滴定

有些物质本身没有酸碱性或酸碱性很弱不能直接滴定，可利用某些化学反应使它们转化为相当量的酸或碱，然后再用标准碱或标准酸进行滴定，这种方式称置换滴定。

二、氧化还原滴定法

氧化还原滴定法是以氧化还原反应为基础的滴定分析方法。利用氧化还原滴定法可以直接或间接测定许多无机物和有机物。

氧化还原反应是氧化剂和还原剂之间的电子转移反应，反应机理比较复杂，反应速率慢，还常常伴有副反应。因此，在氧化还原滴定过程中，合理控制反应条件是能否得到准确的分析结果的关键。

可以用来进行氧化还原滴定的反应很多。按所用氧化剂的不同分为高锰酸钾法、碘量法以及重铬酸钾法和溴酸钾法等。本节重点介绍其中几种氧化还原滴定法的基本原理和应用。

（一）电极电位及氧化还原平衡

1. 标准电极电位和条件电极电位

任何氧化还原电对都有其相应的电极电位。如果用 Ox 表示某一电对的氧化型，Red 表示其还原型，则该电对的半反应为：

$$Ox + n\,e^- \rightleftharpoons Red$$

25℃时，该电对的电极电位可用能斯特方程表示为：

$$E_{Ox/Red} = E_{Ox/Red}^{\ominus} + \frac{0.059}{n}\lg\frac{\alpha_{Ox}}{\alpha_{Red}}$$

式中　　　n——半反应转移的电子数；

α_{Ox} 和 α_{Red}——分别表示氧化态和还原态的活度；

$E_{Ox/Red}^{\ominus}$——该电对的标准电极电位。

在一定温度下，氧化态和还原态的活度都为 $1\ mol \cdot L^{-1}$ 时的电极电位是标准电极电位。部分氧化还原电对的标准电极电位列于书后附录 1 中。

实际上，往往知道的是有关物质的浓度，而不是活度。在用能斯特方程计算电对的电极电位时，一般忽略溶液中离子强度的影响，用浓度代替活度。但在实际工作中，溶液中离子强度的影响是很大的。当溶液的酸度或组分改变时，电对的氧化型和还原型的存在形式也不同，氧化态和还原态的有效浓度发生改变，电极电位也随之改变。这样，实际电位与计算结果相差很大。为了解决这个问题，人们通过实验测定了在一定的介质条件下，氧化态和还原态的分析浓度都为 $1\ mol \cdot L^{-1}$ 时且校正了各种外界因素影响后的实际电位，称为条件电极电位，用符号 $E^{\ominus}$ 表示。部分氧化还原电对的条件电极电位列于书后附录 2 中。

标准电极电位和条件电极电位的关系与配位反应中绝对稳定常数 K 和条件稳定常数 K' 的关系相似。条件电极电位校正了各种外界因素的影响，用它来处理氧化还原问题，比较符合实际情况。

引入了条件电位以后，氧化还原电对的实际电位可用下式计算：

$$E = E^{\ominus'} + \frac{0.059}{n}\lg\frac{c_{Ox}}{c_{Red}}$$

若缺少所需条件下的条件电极电位值，可用条件相近的条件电极电位值代替。对于查不到条件电极电位的氧化还原电对，只好用标准电极电位代替条件电极电位作近似计算。

2. 电极电位的应用

（1）判断氧化剂、还原剂的强弱

氧化剂和还原剂的相对强弱可用氧化还原电对的电极电位来衡量。电位数值越大，表示该电对中的氧化态得到电子的能力越强，是较强的氧化剂；电位数值越小，表示该电对中还原态失去电子的能力越强，是较强的还原剂。

各氧化型物质在 $1\ mol \cdot L^{-1}$ $HClO_4$ 溶液中氧化能力的顺序为 $Ce^{4+} > MnO_4^- > Fe^{3+}$；各还原型物质在 $1\ mol \cdot L^{-1}$ $HClO_4$ 溶液中还原能力的顺序为 $Fe^{2+} > Mn^{2+} > Ce^{3+}$。

（2）判断氧化还原反应方向

根据氧化还原电对的条件电位或标准电位可以判断氧化还原反应的方向。两电对中电位较高电对中的氧化型与电位较低电对中的还原型相互反应，即强氧化剂与强还原剂相互作用生成弱还原剂和弱氧化剂。

例如，判断在 $1\ mol \cdot L^{-1}$ HCl 溶液中下列反应的方向：

$$2\ Fe^{3+} + Sn^{2+} \rightleftharpoons 2\ Fe^{2+} + Sn^{4+}$$

查附录 2 得，在 $1\ mol \cdot L^{-1}$ HCl 溶液中，$E^{\ominus}(Fe^{3+}/Fe^{2+}) = 0.70\ V$，$E^{\ominus}(Sn^{4+}/Sn^{2+}) = 0.14\ V$，由于 $E^{\ominus}(Fe^{3+}/Fe^{2+}) > E^{\ominus}(Sn^{4+}/Sn^{2+})$，所以 Fe^{3+} 的氧化能力大于 Sn^{4+}；Sn^{2+} 的还原能力大于 Fe^{2+}。因此，上述反应向右进行。

应该注意，若用标准电位判断反应方向，必须考虑氧化态和还原态的浓度、溶液的酸度、生成沉淀、形成配合物等因素的影响。这些因素可能使氧化态或还原态的存在形式发生变化，以致有可能改变反应方向。例如，用间接碘量法测定 Cu^{2+} 的反应：

$$2\ Cu^{2+} + 4\ I^- \rightleftharpoons 2\ CuI\downarrow + I_2$$

$E^{\ominus}(Cu^{2+}/Cu^+) = 0.14V$，$E^{\ominus}(I_2/I^-) = 0.54V$。从标准电位看，$E^{\ominus}(I_2/I^-) > E^{\ominus}(Cu^{2+}/Cu^+)$，似乎 I_2 能够氧化 Cu^+，反应向左进行，但事实上反应向右进行，I^- 能还原 Cu^{2+} 且还原得很完全。这是因为 Cu^{2+}/Cu^+ 电对中的 Cu^+ 与溶液中 I^- 生成了

难溶的 CuI 沉淀，使溶液中[Cu$^+$]极小，导致其半反应的电位显著增高，Cu^{2+}成了较强的氧化剂。

（3）判断氧化还原反应进行的程度

氧化还原反应进行的程度可用反应的平衡常数K来衡量。例如下述氧化还原反应：

$$n_2 \, Ox_1 + n_1 \, Red_2 \rightleftharpoons n_2 \, Red_1 + n_1 \, Ox_2$$

两电对的电极电位分别为：

$$E_1 = E_1^{\ominus'} + \frac{0.059}{n_1} \lg \frac{c_{Ox_1}}{c_{Red_1}}$$

$$E_2 = E_2^{\ominus'} + \frac{0.059}{n_2} \lg \frac{c_{Ox_2}}{c_{Red_2}}$$

当反应达到平衡时，$E_1 = E_2$，则：

$$E_1^{\ominus'} + \frac{0.059}{n_1} \lg \frac{c_{Ox_1}}{c_{Red_1}} = E_2^{\ominus'} + \frac{0.059}{n_2} \lg \frac{c_{Ox_2}}{c_{Red_2}}$$

$$E_1^{\ominus'} - E_2^{\ominus'} = \frac{0.059}{n_2} \lg \frac{c_{Ox_2}}{c_{Red_2}} - \frac{0.059}{n_1} \lg \frac{c_{Ox_1}}{c_{Red_1}}$$

$$= \frac{0.059}{n_1 n_2} \lg \left(\frac{c_{Ox_2}}{c_{Red_2}} \right)^{n_1} \left(\frac{c_{Ox_1}}{c_{Red_1}} \right)^{n_2}$$

因为反应的平衡常数K为：

$$K = \frac{(c_{Red_1})^{n_2} (c_{Ox_2})^{n_1}}{(c_{Ox_1})^{n_2} (c_{Red_2})^{n_1}}$$

则有：

$$\lg K = \frac{(E_1^{\ominus'} - E_2^{\ominus'}) n_1 n_2}{0.059}$$

由上式可见，氧化还原反应的平衡常数可由有关电对的条件电极电位求得。氧化还原平衡常数的大小主要由两电对的条件电极电位之差决定。两电对的电位差值越大，平衡常数越大，反应进行得越完全。如果按滴定分析的允许误差为 0.1% 推算，一般认为当$\lg K \geqslant 6$，即$E_1^{\ominus'} - E_2^{\ominus'} \geqslant 0.4V$ 时，氧化还原反应进行得较完全，这样的反应才能用于滴定分析。但要注意，两电对的电极电位相差很大，仅仅说明该氧化还原反应有进行完全的可能，但不一定能定量反应，也不一定能迅速完成。

（4）计算化学计量点时的电位

化学计量点时的电位可利用参加反应的两电对的电极电位值求得。对于任一反应：

$$n_2\,Ox_1 + n_1\,Red_2 \Longleftrightarrow n_2\,Red_1 + n_1\,Ox_2$$

当反应达到化学计量点时，两电对的电极电位值相等；即：

$$E = E_{Ox_1/Red_1} = E_{Ox_2/Red_2}$$

因此可推导出化学计量点时电位值为：

$$E = \frac{n_1 E_{Ox_1/Red_1}^{\ominus'} + n_2 E_{Ox_2/Red_2}^{\ominus'}}{n_1 + n_2}$$

3. 影响氧化还原反应速率的因素

（1）反应物的浓度

一般来说，增加反应物的浓度可加快反应速率。对于有 H^+ 参加的反应，提高酸度也能加快反应速率。例如，在酸性溶液中，一定量的 $K_2Cr_2O_7$ 和 KI 反应：

$$Cr_2O_7^{2-} + 6\,I^- + 14\,H^+ \Longleftrightarrow 2\,Cr^{3+} + 3\,I_2 + 7\,H_2O$$

此反应速率较慢，增大 I^- 的浓度或提高溶液的酸度可以使反应速率加快。实验证明，在 $0.3 \sim 0.4\ mol \cdot L^{-1}$ 酸度下，KI 过量约 5 倍，放置 5 min，反应可进行完全。

（2）温度的影响

对大多数反应来说，溶液的温度每升高 10℃，反应速率约增快 2～3 倍。例如，在酸性溶液中，高锰酸钾与草酸的反应：

$$2\,MnO_4^- + 5\,C_2O_4^{2-} + 16\,H^+ \Longleftrightarrow 2\,Mn^{2+} + 10\,CO_2 \uparrow + 8\,H_2O$$

在室温下反应速率很慢。如将溶液加热至 75～85 ℃，反应速率则大大加快。

对于易挥发的物质（如 I_2）或加热时易被空气氧化的物质，就不能利用升高溶液温度的办法来增大反应速率，否则会引起误差。

（3）催化剂

使用催化剂是加快反应速率的有效方法之一。例如，在酸性溶液中以 $KMnO_4$ 滴定 $H_2C_2O_4$，即使加热，反应速率仍较慢，若加入 Mn^{2+}，则反应速率大为提高。这里 Mn^{2+} 就是催化剂。

（4）诱导反应

在氧化还原反应中，一种反应的进行，能够诱发和促进另一种反应的现象，称为诱导作用。前一种反应称为诱导反应，后一种反应称为受诱反应。例如，在酸性溶液中，$KMnO_4$ 氧化 Cl^- 的反应速率很慢，当溶液中同时存在 Fe^{2+} 时，$KMnO_4$ 与 Fe^{2+} 的反应即可大大加速它与 Cl^- 的反应。此时，

$$MnO_4^- + 5\,Fe^{2+} + 8\,H^+ \Longleftrightarrow Mn^{2+} + 5\,Fe^{3+} + 4\,H_2O \qquad （诱导反应）$$

$$2\,MnO_4^- + 10\,Cl^- + 16\,H^+ \Longleftrightarrow 2\,Mn^{2+} + 5\,Cl_2 + 8\,H_2O \qquad （受诱反应）$$

上述反应中 $KMnO_4$ 称为作用体，Fe^{2+} 称为诱导体，Cl^- 称为受诱体。

诱导反应和催化反应的不同之处在于：在催化反应中，催化剂参加反应后并不改变其原来的组成和形态；但在诱导反应中，诱导体参加反应后变为其他物质。

（二）氧化还原滴定

1. 氧化还原滴定曲线

在氧化还原滴定过程中，随着标准溶液的不断加入，有关电对的电极电位也随之改变，这种变化情况可用氧化还原滴定曲线来描述。滴定过程中各点的电位可以通过实验测得，也可以用能斯特方程式计算。

图 1-7 是在 $1\ mol \cdot L^{-1}\ H_2SO_4$ 溶液中，用 $0.1000\ mol \cdot L^{-1}\ Ce(SO_4)_2$ 标准溶液滴定 20.00 mL $0.1000\ mol \cdot L^{-1}\ FeSO_4$ 溶液的滴定曲线。

由图可见，氧化还原反应滴定曲线的形状与酸碱滴定曲线相似。在化学计量点附近滴定剂 $Ce(SO_4)_2$ 溶液由不足 0.1% 到过量 0.1%，引起溶液电位由 0.86 V 突跃到 1.26 V，其化学计量点电位为 1.06 V。可以证明，滴定曲线上电位突跃的大小与两个氧化还原电对条件电位之差有关，两个电对条件电位相差越大，电位突跃就越大；反之就越小。一般来说，两电对的条件电位之差大于 0.4 V 时，选用氧化还原指示剂确定终点，才能得到准确的分析结果。

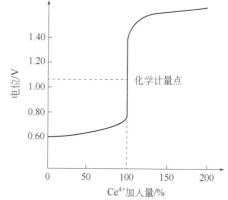

图 1-7　用 $0.1000\ mol \cdot L^{-1}\ Ce(SO_4)_2$ 标准溶液滴定 20.00 mL $0.1000\ mol \cdot L^{-1}\ FeSO_4$ 溶液的滴定曲线

2. 氧化还原滴定终点的确定

在氧化还原滴定中，除了用电位法确定终点外，还可以根据所使用的标准溶液的不同选用不同类型的指示剂来确定滴定终点。氧化还原滴定中所用的指示剂主要有自身指示剂、专属指示剂和氧化还原指示剂三类。

（1）自身指示剂

在氧化还原滴定过程中，有些溶液或被测的物质本身有颜色，则滴定时就无须另加指示剂，它本身的颜色变化起着指示剂的作用，这称为自身指示剂。例如，以 $KMnO_4$ 标准溶液滴定 $FeSO_4$ 溶液：

$$MnO_4^- + 5\ Fe^{2+} + 8\ H^+ \Longleftrightarrow Mn^{2+} + 5\ Fe^{3+} + 4\ H_2O$$

由于 $KMnO_4$ 本身具有紫红色，而 Mn^{2+} 几乎无色，所以当滴定到化学计量点时，

稍微过量的 $KMnO_4$ 就使被测溶液出现粉红色，表示滴定终点已到。实验证明，$KMnO_4$ 的浓度约为 $2×10^{-6}$ mol·L^{-1} 时，就可以观察到溶液的粉红色。

（2）专属指示剂

可溶性淀粉与游离碘生成深蓝色配合物的反应是专属反应。当 I_2 被还原为 I^- 时，蓝色消失；当 I^- 被氧化为 I_2 时，蓝色出现。当 I_2 的浓度为 $2×10^{-6}$ mol·L^{-1} 时即能看到蓝色，反应极灵敏。因而淀粉是碘量法的专属指示剂。

（3）氧化还原指示剂

氧化还原指示剂是一些本身具有氧化还原性质的有机化合物，它的氧化态和还原态具有不同的颜色，因而可指示氧化还原滴定终点。现以 In(Ox) 和 In(Red)分别表示指示剂的氧化态和还原态，则其氧化还原半反应如下：

$$In(Ox) + n\,e^- \rightleftharpoons In(Red)$$

根据能斯特方程式，得：

$$E = E^{\ominus\prime} + \frac{0.059}{n}\lg\frac{c_{Ox}}{c_{Red}}$$

随着滴定过程中溶液电位的改变，浓度比在改变，因而溶液的颜色也发生变化。同酸碱指示剂的变色情况相似，当 c_{Ox}/c_{Red} 比值在 $1/10$～10 之间时，可观察到指示剂颜色的变化，因此，氧化还原指示剂变色的电位是：

$$E_{In} = E_{In}^{\ominus\prime} \pm \frac{0.059}{n}$$

一些常用氧化还原指示剂列于表 1-7 中。

表 1-7　常用的氧化还原指示剂

指示剂	$E_{In}^{\ominus\prime}$ / V	颜色变化	
		氧化态	还原态
亚甲基蓝	0.36	蓝	无色
二苯胺	0.76	紫	无色
二苯胺磺酸钠	0.84	紫红	无色
邻苯氨基苯甲酸	0.89	紫红	无色
邻二氮菲亚铁	1.06	浅蓝	红色

选择氧化还原指示剂的原则是：指示剂的电位变化范围应当处在滴定的电位突跃范围之内。在实际工作中，一般只计算化学计量点时的电位，氧化还原指示剂的条件电位要尽量与反应的化学计量点的电位相一致。

三、沉淀滴定法

沉淀滴定法是以沉淀反应为基础的一种滴定分析方法。虽然沉淀反应很多，但由于条件的限制，能用于沉淀滴定法的反应并不多，能用于滴定分析的沉淀反应生成的沉淀溶解度必须很小，且组成恒定；沉淀反应迅速，并能定量地完成；有简单、可靠的方法确定滴定终点。许多沉淀反应不能完全符合上述条件。目前，在生产上应用较广的是以生成难溶性银盐沉淀为基础的沉淀滴定法，例如：

$$Ag^+ + Cl^- \rightleftharpoons AgCl\downarrow$$

$$Ag^+ + SCN^- \rightleftharpoons AgSCN\downarrow$$

利用生成难溶银盐的反应来进行滴定分析的方法，称为银量法。银量法可以测定 Cl^-、Br^-、I^-、Ag^+、SCN^- 等，还可以测定经过处理而能定量地产生这些离子的有机物，如六六六、二氯酚等有机药物。

银量法主要用于化学工业，如烧碱厂食盐水的测定，电解液中 Cl^- 的测定，以及一些含卤素的有机化合物的测定。在环境检测、农药检验、化学工业及冶金工业等方面具有重要的意义。

根据确定滴定终点采用的指示剂不同，银量法分为莫尔法、佛尔哈德法和法扬司法。

四、重量分析法

1. 重量分析法概述

重量分析法也称称量分析法，它是通过物理或化学的方法，将试样中待测组分与其他组分分离，以称量的方法称得待测组分或它的难溶化合物的质量，并计算出待测组分含量的分析方法。重量分析法一般分为沉淀法、挥发法和电解法三类，其中沉淀重量法应用最为广泛。

利用沉淀反应进行重量分析时，在试液中加入适当过量的沉淀剂使被测组分沉淀出来，所得的沉淀称为沉淀形式。沉淀形式经过滤、洗涤、烘干或灼烧后得到沉淀的称量形式。根据称量形式的化学组成和质量，便可算出组分的含量。沉淀形式和称量形式可以相同，也可以不同。为了保证测定结果的准确度，重量分析法对沉淀形式和称量形式都有一定的要求。

（1）对沉淀形式的要求

① 沉淀的溶解度要小。要求沉淀的溶解损失不应超过天平的称量误差。一般要求溶解损失不超过 0.2 mg，这样才能保证被测组分沉淀完全。

② 沉淀必须纯净，不应混进沉淀剂和其他杂质。

③ 沉淀应易于过滤和洗涤。在进行沉淀时，希望得到粗大的晶形沉淀。如果只能得到无定形沉淀，则必须控制一定的沉淀条件，改变沉淀的性质，以便得到易于过滤和洗涤的沉淀。

④ 沉淀形式应易于转变为称量形式。如 Al^{3+} 的测定，若沉淀形式为 8-羟基喹啉铝$(C_8H_6NO)_3Al$，则在 130℃烘干后即可称量；若在碱性条件下，使沉淀 Al^{3+} 为 $Al(OH)_3$，则需在 1200℃燃烧条件下才能转化为称量形式。显然，前一种方法更好一些。

（2）对称量形式的要求

① 称量形式应有固定且已知的组成，并与化学式完全相符。这是称量分析进行准确计算的基础。

② 称量形式要有足够的化学稳定性，不应吸收空气中的水分和 CO_2 而改变质量，也不应受 O_2 的氧化作用而改变结构。

③ 称量形式的摩尔质量要大。称量形式的摩尔质量越大，被测组分在沉淀中的含量越少，则称量误差越小。

2. 影响沉淀溶解度的因素

利用沉淀反应进行称量分析时，要求沉淀反应尽可能进行得完全。沉淀反应是否完全，可根据沉淀溶解度大小来衡量。溶解度小，沉淀完全；溶解度大，沉淀不完全。在称量分析中，要求沉淀因溶解而损失的量不超过天平所允许的称量误差 0.2 mg。

影响沉淀溶解度的因素主要是同离子效应、盐效应、酸效应和配位效应。此外，温度、介质、沉淀颗粒大小等因素对溶解度都有一定的影响。

（1）同离子效应

为了减少沉淀的溶解损失，在进行沉淀时，应加入过量的沉淀剂以增大构晶离子的浓度，从而降低沉淀的溶解度。这一效应称为同离子效应。

可见，利用同离子效应可大大降低沉淀的溶解度，这是沉淀称量法中保证沉淀完全的主要措施。但沉淀剂量不能太多，因为沉淀剂过量太多会引起盐效应、配位效应等现象，使沉淀溶解度反而增大。沉淀剂究竟应过量多少，应根据沉淀的性质决定。若沉淀剂在烘干或燃烧时易挥发除去，一般可过量 50%～100%；对不易除去的沉淀剂，只宜过量 20%～30%。

（2）盐效应

当沉淀反应达到平衡时，由于强电解质的存在或其他易溶强电解质的加入，使沉淀的溶解度增大的现象，称为盐效应。例如，在 $PbSO_4$ 饱和溶液中加入 Na_2SO_4 就同时存在着同离子效应和盐效应，而哪种效应占优势，取决于 Na_2SO_4 的浓度。表 1-8 为 $PbSO_4$ 溶解度随 Na_2SO_4 浓度变化的情况。

表 1-8　$PbSO_4$ 在 Na_2SO_4 溶液中的溶解度

Na_2SO_4 浓度/（mol·L^{-1}）	0	0.001	0.01	0.02	0.04	0.100	0.20
$PbSO_4$ 溶解度/（mg·L^{-1}）	45	7.3	4.9	4.2	3.9	4.9	7.0

从表中可知，初始时由于同离子效应，$PbSO_4$ 溶解度降低；可是当加入的 Na_2SO_4 浓度大于 $0.04 \text{ mol} \cdot L^{-1}$ 时，盐效应超过同离子效应，使 $PbSO_4$ 溶解度逐步增大。

从上述讨论可看出，同离子效应与盐效应对沉淀溶解度的影响恰好相反，所以在进行沉淀时，应当尽量避免加入过多的沉淀剂或其他强电解质。但是，对于溶解度很小的沉淀，则盐效应的影响很小。

（3）酸效应

溶液酸度对沉淀溶解度的影响称为酸效应。例如，CaC_2O_4 沉淀在溶液中存在下列平衡：

$$CaC_2O_4 \Longrightarrow Ca^{2+} + C_2O_4^{2-}$$

$$-H^+ \Big\Uparrow +H^+$$

$$HC_2O_4^- \underset{-H^+}{\overset{+H^+}{\Longrightarrow}} H_2C_2O_4$$

当溶液中 H^+ 浓度增大时，平衡向右移动，生成 $H_2C_2O_4$，破坏了 CaC_2O_4 的沉淀平衡，沉淀的溶解度增大，CaC_2O_4 会部分溶解甚至全部溶解。

对不同类型的沉淀，溶液酸度对沉淀溶解度的影响情况也不一样：

① 对弱酸盐沉淀，如 CaC_2O_4、$CaCO_3$、$MgNH_4PO_4$ 等，酸度增大，其溶解度也显著增大，故应在较低的酸度下进行沉淀。

② 若沉淀本身是弱酸，如硅酸（$SiO_2 \cdot nH_2O$）、钨酸（$WO_3 \cdot nH_2O$）等，易溶于碱，则应在强酸性介质中进行沉淀。

③ 若沉淀是强酸盐，如 $AgCl$ 等，在酸性溶液中进行沉淀时，酸度对沉淀的溶解度影响不大。

④ 对于硫酸盐沉淀，由于 H_2SO_4 的 K_{a_2} 不大，所以溶液的酸度太高时，沉淀的溶解度也随之增大。

（4）配位效应

由于沉淀的构晶离子与配位剂形成可溶性配合物而使沉淀的溶解度增大，甚至完全溶解的现象称为配位效应。例如，在 $AgNO_3$ 溶液中加入 Cl^-，开始时由于同离子效应，$AgCl$ 的溶解度随着 Cl^- 浓度的增大而减小，但若继续加入过量的 Cl^-，Cl^- 与 $AgCl$ 形成配离子而使沉淀逐渐溶解。显然，形成的配合物越稳定，配位剂的浓度越大，其配位效应就越显著。表 1-9 为 $AgCl$ 在不同浓度 Cl^- 溶液中的溶解度。

表 1-9 不同浓度氯离子溶液中 AgCl 的溶解度

Cl^- 浓度/（$mol \cdot L^{-1}$）	0	0.001	0.01	0.1	1.0	2.0
AgCl 溶解度/（$mol \cdot L^{-1}$）	1.31×10^{-5}	7.6×10^{-7}	8.7×10^{-7}	4.5×10^{-6}	1.6×10^{-4}	7.1×10^{-4}

以上讨论了同离子效应、盐效应、酸效应和配位效应对沉淀溶解度的影响，在

实际分析中应根据具体情况确定哪种效应是主要的。一般地说，对无配位效应的强酸盐沉淀，主要考虑同离子效应和盐效应；对弱酸盐沉淀主要考虑酸效应；对能与配位剂形成稳定的配合物而且溶解度又不是太小的沉淀，应主要考虑配位效应。

（5）影响沉淀溶解度的其他因素

① 温度的影响。溶解反应一般是吸热反应，因此沉淀的溶解度一般是随着温度的升高而增大。对于一些在热溶液中溶解度较大的晶形沉淀，如 $MgNH_4PO_4$ 等，应在热溶液中进行沉淀，在室温下进行过滤和洗涤；对于一些沉淀的溶解度很小，溶液冷却后很难过滤和洗涤的无定形沉淀，如 $Fe(OH)_3$、$Al(OH)_3$ 等，应在热溶液中沉淀，趁热过滤，并用热溶液进行洗涤。

② 溶剂的影响。多数无机化合物沉淀为离子晶体，它们在有机溶剂中的溶解度要比在水中小，因此在沉淀重量法中，可采用向水中加入乙醇、丙酮等有机溶剂的办法来降低沉淀的溶解度，如 $PbSO_4$ 在 20%乙醇溶液中的溶解度仅为水溶液中的 1/10，但对于有机沉淀剂形成的沉淀，它们在有机溶剂中的溶解度反而大于在水溶液中的溶解度。

③ 沉淀颗粒大小的影响。对于某种沉淀来说，当温度一定时，小颗粒的溶解度大于大颗粒的溶解度。因此，在进行沉淀时，总是希望得到较大的沉淀颗粒，这样不仅沉淀的溶解度小，而且也便于过滤和洗涤。

3. 沉淀的类型和沉淀的条件

（1）沉淀的类型

沉淀按其物理性质不同大致分为三种类型：晶形沉淀、无定形沉淀（无定形沉淀又称为非晶形沉淀或胶状沉淀）和凝乳状沉淀。

① 晶形沉淀颗粒最大，其直径大约在 0.1～1 μm 之间。在晶形沉淀内部，离子按晶体结构有规则地排列，因而结构紧密，整个沉淀所占体积较小，极易沉降于容器的底部。$BaSO_4$、$MgHPO_4$ 等属于晶形沉淀。

② 无定形沉淀颗粒最小，其直径大约在 0.02 μm 以下。无定形沉淀的内部离子排列杂乱无章，并且包含大量水分子，因而结构疏松，整个沉淀所占体积较大。$Fe(OH)_3$、$Al(OH)_3$ 等就属于无定形沉淀，因此也常写成 $Fe_2O_3 \cdot nH_2O$ 和 $Al_2O_3 \cdot nH_2O$。

③ 凝乳状沉淀颗粒大小介于晶形沉淀与无定形沉淀之间，其直径大约为 0.02～1 μm，因此它的性质也介于二者之间，属于二者之间的过渡形。$AgCl$ 就属于凝乳状沉淀。

在称量分析中总是希望得到粗大的晶形沉淀，但生成的沉淀属于哪种类型主要取决于构成沉淀物质本身的性质和沉淀的条件。

（2）沉淀的条件

为了得到纯净且易于过滤和洗涤的沉淀，对于不同类型的沉淀，应采取不同的沉淀条件。

① 晶形沉淀的沉淀条件。晶形沉淀主要考虑如何获得纯净、颗粒较大的沉淀，并注意沉淀的溶解损失。

a. 沉淀应在适当稀的溶液中进行，使溶液的相对过饱和度不致太大，产生的晶核不至于太多，有利于形成颗粒较大的沉淀。但晶形沉淀往往溶解度比较大，为了减少溶解损失，溶液的浓度不宜过稀。

b. 沉淀应在热溶液中进行。热溶液使沉淀的溶解度增大，有利于生成粗大的结晶颗粒，同时可减少沉淀对杂质的吸附。

c. 在不断搅拌下慢慢滴加沉淀剂，防止局部沉淀剂过浓，以免生成大量的晶核。

d. 沉淀作用完毕后，让沉淀留在母液中放置一段时间，这一过程称为陈化。在陈化过程中，小晶体逐渐溶解，大晶体继续长大，这样可以得到比较完整、纯净、溶解度较小、颗粒较大的沉淀。

② 非晶形沉淀的沉淀条件。非晶形沉淀的溶解度较小，容易吸附杂质，难以过滤和洗涤，容易形成胶体而无法沉淀出来。因此，在进行沉淀时，应主要考虑如何获得较紧密的沉淀，减少杂质的吸附，防止形成胶体溶液。

a. 沉淀作用应在较浓的热溶液中进行，沉淀剂加入的速度可以适当快一些，并趁热过滤、洗涤。这样可防止胶体生成，减少杂质吸附，有利于形成较紧密的沉淀。

b. 为防止生成胶体，可在溶液中加入适当电解质，一般选用易挥发的盐类，如铵盐。

c. 不必陈化。非晶形沉淀放置时间过长，会逐渐失去水分而聚集得更紧密，不易洗涤除去所吸附的杂质。

d. 必要时进行再沉淀。

4. 影响沉淀纯度的因素

称量分析不仅要求沉淀的溶解度要小，而且要求沉淀纯净。实际上要获得完全纯净的沉淀是很难的，当沉淀从溶液中析出时，常常被溶液中存在的其他离子所沾污。因此，必须了解影响沉淀纯度的因素，采取一定的措施，防止杂质的吸附，以提高沉淀的纯度。通常影响沉淀纯度的主要因素有共沉淀和后沉淀现象。

（1）共沉淀现象

在进行沉淀反应时，溶液中某些可溶性杂质与沉淀一起沉淀下来的现象，叫做共沉淀现象。产生共沉淀现象的原因主要有表面吸附、吸留和形成混晶。

① 表面吸附。表面吸附是在沉淀的表面上吸附了杂质。吸附杂质量的多少与下列因素有关：a. 沉淀的比表面越大，吸附杂质的量越多；b. 杂质离子的浓度越大，被吸附的量也越多；c. 溶液温度越高，杂质被吸附的量越少，因为吸附过程是放热过程。

② 吸留。在沉淀过程中，当沉淀剂的浓度较大，加入较快时，沉淀迅速长大，则先被吸附在沉淀表面的杂质离子来不及离开沉淀，于是就留在沉淀晶体的内部，这种现象称为吸留现象。这种现象造成的沉淀不能用洗涤方法除去，因此应在进行沉淀时，便尽量避免吸留现象的发生。

③ 形成混晶。如果杂质离子与构晶离子的半径相近，并能形成相同的晶体结构，它们就容易形成混晶。例如，Pb^{2+}、Ba^{2+} 两种离子的大小相近，并具有相同的电荷，因此在沉淀 $BaSO_4$ 时，Pb^{2+} 能取代 $BaSO_4$ 晶体中的 Ba^{2+} 而形成混晶，使沉淀受到严重的污染。在称量分析法中，消除混晶的最好方法是分离除去这些杂质。

（2）后沉淀现象

当沉淀析出之后，在放置的过程中，溶液的杂质离子慢慢沉淀到原沉淀上的现象称为后沉淀现象。例如，在含有 Cu^{2+}、Zn^{2+} 等离子的酸性溶液中通入 H_2S 时，最初得到的 CuS 沉淀并未夹杂 ZnS。但若沉淀与溶液长时间接触，则由于 CuS 沉淀表面吸附 S^{2-} 而使 S^{2-} 浓度大大增加，当 S^{2-} 浓度与 Zn^{2+} 浓度之积大于 ZnS 的溶度积时，在 CuS 表面就析出了 ZnS 沉淀。要避免或减少后沉淀的产生，主要应缩短沉淀与母液共置的时间。

5. 提高沉淀纯度的措施

为了得到纯净的沉淀，提高分析结果的准确度，在实际操作中可采用下列措施：

① 选择适当的分析步骤。如在同一试液中同时存在几种组分，应先沉淀低含量的组分，再沉淀高含量组分。否则当大量沉淀析出时，会使少量组分混入沉淀中，而引起分析结果不准确。

② 降低易被吸附杂质离子的浓度。由于吸附作用具有选择性，所以在实际分析中，应尽量改变易被吸附的杂质离子的存在形式，以减小其沉淀。例如，沉淀 $BaSO_4$ 时，如溶液中含有易被吸附的 Fe^{3+}，可将 Fe^{3+} 还原为不易被吸附的 Fe^{2+}，或加入酒石酸使 Fe^{3+} 生成稳定的配离子以降低其浓度。

③ 选择适当的沉淀条件。不同类型的沉淀，应选用不同的沉淀条件。

④ 选择适当的洗涤剂。洗涤可使沉淀上吸附的杂质进入洗涤液，从而达到提高沉淀纯度的目的。当然，所选择的洗涤剂必须是在灼烧或烘干时容易挥发除去的物质。

⑤ 进行再沉淀。将已得到的沉淀过滤后溶解，再进行第二次沉淀。第二次沉淀时，溶液中杂质含量大为降低，其共沉淀或后沉淀现象自然减少。

⑥ 选用有机沉淀剂。有机沉淀剂具有选择性高、摩尔质量大、生成沉淀晶型好、吸附杂质少等特点。因此，在可能的情况下应尽量选用有机试剂作沉淀剂。

6. 称量分析结果的计算

沉淀称量分析中，最后得到的是称量形式的质量，在很多情况下，需要将称量形式的质量换算成被测组分的质量。通常按下式计算试样中组分 B 的质量分数。

$$w_{被测} = \frac{m_{被测}}{m} \times 100\% = \frac{m_{称量} \times \frac{M_{被测}}{M_{称量}}}{m} \times 100\%$$

式中　$w_{被测}$ ——被测组分 B 的质量分数，%；

　　　$m_{被测}$ ——被测组分 B 的质量，g；

　　　$m_{称量}$ ——称量形式的质量，g；

　　　$M_{被测}$ ——被测组分的摩尔质量，g·mol^{-1}；

　　　$M_{称量}$ ——称量形式的摩尔质量，g·mol^{-1}。

　　其中，$M_{被测}/M_{称量}$ 表示 1 g 称量形式相当于多少克被测组分。对于一定的被测组分和一定的称量形式来说，该比值是一个常数，称为换算因数，用 F 表示。计算换算因数时，要注意使分子与分母中被测元素的原子数目相等，所以在待测组分的摩尔质量和称量形式的摩尔质量之前有时需乘以适当的系数。若已知换算因数，被测组分的质量分数可直接用下式计算：

$$m_{被测} = \frac{m_{称量} \times F}{m} \times 100\%$$

　　分析化学手册中可以查到各种常见物质的换算因数。表 1-10 列出了几种常见物质的换算因数。

表 1-10　几种常见物质的换算因数

待测组分	称量形式	换算因数
Ba	$BaSO_4$	$Ba/BaSO_4 = 0.5884$
S	$BaSO_4$	$S/BaSO_4 = 0.1374$
Fe	Fe_2O_3	$2Fe/Fe_2O_3 = 0.6994$
MgO	$Mg_2P_2O_7$	$2Mg/Mg_2P_2O_7 = 0.3621$
P	$Mg_2P_2O_7$	$2P/Mg_2P_2O_7 = 0.2783$
P_2O_5	$Mg_2P_2O_7$	$P_2O_5/Mg_2P_2O_7 = 0.6377$

第二节　常用分析仪器和器皿

一、天平及其使用

（一）分析天平的称量操作

　　分析天平是定量分析中最重要的仪器之一，正确使用分析天平是分析工作的前提。分析天平种类很多，除先进的电子分析天平外，常用的分析天平主要有半自动电光天平、全自动电光天平和单盘电光天平。这些天平在结构和使用方法上虽有不同，但基本原理是相同的。这里主要对电子天平的构造原理加以介绍，以掌握指定质量称量法、递减称量法和直接称量法三种称量方法。

（二）电子天平的构造与功能

电子天平是最新一代的天平，是根据电磁平衡原理制造的，可用于直接称量。且全程不需砝码，其结构如图 1-8 所示。电子天平用弹簧片取代机械天平的玛瑙刀口作支撑点，用差动变压器取代升降枢装置，用数字显示代替指针刻度式指示。因而，电子天平具有使用寿命长、性能稳定、操作简便和灵敏度高

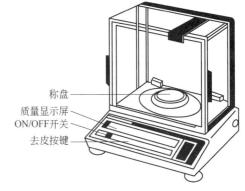

称盘
质量显示屏
ON/OFF开关
去皮按键

图 1-8　电子天平

的特点。此外，电子天平还具有自动校准、自动去皮、超载指示、故障报警等功能以及质量电信号输出功能，可与打印机、计算机联用，进一步扩展其功能，如统计称量的最大值、最小值、平均值及标准偏差等。由于电子天平具有机械天平无法比拟的优点，尽管其价格较高，也越来越被广泛地应用。

（三）电子天平安装室的要求

电子天平价格虽然昂贵，对安装室要求相对较高，但也不是安装条件越高越好。应从实际出发，满足下列要求即可：

① 房间应避免阳光直射，最好选择阴面房间或采用遮光的办法。

② 应远离震动源，如铁路、公路和振动机等，无法避免则要采取防震措施。

③ 应远离高能热源和高强电磁场等环境。

④ 工作室内温度应恒定，以 20℃为佳。

⑤ 工作室内的湿度应在 45%～75%之间为最佳。

⑥ 工作室内应清洁干净，避免气流的影响。

⑦ 工作室内应无腐蚀性气体的影响。

⑧ 工作台要牢固可靠，台面水平度要好。

（四）电子天平的使用规则

① 水平调节。观察水平仪，如水平仪气泡偏移，需调整水平调节脚，使气泡位于水平仪中心。

② 预热。接通电源，天平在初次接通电源或长时间断电之后，至少预热 30 分钟，再开启显示器进行操作。

③ 开启显示器。轻按"ON"键，显示器全亮，约 2 s 后，显示天平的型号，然后显示称量模式"0.0000 g"。

④ 天平基本模式的选定。通常为"通常情况"模式，并具有断电记忆功能。使用时若改为其他模式，使用后一旦按"OFF"键，天平即恢复"通常情况"模式。称量单位的设置等可按说明书进行操作。

⑤ 校准。天平安装后，第一次使用前，应对天平进行校准。读数时应关上天平门。

⑥ 称量。按"TAR"键，显示为"0"后，置称量样品于秤盘上，等数字稳定即显示器左下角的"0"标志消失后，即可读出称量样品的质量。

⑦ 去皮称量。按"TAR"键清零，置容器于秤盘上。天平显示容器质量，再按"TAR"键，显示"0"，即去除皮重。再置称量样品于容器中，或将称量样品（粉末状物质或液体）逐步加入容器中直至达到所需质量，待显示器左下角"0"消失，这时显示的是称量样品的净质量。

⑧ 称量结束后，若较短时间内还使用天平，一般不用按"OFF"键关闭显示器。实验全部结束后，关闭显示器，切断电源。

（五）称量方法

称取试样的方法通常有指定质量称量法、递减称量法和直接称量法。

（1）指定质量称量法

指定质量称量法是指称取一指定质量的试样的方法。在直接配制标准溶液和试样分析时经常使用这种方法。

称样时，根据不同试样，可采用表面皿、小烧杯、称量纸和铝铲等器皿进行称样。该方法常用于称取不易吸湿的，且不与空气中各种组分发生作用、性质稳定的粉末状物质，不适用于块状物质的称量。

（2）递减称量法（差减法或减量法）

此法常用于称量那些易吸水、易氧化或易与 CO_2 反应的物质。此法是将试样放在称量瓶中，先称试样和称量瓶的总质量，然后按需要量倒出一部分试样，再称试样和称量瓶的质量，两次相减得到倒出试样的量。

（3）直接称量法

对那些在空气中没有吸湿性的试样或试剂，如金属、合金等，可以用直接称量法称样，即将试样放在已知质量的清洁而干燥的表面皿或称量纸上，一次称取一定量的试样，然后将所称取的试样全部转移到接收容器中。

二、烘箱及其使用

水分是影响烟草及烟草制品质量的一个重要因素.在烟叶工商交接、打叶复烤、烟叶储运、醇化、制丝、卷包等过程中，水分直接影响着烟草及烟草制品加工过程中的物料消耗、物理特性和内在的感官质量。在本书有关的连续流动检测方法中，几乎都涉及水分的测定。

目前，"烘箱法"是测定烟草及烟草制品水分的经典方法，它不但应用很广而且是目前唯一的水分测定仲裁方法。因此，烘箱的正确使用与校准在烟草行业中起着至关重要的作用。烘箱的校准在其他章节会有专门介绍，这里主要介绍烘箱的结构、特点及正确操作方法等。

（一）烘箱的主体结构

烘箱主要由箱体、加热管、温度测量控制系统和风扇组成。其中温度测量控制系统包括温度控制器、温度探头和显示面板，根据风扇转动时的箱体内外不同的气流方向有两种原理：当箱体内压力低于大气压力，属于负压加热式；当箱体内压力高于大气压力时，属于鼓风加热式。

箱体内通常有一至两层搁物架，盛装烟丝的容器放置在搁物架上烘去水分。箱体上至少应有新风口或者排潮口，以排除从样品中烘出的水分。温度范围一般是室温+5～200℃，温度偏差绝对值≤1.00℃，温度均匀度≤2.00℃。

目前在烟草行业使用的主流烘箱品牌有德国 BINDER、日本 ESPEC、美国菲莫定制干燥箱以及广州 ESPEC、上海 ESPEC 等。

（二）烘箱的常规操作方法

实验室烘箱用于物品的干燥和干热灭菌，烘箱的使用温度范围为室温～250℃，常用鼓风式电热以加速升温，基本使用方法如下：

① 将温度计插入座内（在箱顶侧面，烘箱出厂时已经完成，无需再次操作）。

② 把电源插头插入电源插座。

③ 将加热开关打开，此时可开启鼓风机，促使热空气对流，红色指示灯亮。

④ 注意观察温度表。当温度计温度将要达到需要温度时，仪表自动调节自动控温，使绿色指示灯正好发亮，十分钟后再观察温度表和指示灯，如果温度计上所指温度超过需要温度，而红色指示灯仍亮，则将自动控温仪表自整定（如果还超温10℃以上，说明仪表有问题，可联系生产厂家），直到温度恒定在要求的温度，保温时间到了以后，指示灯自动关闭为止。烘箱停止工作，自动恒温。

⑤ 在烘箱恒温过程中，如不需要三组电热管同时发热（一般为一组），可仅开启一组电热管。开启组数越多，温度上升越快（用户可以在购买烘箱时和生产厂家说明要多组加热，可以单开也可以多组联开）。

⑥ 工作一定时间后，可开启顶部中央的放气调节器将潮气排出，也可以开启鼓风机。

⑦ 使用完毕后将电热管（或电热丝）分组开关全部关闭，并将自动恒温器的旋钮沿逆时针方向旋至零位。

⑧ 关闭烘箱电源，将物料取出，将电源切断。

三、分光光度计及其使用

分光光度计，又称光谱仪（spectrometer），是将成分复杂的光分解为光谱线的科学仪器。测量范围一般包括波长范围为可见光区和紫外光区。不同的光源都有其特有的发射光谱，因此可采用不同的发光体作为仪器的光源。钨灯光源所发出的光通过三棱镜折射后，可得到由红、橙、黄、绿、蓝、靛、紫组成的连续色谱；该色谱可作为可见分光光度计的光源。分光光度法是利用在特定波长处或一定波长范围内光的吸收度，对该物质进行定性或定量分析。所用仪器为紫外分光光度计、可见分光光度计（或比色计）、红外分光光度计或原子吸收分光光度计。为保证测量的精密度和准确度，所有仪器应按照国家计量检定规程规定，定期进行校正检定。

几乎所有的连续流动检测系统都以分光光度计作为检测器，主要由光源、单色器、样品室、检测器、信号处理器和显示与存储系统组成。分光光度计采用一个可以产生多个波长的光源，通过系列分光装置，从而产生特定波长的光源，光线透过测试的样品后，部分光线被吸收，计算样品的吸光值，从而转化成样品的浓度。样品的吸光值与样品的浓度成正比（关于分光光度计的详细介绍请见第二章第一节分光光度法基础）。

（一）比色法

比色法一般有 Lowry 法、BCA 法和 Bradford 法等几种方法。

（1）Lowry 法

以最早期的 Biuret 反应为基础，并有所改进。蛋白质与 Cu^{2+} 反应产生蓝色的反应物。但是与 Biuret 相比，Lowry 法敏感性更高。缺点是需要顺序加入几种不同的反应试剂；反应需要的时间较长；容易受到非蛋白质物质的影响；含 EDTA，聚乙二醇辛基苯基醚，硫酸铵等物质的蛋白质不适合此种方法。

（2）BCA（bicinchoninine acid assay）法

这是一种较新的、更敏感的蛋白质测试法。要分析的蛋白质在碱性溶液里与 Cu^{2+} 反应产生 Cu^+。后者与 BCA 形成螯合物，形成紫色化合物，吸收峰波长在 562 nm。此化合物与蛋白质浓度的线性关系极强，反应后形成的化合物非常稳定。相对于 Lowry 法，操作简单，敏感度高。但是与 Lowry 法相似的是容易受到蛋白质之间以及去污剂的干扰。

（3）Bradford 法

这种方法的原理是蛋白质与考马斯亮蓝结合，产生的有色化合物吸收峰为 595 nm。其最大的特点是，敏感度好，是 Lowry 法和 BCA 法两种测试方法的 2 倍；操作更简单，速度更快；只需要一种反应试剂；化合物可以稳定 1 h，便于观测结果；而且与一系列干扰 Lowry、BCA 反应的还原剂（如 DTT、巯基乙醇）相容，但是对于去污剂依然是敏感的。最主要的缺点是不同的标准品会导致同一样品的结果差异较大，无可比性。

初次接触比色法测定的研究者可能会困惑究竟应该选择哪一种比色法。由于各种方法反应的基团以及显色基团不一，所以同时使用几种方法对同一样品检测，得出的样品浓度无可比性。例如：Keller 等测试人奶中的蛋白质含量，结果 Lowry 法和 BCA 法测出的浓度明显高于 Bradford 法，差异显著。即使是测定同一样品，同一种比色法选择的标准样品不一致，测试后的浓度也不一致。如用 Lowry 测试细胞匀浆中的蛋白质含量，以 BSA 作标准品，浓度 1.34 mg·mL^{-1}；以 a 球蛋白作标准品，浓度 2.64 mg·mL^{-1}。因此，在选择比色法之前，最好是参照要测试的样本的化学组成，寻找与之化学组成类似的标准蛋白作标准品。另外，比色法定量蛋白质经常出现的问题是样品的吸光值太低，导致测出的样品浓度与实际的浓度差距较大。原因是反应后 1011 分光光度计的重要配件——比色皿的颜色有一定的半衰期。所以每种比色法都列出了反应测试时间，所有的样品（包括标准样品），都必须在此时间内测试。时间过长，得到的吸光值变小，换算的浓度值降低。除此之外，反应温度、溶液 pH 值等都是影响实验的重要原因。最后，非常重要的是，最好是用塑料的比色皿。避免使用石英或者玻璃材质的比色皿，因为反应后的颜色会让石英或者玻璃着色，导致样品吸光值不准确。

（二）分光光度计的重要配件——比色皿

比色皿按照材质大致分为石英比色皿、玻璃比色皿和塑料比色皿。根据不同的测量体积，有比色皿和毛细比色皿等。一般核酸和蛋白质紫外定量均采用石英比色皿或者玻璃比色皿，但这两种材质不适合比色法测定。因为反应中的染料（如考马斯亮蓝）能让石英和玻璃着色，所以必须采用一次性的塑料比色皿。然而塑料比色皿一般不适用于在紫外光范围内测试样品。

另外由于测试的样品量不同，一般分光光度计厂家提供不同容积的比色皿以满足用户不同的需求。市场已经存在一种既可用于核酸、蛋白质紫外定量，亦可用于蛋白质比色法测定的塑料杯，样品用量仅需 50 μL，比色皿单个无菌包装，可以回收样品，如 Eppendorf UVette 塑料比色皿是比色皿市场上一个革新。生命科学以及相关学科的发展对此类科学的实验研究提出了更高的要求，分光光度计将是分子生物学实验室不可缺少的仪器，也成为微生物、食品、制药等相关实验室的必备设备之一。

随着科技的发展，比色皿已经不是使用分光光度计时的必备物品。国外 Nanodrop 公司（现已被 Thermo Fisher 公司收购）生产的 ND1000 分光光度计与旧式分光光度计相比，已经可以做到无需稀释样品，无需使用比色皿，每次仅需 1～2 μL 样品即可完成测量。

（三）分光光度计的常规操作方法及注意事项

分光光度计的常规操作方法主要包括以下步骤：

① 接通电源，打开仪器开关，掀开样品室暗箱盖，预热 10 min；

② 将灵敏度开关调至合适挡位；

③ 根据所需波长转动波长选择钮；

④ 将空白液及测定液分别倒入比色皿 3/4 处，用擦镜纸擦清外壁，放入样品室内，使空白管对准光路；

⑤ 在暗箱盖开启状态下调节零点调节器，使读数盘指针指向 $t = 0$ 处；

⑥ 盖上暗箱盖，调节"100"调节器，使空白管的 $t = 100$，指针稳定后逐步拉出样品滑杆，分别读出测定管的光密度值，并记录；

⑦ 比色完毕，关上电源，取出比色皿洗净，样品室用软布或软纸擦拭干净。

分光光度计作为一种精密仪器，在运行工作过程中由于工作环境、操作方法等种种原因，其技术状况必然会发生某些变化，可能影响设备的性能，甚至诱发设备故障及事故。因此，分析工作者必须了解分光光度计的基本原理和使用说明，并能及时发现和排除这些隐患，对已产生的故障及时维修才能保证仪器设备的正常运行。

分光光度计使用注意事项：

① 分光光度计应放在干燥的房间内，使用时放置在坚固平稳的工作台上，室内照明不宜太强。热天时不能用电扇直接向仪器吹风，防止灯泡灯丝发亮不稳定。温度和湿度是影响仪器性能的重要因素。它们可以引起机械部件的锈蚀，使金属镜面的光洁度下降，引起仪器机械部分的误差或性能下降；造成光学部件如光栅、反射镜、聚焦镜等的铝膜锈蚀，出现光能不足，产生杂散光、噪声等，甚至使仪器停止工作，从而影响仪器寿命。维护保养时应定期加以校正。应具备四季恒湿的仪器室，配置恒温恒湿设备，特别是地处南方地区的实验室。环境中的尘埃和腐蚀性气体亦可影响机械系统的灵活性、降低各种限位开关、按键、光电耦合器的可靠性，也是造成光学部件铝膜锈蚀的原因。因此必须定期清洁，保障环境和仪器室内卫生条件，防尘。

② 使用分光光度计前，使用者应该首先了解仪器的结构和工作原理，以及各个操纵旋钮的功能。在未接通电源之前，应该对仪器的安全性能进行检查，电源接线应牢固，通电也要良好，各个调节旋钮的起始位置应该正确，然后再按通电源开

关。在仪器尚未接通电源时，电表指针必须于"0"刻线上，若不是这种情况，则可以用电表上的校正螺丝进行调节。

③ 仪器使用一定周期后，内部会积累一定量的尘埃，最好由维修工程师或在工程师指导下定期开启仪器外罩对内部进行除尘工作，同时将各发热元件的散热器重新紧固，对光学盒的密封窗口进行清洁，必要时对光路进行校准，对机械部分进行清洁和必要的润滑。最后，恢复原状，再进行一些必要的检测、调校与记录。

④ 若大幅度改变测试波长，需稍等片刻，等热平衡后，重新校正"0"和"100%"点，然后再测量。指针式仪器在未接通电源时，电表的指针必须位于零刻度上。若不是这种情况，需进行机械调零。操作人员不应轻易动灯泡及反光镜灯，以免影响光效率。

⑤ 很多型号的分光光度计的光电接收装置为光电倍增管，它本身的特点是放大倍数大，因而可以用于检测微弱光电信号，而不能用来检测强光。否则容易产生信号漂移，灵敏度下降。针对其上述特点，在维修、使用此类仪器时应注意不让光电倍增管长时间暴露于光下。因此在预热时，应打开比色皿盖或使用挡光杆，避免长时间照射使光电倍增管信号漂移而导致工作状态不稳。

⑥ 比色皿使用完毕后，应立即用蒸馏水冲洗干净，并用干净柔软的纱布将水迹擦去，以防表面光洁度被破坏，影响比色皿的透光率。比色皿必须配套使用，否则将使测试结果失去意义。在进行每次测试前均应进行比较。具体方法如下：分别向被测的两只比色皿里注入同样的溶液，把仪器置于某一波长处。石英比色皿在 220 nm、700 nm 波长处装蒸馏水，玻璃比色皿在 700 nm 处装蒸馏水。将某一个池的透射比值调至 100%，测量其他各池的透射比值，记录其示值之差及通光方向，如透射比之差在±0.5%的范围内即可。

四、玻璃仪器及器皿、用具

在分析化学实验中，用到的玻璃仪器种类很多，按用途大体可分为：①容器类，如烧杯、烧瓶、试剂瓶等，根据它们能否受热又可分为可加热的和不宜加热的器皿；②量器类，如量筒、移液管、滴定管、容量瓶等，实验室所使用的玻璃量器都要为符合国家计量基准的器具；③其他玻璃器皿有冷凝管、分液漏斗、干燥器、分馏柱、标准磨口玻璃器具等，其中标准磨口玻璃器具主要用于有机实验。

分析化学中常用的玻璃仪器及用具如图 1-9 所示。

（一）常用玻璃仪器的洗涤与烘干

在分析工作中，洗涤玻璃仪器不仅是一项必须做的实验前准备工作，也是一项技术性工作。仪器洗涤是否符合要求对检验结果的准确性和精密度均有影响。不同的分析工作有不同的仪器洗净标准，玻璃仪器的洗涤方法有很多，一般来说，应根据实验的要求、玻璃仪器受污染的程度以及所用玻璃仪器的种类选择合适的方法进行洗涤。

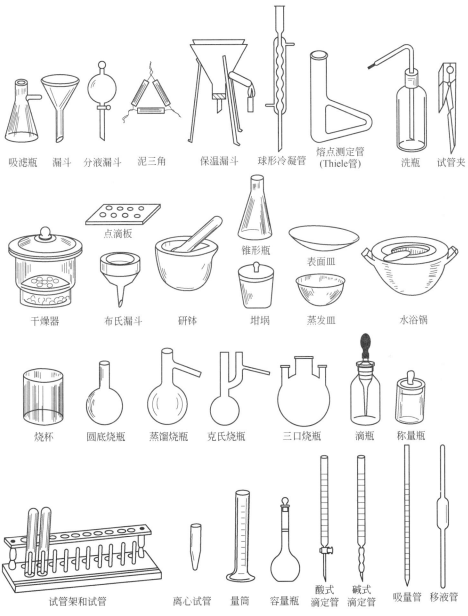

吸滤瓶　漏斗　分液漏斗　泥三角　　保温漏斗　球形冷凝管　熔点测定管　　洗瓶　试管夹
　　　　　　　　　　　　　　　　　　　　　　　　　　（Thiele管）

点滴板　　　　　　　　锥形瓶

干燥器　布氏漏斗　研钵　　坩埚　蒸发皿　　表面皿　　水浴锅

烧杯　圆底烧瓶　蒸馏烧瓶　克氏烧瓶　三口烧瓶　滴瓶　称量瓶

试管架和试管　　　离心试管　量筒　容量瓶　酸式滴定管　碱式滴定管　吸量管　移液管

图1-9　分析化学常用的玻璃仪器及用具

常用的洁净剂是肥皂、肥皂液（特制商品）、洗衣粉、去污粉、洗液、有机溶剂等。肥皂、肥皂液、洗衣粉、去污粉用于可以用刷子直接刷洗的仪器，如烧杯、三角瓶、试剂瓶等。洗液多用于不便用刷子洗刷的仪器，如滴定管、移液管、容量瓶、蒸馏器等具有特殊形状的仪器，也用于洗涤不用的杯皿器具和刷子刷不下的污垢。用洗液洗涤仪器是利用洗液本身与污渍起化学反应而将其去除。因此需要浸泡一定的时间待其充分作用。有机溶剂是针对某种类型的油脂性污渍，利用相似相溶原理将有机污渍溶解而除之，或借助某些有机溶剂能与水混合而又挥发快的特殊性，将水带出。如甲苯、二甲苯、汽油等可以洗油垢，酒精、乙醚、丙酮可以冲洗刚洗净而带水的仪器。

1. 常用洗液

洗涤液简称洗液，根据不同的要求有各种不同的洗液。将较常用的几种介绍如下。

（1）强酸氧化剂洗液

强酸氧化剂洗液由重铬酸钾（$K_2Cr_2O_7$）和浓硫酸（H_2SO_4）配成。$K_2Cr_2O_7$在酸性溶液中有很强的氧化能力，对玻璃仪器又极少有侵蚀作用。所以这种洗液在实验室内使用广泛。配制浓度各有不同，从 5%～12% 的各种浓度都有。配制方法大致相同：取一定量的 $K_2Cr_2O_7$（工业品即可），先用约 1～2 倍的水加热溶解，稍冷后，将工业品浓 H_2SO_4 按所需体积徐徐加入 $K_2Cr_2O_7$ 水溶液中（千万不能将水或溶液加入浓 H_2SO_4 中），边倒边用玻璃棒（简称玻棒）搅拌。并注意不要溅出。混合均匀，待冷却后，装入洗液瓶备用。新配制的洗液为红褐色，氧化能力很强。当洗液用久后变为黑绿色，即说明洗液无氧化洗涤力。

例如，配制 12% 的洗液 500 mL。取 60 g 工业品 $K_2Cr_2O_7$ 置于 100 mL 水中（加水量不是固定不变的，以能溶解为度），加热溶解，冷却，徐徐加入浓 H_2SO_4 340 mL，边加边搅拌，冷后装瓶备用。这种洗液在使用时要注意不能溅到身上，以防"烧"破衣服和损伤皮肤。洗液倒入要洗的仪器中，应使仪器周壁全浸洗后稍停一会再倒回洗液瓶。用少量水冲洗刚浸洗过的仪器后，废水不要倒在水池里和下水道里，否则会腐蚀水池和下水道，应倒在废液缸中。

（2）碱性洗液

碱性洗液用于洗涤有油污物的仪器，用此洗液时采用长时间（24 h 以上）浸泡法或者浸煮法。从碱洗液中捞取仪器时，要戴乳胶手套，以免烧伤皮肤。

常用的碱洗液主要成分有：碳酸钠（Na_2CO_3，即纯碱），碳酸氢钠（$NaHCO_3$，小苏打），磷酸钠（Na_3PO_4，磷酸三钠），磷酸氢二钠（Na_2HPO_4）等。

（3）碱性高锰酸钾洗液

用碱性高锰酸钾作洗液，作用缓慢，适用于洗涤有油污的器皿。配法：取高锰酸钾（$KMnO_4$）4 g 加少量水溶解后，再加入 10% 氢氧化钠（$NaOH$）溶液 100 mL。

（4）纯酸纯碱洗液

根据器皿污垢的性质，可直接用浓盐酸（HCl）、浓硫酸（H_2SO_4）或浓硝酸（HNO_3）浸泡或浸煮器皿（温度不宜太高，否则浓酸挥发刺激人）；或采用10%以上的氢氧化钠（NaOH）、氢氧化钾（KOH）或碳酸钠（Na_2CO_3）溶液浸泡或浸煮器皿（可以煮沸）。

（5）有机溶剂

带有油脂性污物的器皿可以用汽油、甲苯、二甲苯、丙酮、酒精、三氯甲烷、乙醚等有机溶剂擦洗或浸泡。但用有机溶剂作为洗液浪费较大，能用刷子洗刷的大件仪器尽量采用碱性洗液。只有无法使用刷子的小件或特殊形状的仪器才使用有机溶剂洗涤，如活塞内孔、移液管尖头、滴定管尖头、滴定管活塞孔、滴管、小瓶等。

（6）洗消液

检验可能含有致癌性化学物质的器皿时，为了防止对人体的侵害，在洗刷之前应使用对这些致癌性物质有破坏分解作用的洗消液进行浸泡，然后再进行洗涤。在食品检验中经常使用的洗消液有1%或5%次氯酸钠（NaClO）溶液、20% HNO_3溶液和2% $KMnO_4$溶液。

1%或5% NaClO溶液对黄曲霉毒素有破坏作用。用1% NaClO溶液对污染的玻璃仪器浸泡半天或用5% NaClO溶液浸泡片刻后，即可达到破坏黄曲霉毒素的作用。配制方法：取漂白粉100 g，加水500 mL，搅拌均匀，另将工业用Na_2CO_3 80g溶于500 mL温水中，再将两液混合，搅拌，澄清后过滤，此滤液含NaClO为25%。若用漂粉精配制，则Na_2CO_3的重量应加倍，所得溶液浓度约为5%。如需要1%NaClO溶液，可将上述溶液按比例进行稀释。

20% HNO_3溶液和2% $KMnO_4$溶液对苯并[a]芘有破坏作用，被苯并[a]芘污染的玻璃仪器可先用20% HNO_3浸泡24 h，取出后用自来水冲去残存酸液，再进行洗涤。被苯并[a]芘污染的乳胶手套及微量注射器等可用2% $KMnO_4$溶液浸泡2 h后，再进行洗涤。

2. 洗涤玻璃仪器的步骤与要求

① 常法洗涤仪器。洗刷仪器时，应首先将手用肥皂洗净，免得手上的油污附在仪器上，增加洗刷的困难。如仪器附有尘灰，先用清水冲去，再按要求选用洁净剂洗刷或洗涤。如用去污粉，将刷子蘸上少量去污粉，将仪器内外全刷一遍，再边用水冲边刷洗，至肉眼看不见去污粉时，用自来水洗3～6次，再用蒸馏水冲三次以上。一个干净的玻璃仪器应该以挂不住水珠为度。如仍能挂住水珠，则需要重新洗涤。用蒸馏水冲洗时，要用顺壁冲洗方法并充分震荡，经蒸馏水冲洗后的仪器，用酸碱指示剂检查应为中性。

② 作痕量金属分析的玻璃仪器，使用1∶1～1∶9 HNO_3溶液浸泡，然后进行常法洗涤。

③ 进行荧光分析时，玻璃仪器应避免使用洗衣粉洗涤。（洗衣粉中含有荧光增白剂，会给分析结果带来误差）

④ 分析致癌物质时，应选用适当的洗消液浸泡，然后再按常法洗涤。

3. 玻璃仪器的干燥

做实验经常要用到的仪器应在每次实验完毕后洗净、干燥备用。不同实验对干燥有不同的要求，一般定量分析用的烧杯、锥形瓶等仪器洗净即可使用，而很多用于食品分析的仪器要求是干燥的，有的要求无水痕，有的要求无水。应根据不同要求干燥仪器。具体的干燥方法如下：

（1）晾干

不急等用的仪器，可在蒸馏水冲洗后于无尘处倒置控去水分，自然干燥。可用安有木钉的架子或带有透气孔的玻璃柜放置仪器。

（2）烘干

洗净的仪器控去水分，放在烘箱内烘干，烘箱温度为 $105\sim110℃$，烘 1 h 左右即可。也可放在红外灯干燥箱中烘干。此法适用于一般仪器。称量瓶等在烘干后要放在干燥器中冷却和保存。带实心玻璃塞及厚壁仪器烘干时要注意慢慢升温且温度不可过高，以免仪器破裂。量器不可放于烘箱中烘干。

硬质试管可用酒精灯加热烘干，要从底部烤起，把管口向下，以免水珠倒流把试管炸裂，烘到无水珠后使试管口向上，赶净水汽。

（3）热（冷）风吹干

对于急于干燥的仪器或不适于放入烘箱的较大的仪器可用吹干的办法。通常用少量乙醇、丙酮最后再用乙醚，倒入已控去水分的仪器中摇洗，然后用电吹风机吹，先用冷风吹 $1\sim2$ min，当大部分溶剂挥发后吹入热风至完全干燥，再用冷风吹去残余蒸汽，防止其又冷凝在容器内。

（4）湿热干燥法

在同样的温度下，湿热的干燥效果比干热好，其原因有：①蛋白质凝固所需的温度与其含水量有关，含水量愈大，发生凝固所需的温度愈低。湿热干燥的菌体蛋白质吸收水分，因而较在同一温度的干热空气中易于凝固。②湿热干燥过程中蒸汽放出大量潜热，加速提高湿度。因而湿热干燥比干热所需温度低，如在同一温度下，则湿热干燥所需时间比干热短。③湿热的穿透力比干热大，使深部也能达到干燥温度，故湿热比干热收效好。

湿热干燥法包括煮沸法、流通蒸汽干燥法、间歇干燥法、巴氏干燥法和高压蒸汽干燥法。

a. 煮沸法：煮沸 100℃，5 min，能杀死一般的繁殖体。许多芽孢需经煮沸 $5\sim6$ h 才死亡。水中加入 2% Na_2CO_3 溶液，可提高其沸点达 105℃。既可促进芽孢的杀灭，又能防止金属器皿生锈。煮沸法可用于饮水和一般器械（刀剪、注射器等）的干燥。

b. 流通蒸汽干燥法：利用 100℃左右的水蒸气进行干燥，一般采用流通蒸汽干燥器（其原理相当于我国的蒸笼）加热 15～30 min，可杀死繁殖体。干燥物品的包装不宜过大、过紧，以利于蒸汽穿透。

c. 间歇干燥法：利用反复多次的流通蒸汽，以达到干燥的目的。一般用流通蒸汽干燥器 100℃加热 15～30 min，可杀死其中的繁殖体，但芽孢尚有残存。取出后放 37℃孵箱过夜，使芽孢发育成繁殖体，次日再蒸一次，如此连续三次以上。本法适用于不耐高温的营养物（如血清培养基）的干燥。

d. 巴氏干燥法（Pasteurization）：利用热力杀死液体中的病原菌或一般的杂菌，同时不致严重损害其质量的方法。61.1～62.8℃加热半小时或 71.7℃加热 15～30 s。常用于干燥牛奶和酒类等。

e. 高压蒸汽干燥法：压力蒸汽干燥是在专门的压力蒸汽干燥器中进行的，是热力干燥中使用普遍、效果可靠的一种方法。其优点是穿透力强，干燥效果可靠，能杀灭所有微生物。

目前使用的压力干燥器有下排气式压力干燥器和预真空压力干燥器两类，适用于耐高温、耐水物品的干燥。

（5）干热干燥法

干热干燥比湿热干燥需要更高的温度与更长的时间。

a. 干烤：利用干烤箱，160～180℃加热 2 h 可杀死一切微生物，包括芽孢杆菌。主要用于玻璃器皿、瓷器等的干燥。

b. 烧灼和焚烧：烧灼是直接用火焰杀死微生物，适用于微生物实验室的接种针等不怕热的金属器材的干燥。焚烧是彻底的干燥方法，但只限于处理废弃的污染物品，如无用的衣物、纸张、垃圾等。焚烧应在专用的焚烧炉内进行。

c. 红外线：红外线是一种 0.77～1000 μm 波长的电磁波，有较好的热效应，尤以 1～10 μm 波长的热效应强，红外线辐射被认为是一种干热干燥方法。红外线由红外线灯泡产生，不需要经空气传导，所以加热速度快，但热效应只能在照射到的表面产生，因此不能使一个物体的前后左右均匀加热。红外线的干燥作用与干热相似，红外线烤箱干燥的所需温度和时间亦同于干烤，多用于医疗器械的干燥。

人受红外线照射较长时间会感觉眼睛疲劳及头疼；长期照射会造成眼内损伤。因此，工作人员必须佩戴能防红外线伤害的防护镜。

d. 微波：微波是一种波长为 1 mm 到 1 m 不等的电磁波，频率较高，可穿透玻璃、塑料薄膜与陶瓷等物质，但不能穿透金属表面。微波能使介质内杂乱无章的极性分子在微波场的作用下，按波的频率往返运动、互相冲撞和摩擦而产生热，介质的温度可随之升高，因而在较低的温度下能起到干燥作用。一般认为其干燥机理除热效应以外，还有电磁共振效应、场致效应等。干燥中常用的微波有 2450 MHz 与 915 MHz 两种。微波照射多用于食品加工。在医院中可用于检验室用品、非金属器械、无菌室的食品食具、药杯及其他用品的干燥。微波长期照射可引起眼睛的晶状浑浊、睾丸损伤和神经功能紊乱等全身性反应，因此必须关好门后再开始操作。

4. 玻璃器皿的洗涤操作过程

实验中常用的烧杯、锥形瓶、量筒、量杯等一般的玻璃器皿，由于测量精度较差，可用毛刷蘸水直接刷洗，从而除去仪器上附着的尘土、可溶性杂质和易脱落的不溶性杂质；如果玻璃器皿上附着有机物或受污较为严重，可用毛刷蘸去污粉或合成洗涤剂刷洗，再用自来水冲洗干净，最后用蒸馏水（或去离子水）润洗 3 次，除去自来水带来的一些无机离子。

为了保证容量的准确性，带有精确刻度的容量器皿（如滴定管、移液管、吸量管、容量瓶等）不宜用刷子刷洗，应选择合适的洗液来洗涤。先用自来水冲洗后沥干，用洗液处理一段时间（一般放置过夜），然后用自来水清洗，最后用蒸馏水（或去离子水）冲洗。具体操作如下。

（1）滴定管的洗涤

选择合适的洗涤剂和洗涤方法。一般用自来水冲洗，零刻度线以上部位可用毛刷蘸洗涤剂刷洗，零刻度线以下部位如不干净，则用铬酸洗液处理（碱式滴定管应除去乳胶管，用乳胶头将滴定管下口堵住）。如果只有少量的污垢，可装入 10 mL 洗液，双手平托滴定管的两端，不断转动滴定管，使洗液润洗滴定管内壁，操作时管口对准洗液瓶口，以防洗液外流。洗完后，将洗液分别由两端放出。如果滴定管太脏，可将洗液装满整根滴定管并浸泡一段时间。为防止洗液滴落在台面，在滴定管下方可放一个烧杯。最后用自来水、蒸馏水（或去离子水）洗净。洗净后的滴定管内壁应被水均匀润湿而不挂水珠。

（2）容量瓶的洗涤

先用自来水刷洗内壁，倒出水后，内壁如不挂水珠，即可用蒸馏水刷洗备用，否则必须用洗液处理。用洗液处理之前，先将瓶内残留的水倒出，再装入约 15 mL 洗液，转动容量瓶，使洗液润洗内壁后，停留一段时间，将其倒回原瓶，用自来水充分冲洗，最后用少量蒸馏水刷洗 2～3 次即可。

（3）移液管、吸量管的洗涤

为了使量出的溶液体积准确，要求移液管和吸量管内壁和下部的外壁不挂水珠。先用自来水冲洗，再用洗耳球吹出管内残留的水，然后将移液管管尖插入洗液瓶内，用洗耳球吸取洗液，使洗液缓缓吸入移液管球部或吸量管约 1/4 处。移去洗耳球，再用右手食指按住管口，把移液管或吸量管横过来，左手扶住移液管或吸量管的中下部（以接触不到洗液为宜），慢慢开启右手食指，一边转动移液管或吸量管，一边使管口降低，让洗液布满全管。洗液从上口放回原瓶，然后用自来水充分冲洗，再用洗耳球吸取蒸馏水，将整个内壁洗 3 次，洗涤方法同前，但洗过的水应从下口放出。每次的用水量以液面上升到移液管球部或吸量管约 1/5 处为宜。也可用洗瓶从上口进行吹洗 2～3 次。

另外，光度法中所用的比色皿是用光学玻璃制成的，绝不能用毛刷刷洗，通常用合成洗涤剂或 HNO_3 溶液（1∶1）洗涤后，再用自来水冲洗干净，最后用蒸馏水润洗 2～3 次。

凡是已经洗净的器皿，绝不能用布或纸擦拭，否则，布或纸上的纤维将会附着在器皿上。

一般的玻璃器皿洗净后常需要干燥。通常是用电烘箱或烘干机在 110～120℃进行干燥，放进去之前应尽量把水沥干。放置时应注意使仪器的口朝下（倒置不稳的仪器应平放）。可在电烘箱的最下层放一个搪瓷盘来接收仪器上滴下的水珠。

定量的玻璃仪器不能加热，一般采取控干、自然晾干或依次用少量酒精、乙醚涮洗后用温热的电吹风吹干等方法。

（二）常用玻璃仪器的使用

在分析化学实验中，经常用到不同的玻璃仪器，不同的仪器有不同的用处，下面简单介绍几种常用滴定分析仪器。

（1）烧杯

烧杯主要用于配制溶液、溶解试样等，加热时应置于石棉网上，使其受热均匀，一般不宜烧干。

（2）量筒和量杯

量筒、量杯常用于粗略量取液体体积，沿壁加入或倒出溶液，不能加热，不能作反应容器。

（3）称量瓶

称量基准物样品，磨口塞要原配。

（4）试剂瓶和滴瓶

试剂瓶分为细口和广口两种，细口瓶主要用于存放液体，广口瓶用来装固体试样。棕色瓶用来存放见光易分解的试剂，滴瓶用来存放需要滴加的液体。试剂瓶和滴瓶都不能受热；不能在瓶中配制有大量热量放出的溶液；也不要用来长期存放碱性溶液，存放碱性溶液时应使用橡胶塞。

（5）锥形瓶

锥形瓶是反应容器（经常用于中和反应和气体的制备），振荡很方便，适合滴定操作，一般在石棉网上加热，盛装液体不超过 1/2。

（6）滴定管

滴定管一般分为两种：一种是下端带有玻璃旋塞的酸式滴定管，用于盛放酸性溶液或氧化性溶液；另一种是碱式滴定管，用于盛放碱性溶液，不能盛放氧化性溶液（如 $KMnO_4$、I_2、$AgNO_3$ 等）。碱式滴定管的下端连接一段乳胶管，内放一个玻璃珠，以控制溶液的流速，乳胶管下端再连接一个尖嘴玻璃管。实验室常用容量为 50 mL 的滴定管，此外，还有容量为 25 mL、10 mL 和 5 mL 等规格的滴定管。

（7）容量瓶

容量瓶是一种细颈、梨形的平底玻璃瓶，带有磨口玻璃塞，用橡皮筋可将塞子系在容量瓶的颈上（玻璃塞要保持原配）。颈上有标线，在 20℃时液体充满至标线时的容量为其标称容量。容量瓶有 5 mL、10 mL、25 mL、50 mL、100 mL、250 mL、500 mL 和 1000 mL 等各种规格。

容量瓶可用于配制准确浓度的标准溶液和标准体积的待测溶液。

（8）移液管和吸量管

移液管是用来准确移取一定体积溶液的仪器，如图 1-10（a）所示。常用的移液管有 5 mL、10 mL、25 mL 和 50 mL 等规格。

吸量管是具有分刻度的玻璃管，如图 1-10（b）所示。它一般只用于量取小体积的溶液。常用的吸量管有 1 mL、2 mL、5 mL、10 mL 等规格，吸量管吸取溶液的准确度不如移液管。

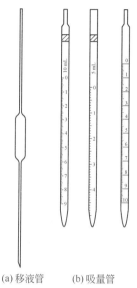

(a) 移液管 　　(b) 吸量管

图 1-10　移液管和吸量管

五、滴定分析仪器及其使用

在滴定分析中，经常要用到移液管、容量瓶和滴定管这三种能准确测量溶液体积的玻璃器皿。它们的洗涤及正确的使用是滴定分析中最重要的基本操作，也是获得准确分析结果的前提。

（一）移液管和吸量管

移液管用来准确移取一定体积的溶液。在标明的温度下，先使溶液的弯月面下缘与移液管标线相切，再让溶液按一定的方法自由流出，则流出溶液的体积与管上所标明的体积相同（实际上流出溶液的体积与标明的体积会稍有差别，因为使用时的温度与标定移液管体积时的温度不一定相同，必要时可校准）。吸量管具有分刻度，可以用来吸取不同体积的溶液。

使用前，移液管和吸量管都应该洗净，使整个内壁和下部的外壁不挂水珠。可先用自来水冲洗一次，再用铬酸洗液洗涤。洗涤方法见前面介绍的移液管、吸量管的洗涤。移取溶液前必须用吸水纸将管尖端内外的水除去，然后用待测溶液润洗3次。润洗方法是先将待测溶液吸至球部，见图1-11（a）（尽量勿使溶液流回，以免稀释待测溶液）。之后按铬酸洗液洗涤移液管的方法操作，但用过的溶液应从下口放出弃去。

移取溶液时，将移液管直接插入待测溶液液面下1～2 cm深处。管尖伸入不要太浅，以免液面下降后造成吸空；也不要太深，以免移液管外壁附有过多的溶液。移取溶液时，将洗耳球紧接在移液管口上，并注意容器中液面和移液管管尖的相对位置，应使移液管随液面下降而下降。当液面上升至标线以上时，迅速移去洗耳球，并用右手食指按住管口，左手改拿盛装待测溶液的容器。将移液管向上提起，使其离开液面，并将管的下部（伸入溶液的部分）沿待测溶液容器内壁转两圈，以除去管外壁上的溶液。然后使容器倾斜成约45°，其内壁与移液管管尖紧贴，移液管竖

直，此时微微松动右手食指，使液面缓慢下降，直到弯月面下缘与标线相切时，立即按紧食指，左手改拿接收溶液的容器。将接收容器倾斜，使内壁紧贴移液管管尖，内壁与移液管成 45°，松开右手食指，使溶液自由地沿壁流下［见图1-11（b）］。待液面下降到管尖后，再等 15 s，取出移液管。注意：除特别注明需要"吹"的以外，管尖最后留有的少量溶液不能收入接受器中，因为在标定移液管容量时，这部分溶液已经被考虑到了。

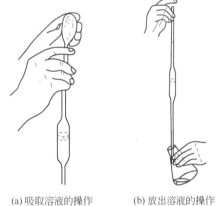

(a) 吸取溶液的操作   (b) 放出溶液的操作

图 1-11   移取溶液操作

用吸量管吸取溶液时，吸取溶液和调节液面至最上端标线的操作与移液管相同。放溶液时，用食指控制管口，使液面慢慢下降至与所需的刻度相切时按住管口，移去接受器。若吸量管的刻度标至管尖，管上标有"吹"字，并且需要从最上面的标线处放液至吸量管管尖时，则在溶液流到吸量管管尖后，立即用洗耳球从管口轻轻吹一下。还有一种吸量管，刻度标至离吸量管管尖尚差1～2 cm 处。使用这种吸量管时，应注意不要使液面降到最下方刻度以下。在同一实验中应尽可能使用同一根吸量管的同一段，并且尽可能使用上面部分，而不用末端收缩部分。

移液管和吸量管用完后应放在移液管架上。如短时间内不再用它吸取同一溶液，应立即用自来水冲洗，再用蒸馏水清洗，最后放在移液管架上。

（二）容量瓶

容量瓶是一种颈细、梨形的平底瓶。它用于把准确称量的物质配成准确浓度的溶液，或将准确体积及浓度的浓溶液稀释成准确浓度及体积的稀溶液。一般的容量瓶都是"量入"式的，符号为 In（或 E），它表示在标明的温度下，当液体充满到标线时，瓶内液体的体积恰好与瓶上标明的体积相同。"量出"式的容量瓶很少用。容量瓶的精度级别分为 A 级和 B 级。

容量瓶使用前应检查瓶塞是否漏水、标线位置距离瓶口是否太近。如果漏水或标线距离瓶口太近，则不宜使用。检查瓶塞是否漏水可加自来水至标线附近，盖好瓶塞后，一手用食指按住塞子，其余手指拿住瓶颈标线以上部分，另一手用指尖托住瓶底边缘［见图 1-12（a）］。将瓶倒立 2 min，如不漏水，将瓶直立，旋转瓶塞 180°后，再倒过来试一次。在使用中，不可将扁头的玻璃磨口塞放在桌面上，以免沾污和弄混。操作时，可用一手的食指及中指（或中指及无名指）夹住瓶塞的扁头［见图 1-12（b）］，操作结束时，随手将瓶塞塞上。也可用橡皮圈或细绳将瓶塞系在瓶颈上，细绳应稍短于瓶颈。操作时，瓶塞系在瓶颈上，瓶塞尽量不要碰到瓶颈，操作结束后立即将瓶塞塞好。在后一种做法中，要特别注意避免瓶颈外壁对瓶塞的沾污。如果是平顶的塑料盖子，则可将盖子倒放在桌面上。

用容量瓶配制溶液时，最常用的方法是将待溶固体称出，置于小烧杯中，加水或其他溶剂使固体溶解，然后将溶液定量转入容量瓶中。定量转移时，烧杯口应紧靠伸入容量瓶的玻棒（其上部不要接触瓶口，下端靠着瓶颈内壁），使溶液沿玻棒和内壁流入容量瓶［见图 1-12（c）］。溶液全部转移后，将玻棒和烧杯稍微向上提起，同时使烧杯直立，再将玻棒放回烧杯。注意勿使溶液流至烧杯外壁而造成损失。用洗瓶吹洗玻棒和烧杯内壁。将洗涤液转移至容量瓶中，如此重复多次，完成定量转移。当加水至容量瓶容量的 $\frac{3}{4}$ 左右时，用右手食指和中指夹住瓶塞的扁头，将容量瓶拿起，按水平方向旋转几周，使溶液初步混匀。继续加水至距离标线约 1 cm 处，静置 1～2 min，使附在瓶颈内壁的溶液流下后，再用细而长的滴管（特别熟练时也可用洗瓶）加水至弯月面下缘与标线相切（注意勿使滴管接触溶液）。无论溶液有无颜色，其加水位置均以弯月面下缘与标线相切为准。即使溶液颜色比较深，但最后所加的水位于溶液最上层，尚未与有色溶液混匀，所以弯月面下缘仍然非常清晰，不致有碍观察。盖上干的瓶塞，用一只手的食指按住瓶塞上部，其余四指拿住瓶颈标线以上部分，用另一只手的指尖托住瓶底边缘，如图 1-12（a）所示，将容量瓶倒转，使气泡上升到顶部，此时将瓶振荡数次。待瓶直立后，再次将瓶倒转过来进行振荡。如此反复多次，将溶液混匀。最后放正容量瓶，打开瓶塞，使瓶塞周围的溶液流下，重新塞好塞子后，再倒转振荡 1～2 次，使溶液全部混匀。

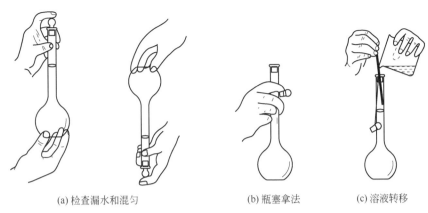

| (a) 检查漏水和混匀 | (b) 瓶塞拿法 | (c) 溶液转移 |

图 1-12   容量瓶的使用

若用容量瓶稀释溶液，则用移液管移取一定体积的溶液放入容量瓶后，稀释至标线，按前述方法混匀。

配好的溶液如需保存，应转移到磨口试剂瓶中。试剂瓶要用此溶液润洗 3 次，以免将溶液稀释。不要将容量瓶当作试剂瓶使用。

容量瓶用完后应立即用水冲洗干净。长期不用时，磨口处应洗净擦干，并用纸片将磨口与瓶口隔开。

容量瓶不得在烘箱中烘烤，也不能用其他任何方法进行加热。

（三）滴定管

1. 酸式滴定管（简称酸管）的准备

酸管是滴定分析中经常使用的一种滴定管。除了强碱溶液外，其他溶液作为滴定液时一般采用酸管。

使用前，首先应检查活塞与活塞套是否结合紧密，如不密合将出现漏水现象，不宜使用。其次，应进行充分清洗。为了使活塞转动灵活并克服漏水现象，需将活塞涂油（如凡士林或真空活塞油脂）。操作方法如下：

① 取下活塞小头处的小橡皮圈，再取出活塞。

② 用吸水纸将活塞和活塞套擦干，并注意勿使滴定管内壁的水再次进入活塞套（勿将滴定管平放在实验台面上）。

③ 用手指持油脂涂抹在活塞的两头或用手指把油脂涂在活塞的大头和活塞套小口的内侧（见图 1-13）。油脂涂得要适当，涂得太少，活塞转动不灵活，且易漏水；涂得太多，活塞的孔容易被堵塞。油脂绝对不能涂在活塞孔的上下两侧，以免旋转时堵住活塞孔。

④ 将活塞插入活塞套中。插入时，活塞孔应与滴定管平行，径直插入活塞套，

不要转动活塞，这样避免将油脂挤到活塞孔中。然后向同一方向旋转活塞，直到活塞和活塞套上的油脂层全部透明为止。套上小橡皮圈。

图 1-13　活塞涂油脂操作

经上述处理后，活塞应转动灵活，油脂层没有纹路。

用自来水充满滴定管，将其放在滴定管架上竖直静置约 2 min，观察有无水滴漏下。然后将活塞旋转 180°，再如前检查。如果漏水，应重新涂油脂。若出口管尖被油脂堵塞，可将它插入热水中温热片刻，然后打开活塞，使管内的水快速流下，将软化的油脂冲出。油脂排出后，即可关闭活塞。

管内的自来水从管口倒出，出口管内的水从活塞下端放出（从管口将水倒出时，务必不要打开活塞，否则活塞上的油脂会冲入滴定管，使内壁重新被沾污）。然后用蒸馏水洗 3 次，第一次用 10 mL 左右，第二次及第三次各 5 mL 左右。清洗时，双手拿滴定管两端无刻度处，一边转动一边倾斜滴定管，使水布满全管并轻轻振荡。然后将滴定管直立，打开活塞将水放掉，同时冲洗出口管。也可将大部分水从管口倒出，再将余下的水从出口管放出。每次放水时应尽量不使水残留在管内。最后，将管的外壁擦干。

2. 碱式滴定管（简称碱管）的准备

使用前应检查乳胶管和玻璃珠是否完好。若乳胶管已老化，玻璃珠过大（不易操作）、过小（漏水）或不圆等，应予更换。洗涤方法见前面介绍的滴定管的洗涤。

3. 操作溶液的装入

装入操作溶液前，应将试剂瓶中的溶液摇匀，使凝结在瓶内壁上的水珠混入溶液，这在天气比较热、室温变化较大时尤为必要。混匀后将操作溶液直接倒入滴定管中，不得用其他容器（如烧杯、漏斗等）来转移。此时，用左手前三指拿住滴定管上部无刻度处，并可稍微倾斜，右手拿住试剂瓶，向滴定管中倒入溶液。如用小试剂瓶，可以用手握住瓶身（瓶的标签面向手心）；如用大试剂瓶，则将试剂瓶仍放在桌上，手拿瓶颈，使瓶倾斜，让溶液慢慢沿滴定管内壁流下。

用摇匀的操作溶液将滴定管润洗 3 次（第一次用 10 mL，大部分可由管口倒出，第二次、第三次各 5 mL，可以由出口管放出，洗法同前）。应特别注意的是，一定要使操作溶液洗遍全部内壁，并使溶液接触管壁 1～2 min，以便与原来残留的溶液混合均匀。每次洗涤尽量放干残留液。对于碱管，仍应注意玻璃球下方的洗涤。最后，将操作溶液倒入，直到充满至零刻度以上为止。

滴定管充满溶液后，碱管应检查乳胶管与尖嘴处是否留有气泡，酸管的出口管及活塞透明，容易看出是否留有气泡（有时活塞孔暗藏着的气泡需要从出口管快速放出溶液时才能看见）。为使溶液充满出口管，在使用酸管时，右手拿滴定管上部无刻度处，并使滴定管倾斜约 30°，左手迅速打开活塞使溶液冲出（下面用烧杯盛接溶液，或到水池边使溶液放到水池中）。这时出口管中应不再留有气泡。若气泡仍未能排出，可重复上述操作。如仍不能使溶液充满，可能是出口管未洗净，必须重洗。在使用碱管时，装满溶液后，右手拿滴定管上部无刻度处，稍倾斜，左手拇指和食指拿住玻璃珠部位，并使乳胶管向上弯曲，出口管斜向上，然后在玻璃珠部位往一旁轻轻捏乳胶管，使溶液从出口管喷出（见图 1-14）。下面用烧杯接溶液，排气泡的方法同酸管。一边捏乳胶管一边将乳胶管放直（当乳胶管放直后，再松开拇指和食指，否则出口管仍会有气泡）。最后，将滴定管的外壁擦干。

4. 滴定管的读数

图 1-14　碱管排气泡的方法

读数时应遵循下列原则。

① 装满或放出溶液后，必须等 1～2 min，使附着在内壁的溶液流下来后，再进行读数。如果放出溶液的速度较慢（如滴定到最后阶段，每次滴加半滴溶液时），等 0.5～1 min 即可读数。每次读数前要检查一下滴定管壁是否挂水珠，滴定管管尖的部分是否有气泡。

② 读数时，滴定管可以夹在滴定管架上，也可以用手拿滴定管上部无刻度处。不管用哪一种方法读数，均应使滴定管保持竖直。

③ 对于无色或浅色溶液，应读取弯月面下缘的最低点，读数时，视线在弯月面下缘最低点处，且保持水平 [见图 1-15（a）]；溶液颜色太深时，可读液面两侧的最高点，此时，视线应与该点成水平。初读数与终读数应采用同一标准。

④ 必须读到小数点后第二位，即要求估计到 0.01 mL。估计读数时，应该考虑刻度线本身的宽度。

⑤ 若为乳白板蓝线衬底的滴定管，应当取蓝线上下两尖端相对点的位置读数 [见图 1-15（b）]。

⑥ 为了便于读数，可在滴定管后面放一个黑白两色的读数卡 [见图 1-15（c）]。读数时，将读数卡衬在滴定管背后，使黑色部分在弯月面下约 1 mm 处，弯月面的反射层即全部成为黑色。读此黑色弯月面下缘的最低点。对有色溶液需读两侧最高

点时，可以用白色卡作背景。

(a) 读数视线的位置　　　(b) 乳白板蓝线　　　(c) 读数卡

图 1-15　滴定管的读数与读数卡的使用

⑦ 读取初读数前，应将滴定管管尖悬挂着的溶液除去。滴定至终点时应立即关闭活塞，并注意不要使滴定管中的溶液流出，否则终读数便包括流出的溶液。因此，在读取终读数前，应注意检查出口管管尖是否悬挂溶液，如有，则此次读数不能取用。

5. 滴定管的操作方法

进行滴定时，应将滴定管竖直地夹在滴定管架上。规范的滴定姿势应是操作者面对滴定管，站立或坐姿，左手转动活塞（或捏玻璃珠），右手持锥形瓶。滴定时应精神集中，以免滴过终点。如使用的是酸管，左手无名指和小手指向手心弯曲，轻轻地贴着出口管，用其余三指控制活塞的转动 [见图 1-16（a）]。但应注意不要向外拉活塞，以免推出活塞造成漏水；也不要过分往里扣，以免造成活塞转动困难，不能操作自如。如使用的是碱管，左手无名指及中指夹住出口管，拇指与食指在玻璃珠部位往一旁（左右均可）捏乳胶管，使溶液从玻璃珠旁空隙处流出 [见图 1-16（b）]。注意不要用力捏玻璃珠，也不能使玻璃珠上下移动；不要捏到玻璃珠下部的乳胶管；停止滴定时，应先松开拇指和食指，最后再松开无名指和中指。

无论使用哪种滴定管，都必须掌握下面三种滴加溶液的方法：逐滴、连续地滴加；只加一滴；使液滴悬而未落，即加半滴。

6. 滴定操作

滴定操作可在锥形瓶和烧杯内进行，并以白瓷板（有白色沉淀时用黑瓷板）作背景。

在锥形瓶中滴定时，用右手前三指拿住锥形瓶瓶颈，使瓶底离瓷板 2～3 cm。同时调节滴定管的高度，使滴定管的下端伸入瓶口约 1 cm。左手按前述方法滴加溶液，右手运用腕力摆动锥形瓶，边滴加溶液边摇动［见图1-16（d）］。

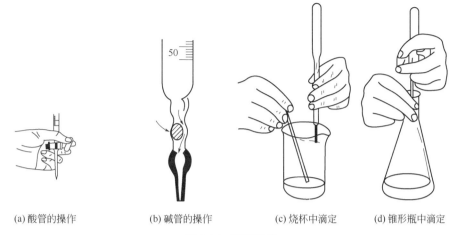

(a) 酸管的操作　　　(b) 碱管的操作　　　(c) 烧杯中滴定　　　(d) 锥形瓶中滴定

图 1-16　滴定操作

滴定操作中应注意以下几点：

① 摇瓶时，应使溶液向同一方向做四周运动（左右旋转均可），但勿使瓶口接触滴定管，溶液也不得溅出。

② 滴定时，左手不能离开活塞而任其自流。

③ 注意观察溶液落点周围溶液颜色的变化。

④ 开始时，要一边摇动一边滴加，滴定速度可稍快，但不可流成"水线"。接近终点时，应改为加一滴，摇几下。最后，每滴加半滴溶液就摇动锥形瓶，直至溶液出现明显的颜色变化。滴加半滴溶液的方法如下：用酸管滴加半滴溶液时，微微转动活塞，使溶液悬挂在出口管管尖上，形成半滴，用锥形瓶内壁将其沾落，再用洗瓶以少量蒸馏水吹洗瓶壁；用碱管滴加半滴溶液时，应先松开拇指和食指，将悬挂的半滴溶液沾在锥形瓶内壁上，再放开无名指与中指，这样可以避免出口管管尖出现气泡，使读数造成误差。

⑤ 每次滴定最好都从 0.00 mL 开始（或从零附近的某一固定刻度开始），这样可以减小误差。

在烧杯中进行滴定时，将烧杯放在白瓷板上，调节滴定管的高度，使滴定管下端伸入烧杯内 1 cm 左右。滴定管下端应位于烧杯中心的左后方，但不要靠近杯壁。右手持玻棒在右前方搅拌溶液。左手滴加溶液的同时应用玻棒不断搅动［见图 1-16（c）］，但不得接触烧杯壁和底部。

在加半滴溶液时，用玻棒下端盛接悬挂的半滴溶液，放入溶液中搅拌。注意玻棒只能接触液滴，不能接触滴定管管尖。其他注意点同上。滴定结束后，滴定管内剩余的溶液应弃去,不得将其倒回原瓶,以免沾污整瓶操作溶液。随即洗净滴定管,并用蒸馏水充满全管,备用。

第三节　化学试剂和溶液

一、化学试剂

(一)试剂的规格

试剂的规格是以其中杂质的含量来划分的,一般可分为四个等级,其规格和适用范围见表 1-11。此外,还有光谱纯试剂、基准试剂、色谱纯试剂等。

表 1-11　试剂规格和适用范围

级别	名称	英文名称	符号	适用范围	标签颜色
一级品	优级纯 (保证试剂 或基准试剂)	Guarantee Reagent	G.R.	纯度很高,用于精密分析和科学研究工作	深绿色
二级品	分析纯	Analytical Reagent	A.R.	纯度仅次于一级品,用于大多数分析工作和科学研究工作	红色
三级品	化学纯	Chemical Pure	C.P.	纯度较二级品低,适用于定性分析和有机、无机化学实验	蓝色
四级品	实验试剂	Laboratorial Reagent	L.R.	纯度较低,适用于实验辅助	棕色
	生物试剂	Biological Reagent	B.R.或 C.R.	生物化学与医学化学实验	黄色或其他颜色

光谱纯试剂(符号 S.P.)的杂质含量用光谱分析法已测不出或者其杂质的含量低于某一限度,这种试剂主要作为光谱分析中的标准物质。

基准试剂的纯度相当于甚至高于保证试剂。基准试剂作为滴定分析中的基准物质是非常方便的,也可用于直接配制标准溶液。基准试剂应具备下列条件。

① 纯度高:杂质含量不超过 0.02%。

② 组成要与化学式相符:若含有结晶水,其含量也应与化学式相符。此时摩尔质量较大,可减少称量误差。

③ 性质稳定:干燥时不分解,称量时不吸潮,放置时不变质。

④ 易溶解:具有较大的溶解度。

凡符合上述条件的物质称为基准物质（或称基准试剂）。基准物质在贮存过程中会吸潮，吸收二氧化碳，因此使用前必须经过烘干或灼烧处理。基准物质还可用于标定溶液的准确度。常用基准物质的干燥条件和应用见附录3。

色谱纯试剂是指进行色谱分析时使用的标准试剂，在色谱条件下只出现指定化合物的峰，不出现杂质峰。色谱用试剂是指用于气相色谱、液相色谱、气液色谱、薄层色谱、柱色谱等分析方法中的试剂，包括固定液、担体、溶剂等。

在分析工作中，选用试剂的纯度要与所用方法相当，实验用水、操作器皿等要与试剂的等级相适应。若试剂都选用 G.R.级的，则不宜使用普通的蒸馏水或去离子水，而应使用经两次蒸馏制得的重蒸水；所用器皿的质地也要求较高，使用过程中不应有物质溶解，以免影响测定的准确度。

选用试剂时，要注意节约，不要盲目追求高纯度，应根据具体要求取用。优级纯和分析纯试剂虽然是市售试剂中的纯品，但有时也会因包装或取用不慎而混入杂质，或在运输过程中发生变化，或因储藏日久而变质，所以还应具体情况具体分析。对所用试剂的规格有所怀疑时应该进行鉴定。在特殊情况下，市售的试剂纯度不能满足要求时，应自己动手精制。

（二）取用试剂时的注意事项

① 取用试剂时应注意保持清洁。瓶塞不许任意放置，取用后应立即盖好试剂以免变质或被其他物质沾污。

② 固体试剂应用洁净、干燥的小勺取用。取用强碱性试剂后的小勺应立即洗净，以免被腐蚀。

③ 用吸管吸取液体试剂时，绝不能使用未经洗净的吸管或将同一吸管插入不同的试剂瓶中吸取试剂。

④ 所有盛装试剂的瓶上都应贴有明显的标签，标明试剂的名称、规格及配制日期。千万不能在试剂瓶中装入不是标签上所写的试剂。没有标签标明名称和规格的试剂，在未查明前不能随便使用。书写标签最好用绘图墨汁，以免日久褪色。

⑤ 在分析工作中，试剂的浓度及用量应按要求适当使用，过浓或过多，不仅造成浪费，而且还可能产生副反应，甚至得不到正确的结果。

（三）试剂的保管

试剂的保管是实验室中一项十分重要的工作。有的试剂因保管不当而变质失效，影响实验效果，造成浪费，甚至还会引起事故。一般的化学试剂应保存在通风良好、干净、干燥的房子内，以防止被水分、灰尘和其他物质沾污。同时，根据试剂性质的不同应有不同的保管方法。

① 容易侵蚀玻璃而影响试剂纯度的试剂，如氢氟酸、氟化物（氟化钾、氟化

钠、氟化铵）、苛性碱（KOH、NaOH）等，应保存在塑料瓶或涂有石蜡的玻璃瓶中。

② 见光会逐渐分解的试剂，如 H_2O_2（双氧水）、$AgNO_3$、$KMnO_4$、草酸等。与空气接触容易逐渐被氧化的试剂，如氯化亚锡、硫酸亚铁、亚硫酸钠等。易挥发的试剂，如溴、氨水等，应存放在棕色瓶内，置于冷暗处。

③ 吸水性强的试剂，如无水碳酸盐、氢氧化钠等应严格密封（蜡封）。

④ 容易相互作用的试剂，如挥发性的酸与氨、氧化剂与还原剂，应分开存放。易燃的试剂（如乙醇、乙醚、苯、丙酮）和易爆炸的试剂（如高氯酸、过氧化氢、硝基化合物）应分开储存在阴凉通风、不受阳光直接照射的地方。

⑤ 剧毒试剂，如氰化钾、氰化钠、氮化汞、三氧化二砷（砒霜）等，应特别妥善保管，需办理一定手续方可取用，以免发生事故。

二、溶液的配制

在化学检验中，常要将试剂配制成所需浓度的溶液。必须正确地进行溶液配制中的有关计算，并根据计算结果正确地配制溶液，才能得到准确的分析结果。溶液分为一般溶液和标准溶液。

（一）一般溶液的配制

一般溶液也称为辅助试剂溶液，用于控制化学反应条件，在样品处理、分离、掩蔽、调节溶液的酸碱性等操作中使用。这类溶液的浓度不需严格准确，配制时试剂的质量可用托盘天平称量，体积可用量筒或量杯量取。配制这类溶液的关键是正确计算出应该称量溶质的质量以及应量取液体溶剂的体积。

1. 配制一定质量分数的溶液

（1）质量分数

混合物中 B 物质的质量 m_B（g）或 m（B）与混合物的质量 m 之比称为物质 B 的质量分数，常用%表示，符号表示为 w_B 或 w（B）。

在溶液中是溶质的质量与溶液的质量之比，即 100 g 溶液中含有溶质的质量。

$$w_B = \frac{\text{溶质的质量（g）}}{\text{溶质的质量（g）}+\text{溶剂的质量（g）}} \times 100\%$$

例如，市售的 65% 硝酸，表示在 100 g 硝酸溶液中，含有 65 g HNO_3 和 35 g H_2O。质量分数也可以表示为小数，如上述硝酸的质量分数可表示为 0.65。

（2）用固体物质配制溶液

欲配制溶液的质量为 m，质量分数为 w_B，所需溶质的质量 $m_B = mw_B$，溶剂的质量 $m_{sol} = m - m_B$。

（3）用液体试剂配制溶液

用液体试剂为溶质配制一定质量分数的溶液是将浓溶液配制成稀溶液。由于溶质和溶剂都是液体，所以要计算出量取溶质和溶剂的体积。计算的原则是稀释前与稀释后溶质的质量不变。

设所取浓溶液中溶质的质量为 m_{B_1}，体积为 V_1，密度为 ρ_1，质量分数为 w_{B_1}，则

$$m_{B_1} = V_1 \rho_1 w_{B_1}$$

设配制的稀溶液中溶质的质量为 m_{B_2}，体积为 V_2，密度为 ρ_2，质量分数为 w_{B_2}，则

$$m_{B_2} = V_2 \rho_2 w_2(B)$$

$\because$

$$m_{B_1} = m_{B_2}$$

$\therefore$

$$V_1 \rho_1 w_{B_1} = V_2 \rho_2 w_{B_2}$$

$$V_1 = \frac{V_2 \rho_2 w_{B_2}}{\rho_1 w_{B_1}}$$

2. 配制一定质量浓度的溶液

（1）质量浓度

质量浓度 ρ_B 或 $\rho(B)$ 是组分 B 的质量与混合物的体积之比。在溶液中是指单位体积溶液中所含溶质的质量，常用单位是 $g \cdot L^{-1}$、$mg \cdot mL^{-1}$、$mg \cdot mL^{-1}$ 或 $\mu g \cdot mL^{-1}$。

（2）溶液配制

如果溶质是液体试剂，也应当用天平称取。

3. 配制一定体积分数的溶液

（1）体积分数

体积分数 φ_B 或 $\varphi(B)$ 是物质 B 的体积与混合物的体积之比，可用百分数表示，即 100 mL 溶液中含有溶质的体积（mL），即

$$\varphi_B = \frac{溶质的体积}{溶液的体积} \times 100\%$$

此浓度多用在液体有机试剂或气体分析中。

（2）溶液的配制

例：用无水乙醇配制 500 mL 体积分数为 70%的乙醇溶液，应如何配制？

所需乙醇体积为

$$500 \times 70\% = 350 \quad (mL)$$

配制方法：用量筒量取 350 mL 无水乙醇于 500 mL 试剂瓶中，用蒸馏水稀释至 500 mL，贴上标签。

4. 配制一定摩尔浓度的溶液

（1）摩尔浓度

单位体积溶液中所含溶质 B 的摩尔数，称为物质 B 的摩尔浓度，简称为浓度，用 c_B 或 $c（B）$ 表示，单位是 $mol \cdot L^{-1}$。

$$c_B = \frac{溶质B的摩尔数（n_B）}{溶液体积（L）}$$

（2）溶液配制

配制这类溶液时，首先根据欲配制溶液的体积、浓度及溶质的摩尔质量，求出溶液中所含溶质的质量。若是固体溶质，可直接称量；如果是液体溶质，则要根据液体的密度求出相应的体积。配制中计算的依据是配制前和配制后溶质的摩尔数不变。

① 用固体物质配制溶液。配制前固体物质 B 的摩尔数等于配制后溶液中溶质 B 的摩尔数，即

$$\frac{m_B}{M_B} = c_B V$$

则配制体积为 V 的溶液时，应称取固体物质的质量为

$$m_B = c_B V M_B$$

② 用液体试剂配制溶液。用液体试剂配制溶液是将浓溶液稀释成稀溶液，溶液稀释前后溶质 B 的摩尔数不变。即

$$c_B(浓)V(浓) = c_B(稀)V(稀)$$

配制中应取浓溶液的体积为

$$V(浓) = \frac{c_B(稀)V(稀)}{c_B(浓)}$$

（二）标准溶液的配制

标准溶液是滴定分析法中用于测定产品纯度和杂质含量的必不可少的溶液，因此配制标准溶液是滴定分析中最重要的工作。它的浓度要求准确到四位有效数字。例如 $0.2432\ mol \cdot L^{-1}$ 的盐酸标准溶液，$0.01546\ mol \cdot L^{-1}$ 的 EDTA 标准溶液等。国家标准 GB/T 601—2016 对标准溶液的配制作了详细严格的规定，工作中必须严格遵守规定。

1. 标准溶液的配制方法

标准溶液的配制方法有两种，即直接法和标定法。

（1）直接法

在分析天平上准确称取一定量的基准试剂，溶解后移入一定体积的容量瓶中，

加水稀释至刻度，摇匀即可。根据称得的基准试剂的质量和容量瓶体积计算标准溶液的准确浓度。

直接法配制标准溶液可以使用基准试剂。

（2）标定法

首先用优级纯或分析纯试剂配制成接近于所需浓度的溶液，再用基准物质测定其准确浓度，此测定过程称为标定。或者用另一种标准溶液来测定所配溶液的浓度，这一过程称为比较。用基准物质标定的方法准确度更高。

① 用基准物质标定：称取一定量的基准物质 T，溶解后用被标定的溶液 A 滴定，根据称取基准物质的质量 m_T、滴定所用被标定的溶液的体积 V_A、滴定时反应中的计量关系计算此标准溶液的准确浓度。

例如，设标定时的滴定反应为

$$aA + tT == cC + dD$$

根据滴定反应得

$$\frac{n_A}{n_T} = \frac{a}{t}$$

即

$$\frac{1}{a}n_A = \frac{1}{t}n_T$$

因为

$$n_A = c_A V_A, \qquad n_T = \frac{m_T}{M_T}$$

所以

$$\frac{1}{a}c_A V_A = \frac{1}{t} \times \frac{m_T}{M_T}$$

则被标定溶液 A 的浓度为

$$c_A = \frac{a}{t} \times \frac{m_T}{M_T V_A}$$

为了消除试剂误差，标定时常要做空白实验，设空白实验消耗被标定的溶液 A 的体积 V_0，则被标定溶液 A 的浓度为

$$c_A = \frac{a}{t} \times \frac{m_T}{M_T(V_A - V_0)}$$

② 用已知浓度的标准溶液标定（比较法）：用移液管准确吸取一定量已知浓度为 c_B 的标准溶液 B，用被标定的溶液 A 进行滴定，根据所取溶液 B 的体积、浓度和滴定消耗溶液 A 的体积，即可计算被标定溶液 A 的准确浓度 c_A。也可用已知浓度的标准溶液 B 滴定被标定的溶液 A。

设该滴定反应为

$$aA + bB == cC + dD$$

根据上述滴定反应可得

$$\frac{1}{a}c_A V_A = \frac{1}{b}c_B V_B$$

则被标定溶液 A 的浓度为

$$c_A = \frac{ac_B V_B}{bV_A}$$

2. 标准溶液浓度的调整

在配制规定浓度的标准溶液时，若标定后的浓度不在所要求的范围内，可求出稀释时应补加的水量，或者增浓时应补加的较浓溶液的体积。然后调整至所需浓度。

（1）配制浓度大于规定浓度

设应补加水的体积为 V，调整前标准溶液的体积为 V_0，浓度为 c_0，所需标准溶液的规定浓度为 c，调整前后溶液中溶质的摩尔数不变，即

$$c_0 V_0 = c(V_0 + V)$$

则有

$$V = \frac{(c_0 - c)V_0}{c}$$

（2）配制浓度小于规定浓度时的调整。设应补加较浓标准溶液的体积为 V_1，较浓标准溶液的物质的量浓度为 c_1，调整前标准溶液的体积为 V_0，浓度为 c_0，所需标准溶液的规定浓度为 c，调整前后溶液中溶质的摩尔数不变，即

$$c_0 V_0 + c_1 V_1 = c(V_0 + V_1)$$

则有

$$V_1 = \frac{(c - c_0)V_0}{c_1 - c}$$

3. 滴定度及其摩尔浓度的换算

（1）滴定度

每毫升标准溶液所含的溶质相当于被测物质的质量（单位：g），以符号 $T_{被测物质/滴定剂}$ 表示。例如，用 HCl 标准溶液滴定 Na_2CO_3 时，若 1 mL HCl 标准溶液可与 0.01060 g Na_2CO_3 完全中和，则 HCl 标准溶液对 Na_2CO_3 的滴定度可表示为 $T_{Na_2CO_3/HCl} = 0.01060 \text{ g} \cdot \text{mL}^{-1}$。可见，滴定度乘以滴定消耗的标准溶液的体积，即为被测物质的质量。此法计算简便，常在化验室中固定分析某一样品时用。

（2）物质的量浓度与滴定度的换算

在化学检验中常将溶液的摩尔浓度换算成滴定度。若标准溶液 B 与被测物质的滴定反应为

$$aA + bB \Longrightarrow cC + dD$$

则摩尔浓度与滴定度之间的换算公式为

$$T_{A/B} = \frac{a}{b}c_B M_A \times 10^{-3}$$

（三）常用指示剂溶液的配制

指示剂溶液属于一般溶液，不需准确配制。常用质量浓度表示，单位为 $g \cdot L^{-1}$。

1. 酸碱指示剂溶液

酸碱指示剂溶液的配制方法及变色范围见表 1-12，混合指示剂的组成及颜色变化见表 1-13。表中所列的乙醇都是体积分数为 95% 的乙醇。

表 1-12　常用酸碱指示剂溶液的配制方法及变色范围

名称	变色范围（pH）	颜色变化	溶液组成
甲基紫	0.13～0.50（第一次变色）	黄—绿	0.5 g·L⁻¹ 水溶液
	1.0～1.5（第二次变色）	绿—蓝	
	2.0～3.0（第三次变色）	蓝—紫	
百里酚蓝	1.2～2.8（第一次变色）	红—黄	1.0 g·L⁻¹ 乙醇溶液
甲酚红	0.12～1.8（第一次变色）	红—黄	1.0 g·L⁻¹ 乙醇溶液
甲基黄	2.9～4.0	红—黄	1.0 g·L⁻¹ 乙醇溶液
甲基橙	3.2～4.4	红—黄	1.0 g·L⁻¹ 水溶液
溴酚蓝	3.0～4.6	黄—紫	0.4 g·L⁻¹ 乙醇溶液
刚果红	3.0～5.2	蓝紫—红	1.0 g·L⁻¹ 水溶液
溴甲酚绿	3.8～5.4	黄—蓝	1.0 g·L⁻¹ 乙醇溶液
甲基红	4.4～6.2	红—黄	1.0 g·L⁻¹ 乙醇溶液
溴酚红	5.0～6.8	黄—红	1.0 g·L⁻¹ 乙醇溶液
溴甲酚紫	5.2～6.8	黄—紫	1.0 g·L⁻¹ 乙醇溶液
溴百里酚蓝	6.0～7.6	黄—蓝	1.0 g·L⁻¹ 50%乙醇溶液（体积分数）
中性红	6.8～8.0	红—亮黄	1.0 g·L⁻¹ 乙醇溶液
酚红	6.4～8.2	黄—红	1.0 g·L⁻¹ 乙醇溶液
甲酚红	7.0～8.8	黄—紫红	1.0 g·L⁻¹ 乙醇溶液
百里酚蓝	8.0～9.6（第二次变色）	黄—蓝	1.0 g·L⁻¹ 乙醇溶液
酚酞	8.2～10.0	无—红	1.0 g·L⁻¹ 乙醇溶液
百里酚酞	9.4～10.6	无—蓝	1.0 g·L⁻¹ 乙醇溶液

表 1-13　常用酸碱混合指示剂的组成及颜色变化

名称	变色点	颜色		配制方法	备注
		酸色	碱色		
甲基橙-靛蓝（二磺酸）	4.1	紫	绿	1 份 1.0 g·L⁻¹ 甲基橙水溶液 1 份 2.5 g·L⁻¹ 靛蓝（二磺酸）水溶液	
溴百里酚绿-甲基橙	4.3	黄	蓝绿	1 份 1.0 g·L⁻¹ 溴百里酚绿钠盐水溶液 1 份 2.0 g·L⁻¹ 甲基橙水溶液	pH = 3.5 黄 pH = 4.05 绿黄 pH = 4.3 浅绿

名称	变色点	颜色		配制方法	备注
		酸色	碱色		
溴甲酚绿-甲基红	5.0	酒红	绿	3 份 $1.0\,g\cdot L^{-1}$ 溴甲酚绿乙醇溶液 1 份 $2.0\,g\cdot L^{-1}$ 甲基红乙醇溶液	
甲基红-亚甲基蓝	5.4	红紫	绿	2 份 $1.0\,g\cdot L^{-1}$ 甲基红乙醇溶液 1 份 $1.0\,g\cdot L^{-1}$ 亚甲基蓝乙醇溶液	pH = 5.2 红紫 pH = 5.4 暗蓝 pH = 5.6 绿
溴甲酚绿-氯酚红	6.1	黄绿	蓝紫	1 份 $1.0\,g\cdot L^{-1}$ 溴甲酚绿钠盐水溶液 1 份 $1.0\,g\cdot L^{-1}$ 氯酚红钠盐水溶液	pH = 5.8 蓝 pH = 6.2 蓝紫
溴甲酚紫-溴百里酚蓝	6.7	黄	蓝紫	1 份 $1.0\,g\cdot L^{-1}$ 溴甲酚紫钠盐水溶液 1 份 $1.0\,g\cdot L^{-1}$ 溴百里酚蓝钠盐水溶液	
中性红-亚甲基蓝	7.0	紫兰	绿	1 份 $1.0\,g\cdot L^{-1}$ 中性红乙醇溶液 1 份 $1.0\,g\cdot L^{-1}$ 亚甲基蓝乙醇溶液	pH = 7.0 蓝紫
溴百里酚蓝-酚红	7.5	黄	紫	1 份 $1.0\,g\cdot L^{-1}$ 溴百里酚蓝钠盐水溶液 1 份 $1.0\,g\cdot L^{-1}$ 酚红钠盐水溶液	pH = 7.2 暗绿 pH = 7.4 淡紫 pH = 7.6 深紫
甲酚红-百里酚蓝	8.3	黄	紫	1 份 $1.0\,g\cdot L^{-1}$ 甲酚红钠盐水溶液 3 份 $1.0\,g\cdot L^{-1}$ 百里酚蓝钠盐水溶液	pH = 8.2 玫瑰 pH = 8.4 紫
百里酚蓝-酚酞	9.0	黄	紫	1 份 $1.0\,g\cdot L^{-1}$ 百里酚蓝乙醇溶液 3 份 $1.0\,g\cdot L^{-1}$ 酚酞乙醇溶液	
酚酞-百里酚酞	9.9	无	紫	1 份 $1.0\,g\cdot L^{-1}$ 酚酞乙醇溶液 1 份 $1.0\,g\cdot L^{-1}$ 百里酚酞乙醇溶液	pH = 9.6 玫瑰 pH = 10 紫

2. 氧化还原指示剂溶液

① 二苯胺磺酸钠指示剂（$5\,g\cdot L^{-1}$）。称取 0.5 g 二苯胺磺酸钠，溶于水，稀释至 100 mL。

② 邻菲啰啉-亚铁指示剂（$0.025\,mol\cdot L^{-1}$）。称取 0.7 g 硫酸亚铁（$FeSO_4\cdot 7H_2O$），溶于 70 mL 水中，加入 2 滴浓硫酸，再加入 1.5 g 邻菲啰啉（$C_{12}H_8N_2\cdot H_2O$）或 1.76 g 邻菲啰啉盐酸盐（$C_{12}H_8N_2\cdot HCl\cdot H_2O$），溶解后稀释至 100 mL。此溶液应现用现配。

③ 淀粉溶液（$10\,g\cdot L^{-1}$）。称取 1.0 g 淀粉，加 5 mL 水调成糊状，在搅拌下将糊状物加到 90 mL 沸水中，煮沸 1~2 min，冷却后稀释至 100 mL。溶液有效期为两周。

3. 沉淀滴定指示剂溶液

① 铬酸钾指示剂（$50\,g\cdot L^{-1}$）。称取 5.0 g 铬酸钾（K_2CrO_4），溶于水后稀释至 100 mL。

② 硫酸铁铵指示剂（80 g·L^{-1}）。称取 8 g 硫酸铁铵 [NH$_4$Fe (SO$_4$)$_2$·12H$_2$O] 溶于水，加几滴硫酸酸化，稀释至 100 mL。

③ 荧光素指示剂（5 g·L^{-1}）。称取 0.5 g 荧光素（荧光黄或荧光红），溶于乙醇，用乙醇稀释至 100 mL。

4. 金属指示剂溶液

① 铬黑 T 指示剂（5 g·L^{-1}）。称取 0.5 g 铬黑 T 和 2 g 盐酸羟胺，溶于乙醇，用乙醇稀释至 100 mL。此溶液不稳定，应现用现配，也可按比例（1∶100）与干燥的 NaCl 混合研细，配成固体指示剂，便于贮存。

② 钙指示剂。它的水溶液和乙醇溶液都不稳定，常与 NaCl 按 1∶100 比例混合研细，密闭保存。

③ 二甲酚橙指示剂（2 g·L^{-1}）。称取 0.2 g 二甲酚橙溶于水，稀释至 100 mL。

④ PAN [1-(2-吡啶偶氮)-2-萘酚] 指示剂（1 g·L^{-1}）。称取 0.1 g PAN，溶于乙醇，用乙醇稀释至 100 mL。

⑤ PAR [4-(2-吡啶偶氮)间苯二酚] 指示剂（1 g·L^{-1}）。称取 0.1 g PAR，溶于乙醇，用乙醇稀释至 100 mL。

（四）常用缓冲溶液的配制

缓冲溶液是一般溶液，不需准确配制。详见附录 4。

（五）常用试纸的制备

① 淀粉-碘化钾试纸。在 100 mL 新配制的淀粉溶液（10 g·L^{-1}）中，加 0.2 g KI，将无灰滤纸放入该溶液中浸透，取出于暗处晾干，剪成条状，保存于密闭的棕色瓶中。此试纸遇氧化剂时变蓝，用于检查卤素、臭氧、次氯酸、过氧化氢等氧化剂。

② 溴化汞试纸。称取 1.25 g HgBr$_2$，溶于 25 mL 乙醇中，将滤纸浸入其中，1 h 后取出，于暗处晾干，保存于密闭的棕色瓶中。此试纸遇 AsH$_3$ 时显黄色。

③ 醋酸铅试纸。将滤纸浸入 50 g·L^{-1} 的醋酸铅溶液中，取出在无 H$_2$S 的气氛中晾干，保存于密闭的棕色瓶中。此试纸用于检验 H$_2$S，遇 H$_2$S 变成黑色。

④ 刚果红试纸。称取 0.5 g 刚果红溶于 1 L 水中，加 5 滴醋酸，微热，将滤纸浸透后取出晾干。此滤纸遇酸变蓝。

⑤ 石蕊试纸。先用热乙醇处理市售的石蕊，以除去夹杂的红色素。取一份处理后的石蕊，加 6 份水浸煮，并不断搅拌。滤出不溶物，将滤液分成两份：一份加稀 H$_2$SO$_4$（或稀 H$_3$PO$_4$）至石蕊变红；另一份加稀 NaOH 至石蕊变蓝色。分别用这两种溶液浸透滤纸，并在避光、没有酸碱蒸汽的环境中晾干，密闭保存。此试纸用于检验酸或碱，蓝色试纸遇酸变红，红色试纸遇碱变蓝。

（六）洗涤剂种类、选用及配制

1. 常用洗涤剂及使用范围

实验室常用去污粉、洗衣粉、洗涤剂、洗液、稀盐酸、乙醇、有机溶剂等洗涤玻璃仪器。对于水溶性污物，一般直接用自来水冲洗干净后，再用蒸馏水洗 3 次即可。当沾有污物用水洗不掉时，要根据污物的性质，选用不同的洗涤剂。

① 肥皂、皂液、去污粉、洗衣粉。用于毛刷直接洗涤仪器时。洗涤剂直接刷洗烧杯、锥形瓶、试剂瓶等形状简单的仪器。毛刷可以刷洗的仪器大部分是分析检验中用的非计量仪器。

② 酸性或碱性洗液。多用于不便用毛刷或不能用毛刷洗刷的仪器，如滴定管、移液管、容量瓶、比色管、比色皿等和计量有关的仪器。油污可用无铬洗液、铬酸洗液、碱性高锰酸钾洗液及丙酮、乙醇等有机溶剂洗去。碱性物质及大多数无机盐类可用 HCl 洗液（1:1）。$KMnO_4$ 沾污留下的 MnO_2 污物可用草酸洗液洗净，而 $AgNO_3$ 留下的黑褐色 Ag_2O，可用碘化钾洗液洗净。

③ 有机溶液。针对污物的类型不同，可选用不同的有机溶剂洗涤，如甲苯、二甲苯、氯仿、酯、汽油等。如果要除去仪器上所带的水分，可先用乙醇、丙酮，最后再用乙醚。

2. 常用洗液的配制及使用注意事项

① 铬酸洗液。20 g $K_2Cr_2O_7$（工业纯）溶于 40 mL 热水中，冷却后在搅拌下缓慢加入 360 mL 浓的工业硫酸，冷却后移入试剂瓶中，盖塞保存。

新配制的铬酸洗液呈暗红色油状，具有极强氧化性、腐蚀性、去除油污效果极佳。使用过程应避免稀释，防止对衣物、皮肤腐蚀。$K_2Cr_2O_7$ 是致癌物，对铬酸洗液的毒性应当重视，尽量少用、少排放。当洗液呈黄绿色时，表明已经失效，应回收后统一处理，不得任意排放。

② 碱性高锰酸钾洗液。4 g $KMnO_4$ 溶于 80 mL 水中，加入 40% NaOH 溶液至100 mL。高锰酸钾洗液有很强的氧化性，此洗液可清洗油污及有机物。析出的 MnO_2 可用草酸、浓盐酸、盐酸羟胺等还原剂除去。

③ 碱性乙醇洗液。2.5 g KOH 溶于少量水中，再用乙醇稀释至 100 mL；或将 120 g NaOH 溶于 150 mL 水中，用95%乙醇稀释至 1 L。主要用于除油污及某些有机沾污。

④ 盐酸-乙醇洗液。盐酸和乙醇按 1:1 体积比混合，是还原性强酸洗液，适用于洗去多种金属离子的沾污。比色皿常用此洗液洗涤。

⑤ 乙醇-硝酸洗液。对难于洗净的少量残留有机物，可先于容器中加入 2 mL乙醇，再加 10 mL 浓 HNO_3，在通风柜中静置片刻，待激烈反应放出大量 NO_2 后，用水冲洗。注意用时混合，并注意操作安全。

⑥ 纯酸洗液。用盐酸溶液（1∶1）、硫酸溶液（1∶1）、硝酸溶液（1∶1）或等体积浓硝酸与浓硫酸均能配制，用于清洗碱性物质沾污或某些无机物沾污。

⑦ 草酸洗液。5～10 g 草酸溶于 100 mL 水中，再加入少量浓盐酸。草酸洗液对除去 MnO_2 沾污有效。

⑧ 碘-碘化钾洗液。1 g 碘和 2 g KI 溶于水中，加水稀释至 100 mL，用于洗涤 $AgNO_3$ 沾污的器皿和白瓷水槽。

⑨ 有机溶剂。有机溶剂如丙酮、苯、乙醚、二氯乙烷等可洗去油污及可溶于溶剂的有机物。使用这类溶剂时，要注意其毒性及可燃性。有机溶剂价格较高，毒性较大。较大的器皿沾有大量有机物时，可先用废纸擦净，尽量采用碱性洗液或合成洗涤剂洗涤。只有无法使用毛刷洗刷的小型或特殊的器皿才用有机溶剂洗涤，如活塞内孔和滴定管尖头等。

⑩ 合成洗涤剂。高效、低毒，既能溶解油污，又能溶于水，对玻璃器皿的腐蚀性小，不会损坏玻璃，是洗涤玻璃器皿的最佳选择。

第二章

分光光度法及连续流动法基础

第一节　分光光度法基础

有些溶液本身有颜色，且浓度越大，颜色越深，因此可以通过比较溶液颜色深浅来测定溶液中待测物质的含量，这种方法称为比色分析法。对于本身没有颜色的组分也可利用显色剂使其形成有色的物质，然后用比色分析法测定。使用分光光度计进行比色分析测定称为分光光度法。

分光光度法具有较高的灵敏度，所检测组分的浓度下限可达 $10^{-6}\sim10^{-5}\,mol\cdot L^{-1}$ 适合于微量组分的分析。近年来合成了卟啉类、双偶氮类和荧光酮类系列新显色剂，将分光光度法应用领域拓宽到痕量组分的测定。此外，分光光度法使用的仪器比较简单，操作简便，测定迅速，几乎所有的无机物质和大多数有机物质都能用此方法测定。因此，分光光度法在实际工作中应用非常广泛。

一、光吸收定律

（一）光吸收的基本定律

当一束平行单色光通过厚度为 b 的有色溶液时，溶质吸收了光能，光的强度就要减弱。溶液浓度越大，通过液层越厚，则光被吸收得越多，光强度的减弱也越显著。设入射光的强度为 I_0，通过溶液后透过光的强度为 I，则比值 I/I_0 表示溶液对光的透过程度，称透光度（或透射率），用符号 T 表示：

$$T = I / I_0 \times 100\%$$

在分光光度法中，经常用吸光度（A）表示溶液对光的吸收程度。吸光度与透光度的关系为：

$$A = \lg(I_0 / I) = -\lg T$$

实践证明，当一束平行的单色光通过一定厚度的均匀溶液垂直入射时，透光度随溶液中吸光物质浓度和液层厚度的增加而按指数减小；溶液的吸光度与吸光物质浓度及液层厚度的乘积成正比。这就是光吸收定律，又称朗伯-比耳定律，即

$$T = 10^{-abc}$$
$$A = abc$$

(2-1)

式中　A——吸光度；

　　　a——比例系数；

b——液层厚度（光程长度）；

c——吸光物质浓度。

比例系数 a 称为质量吸光系数；A 的量纲为 1；通常 b 以 cm 为单位，如果 c 以 $g \cdot L^{-1}$ 为单位，则 a 的单位为 $L \cdot g^{-1} \cdot cm^{-1}$；如果 c 以 $mol \cdot L^{-1}$ 为单位，则此时的吸光系数称为摩尔吸光系数，用符号 ε 表示，单位为 $L \cdot mol^{-1} \cdot cm^{-1}$。于是式（2-1）可改写为：

$$A = \varepsilon bc$$

ε 是吸光物质在特定波长和溶剂情况下的一个特征常数，数值上等于 $1\ mol \cdot L^{-1}$ 吸光物质在 1 cm 光程中的吸光度，是吸光物质吸光能力的量度。它可以作为定性鉴定的参数，也可以作为估量定量方法的灵敏度：ε 值越大，方法的灵敏度越高。由实验结果计算 ε 时，常以被测物质的总浓度代替吸光物质的浓度，这样计算的 ε 值实际上是表观摩尔吸光系数。ε 与 a 的关系为：

$$\varepsilon = Ma$$

式中，M 为物质的摩尔质量。

通常，影响摩尔吸光系数的因素是入射光波长和溶液温度。

对于多组分体系，吸光度具有加和性，即如果各种吸光物质之间没有相互作用，这时体系的总吸光度等于各组分吸光度之和。

$$A_{总} = A_1 + A_2 + \cdots + A_n$$
$$A_{总} = \varepsilon_1 bc_1 + \varepsilon_2 bc_2 + \cdots + \varepsilon_n bc_n$$

这个性质对于理解吸光光度法的实验操作和应用都有着极其重要的意义。

（二）偏离朗伯-比耳定律的原因

利用朗伯-比耳定律对样品进行定量分析，多采用光度分析工作曲线法（图 2-1），即首先绘制标准工作曲线。在固定液层厚度及入射光的波长和强度的情况下，测定一系列不同浓度的标准溶液的吸光度，以吸光度为纵坐标，标准溶液浓度为横坐标作图。这时应得到一条通过原点的直线标准曲线。在相同条件下测得试液的吸光度，从工作曲线上就可以查得试液的浓度。单组分测定时就用此法。

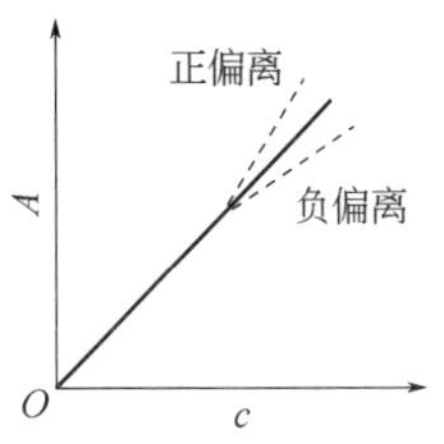

在实际工作中，特别是在溶液浓度较高时，经常会出现标准曲线不成直线（如图 2-1 中的虚线所示）的现象，这种现象称为偏离朗伯-比耳定律。如所测试液浓度在标准曲线的弯曲部分，则容易造成较大误差。目视比色法不严格符合郎伯-比耳定律。因为目视比色是在白光下进行的，入射光为白光，并非单色光，所以入射光的强度和吸收系数 K 并非定值，而

图 2-1　光度分析工作曲线

朗伯-比耳定律是在 K 值一定、入射光为单色光的前提下成立的。在目视比色法中，常用的方法是比较一定厚度溶液的颜色深浅。

二、分光光度计

（一）分光光度计的基本部件

分光光度计的型号很多，但基本构件相似，都由光源、单色器、吸收池、检测器和信号显示系统等五大部件组成。

1. 光源

能发出符合要求的入射光的装置称为光源。用分光光度计测量物质的吸光度时，对光源的要求是：

① 能发出所需波长范围内的连续光谱，且具有足够的光强度，并在一定时间内保持良好的稳定性；

② 使用寿命长。

紫外和可见分光光度计常备有钨灯（或卤钨灯）及氢灯（或氙灯）两种光源。可见光区（400～780 nm）用钨灯（或卤钨灯），钨灯可发射波长为 325～2500 nm 范围的连续光谱，其中最适宜的使用范围为 320～1000 nm，除用作可见光源外，还可用作近红外光源。为保证钨灯发光强度稳定，需要安装稳压电源，也可用 12 V 直流电源供电。卤钨灯具有使用寿命长、发光效率高等优点，将逐步取代钨灯。目前 7230 型、754 型等许多分光光度计都采用卤钨灯。

紫外光区（200～380 nm）使用氢灯（或氙灯），氢灯及其同位素氙灯波长范围为 190～400 nm，灯泡用石英（不吸收紫外线）制成，内充低压氢气或氙气，两电极间施以一定电压，激发气体分子发射出连续的紫外光。氙灯发光强度比氢灯大 3～5 倍，使用寿命比氢灯长。

2. 单色器

将光源发出的连续光谱分解为单色光的装置称为单色器，其分解过程称为色散。单色器主要由棱镜或光栅等色散元件及狭缝组成。紫外可见分光光度分析中，在入射光强度足够强的前提下，单色器狭缝越窄越好。

棱镜是利用不同波长的光在棱镜内折射率不同，将复合光色散为单色光，如图 2-2 所示。当入射角为 f 的一条光线进入棱镜后，将向法线（垂直于镜面的直线）方向弯曲，射出棱镜与空气界面后，则向偏离法线的方向弯曲，波长越短，弯曲角度越大。棱镜色散作用的大小取决于棱镜的材料和几何形状。棱镜一般用玻璃或石英制作。玻璃棱镜吸收紫外光，只适用于可见分光光度计，石英棱镜可适用于紫外-可见分光光度计。

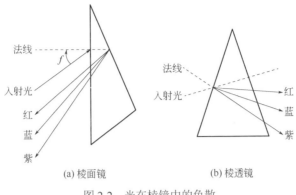

图 2-2　光在棱镜中的色散

光栅的色散以光的衍射和干涉现象为基础。在抛光的金属平面上刻出许多等距离、锯齿形平行条痕，其数目根据所需波长而定。基于光的衍射干涉原理，将不同波长的光色散。它的优点是分辨率比棱镜单色器高，工作波长范围比棱镜单色器宽等。分子吸收光谱法中的分光光度法和光电比色法原理相同，都是根据光的通用吸收定律进行测定的，但不同之处是得到单色光的方法不同。光电比色计使用滤光片得到单色光，分光光度计是使用棱镜或光栅得到单色光的。

3. 吸收池

吸收池（比色皿）是盛装待测溶液和决定透光溶液厚度的器件。常用的吸收池为方形或长方形，底和相对两侧为毛玻璃，另两侧为光学透光面。吸收池有 0.5 cm、1.0 cm、2.0 cm、3.0 cm 等规格。玻璃透光面的吸收池称玻璃吸收池，适用于可见分光光度计；石英透光面的吸收池称石英吸收池，适用于紫外-可见分光光度计。

使用吸收池时，要注意保护光学透光面，手不能接触光学面，只能接触毛玻璃面。光学透光面可用擦镜纸擦拭，也可用盐酸-乙醇（1：2）溶液浸泡后用蒸馏水冲洗。含有对玻璃有腐蚀性的物质的溶液，不能长时间盛放。

4. 检测器

检测器是光电转换元件，其作用是将透过吸收池的光转换为电信号输出，输出的电信号大小与透过光的强度成正比。常用的检测器有硒光电池、光电管和光电倍增管等。

① 硒光电池。对光响应的波长范围为 250～750 nm，灵敏区为 500～600 nm，最高灵敏峰在 530 nm，一般应用于可见分光光度计。光电池受持续光照后会产生

光电转换异常的"疲劳"现象，因此一般不能连续使用 2 h 以上。停止使用一段时间后，可恢复光电池的灵敏度。

② 光电管。广泛应用于紫外-可见分光光度计。蓝敏光电管可用波长范围为 210～625 nm，红敏光电管可用波长范围为 625～1000 nm。与硒光电池相比，具有灵敏度高、光敏范围广和不易"疲劳"等优点。

③ 光电倍增管。广泛应用于紫外-可见分光光度计。光电倍增管不仅是光电转换元件而且有放大作用，可对较弱的光进行检测；它响应速度快，能检测 $10^{-9}\sim10^{-8}$ s 的脉冲光；灵敏度较高，比光电管高 200 倍。

5. 信号显示系统

将检测器产生的光电信号经放大等处理后，以一定方式显示出来，便于记录和计算。

① 仪表显示。仪表表头标尺的上半部分为透光度 T，刻度均匀；下半部分为吸光度 A。

由于 A 与 T 是对数关系，所以 A 刻度不均匀，指示仪表显示的数据只能读，不便自动记录。

② 数字显示。用光电管或光电倍增管作检测器时，产生的信号经放大等处理后，由数码管显示出透光度或吸光度。这种数据显示方便、直观、准确、快捷，还可以连接数据处理系统，自动绘制标准曲线，计算分析结果，储存或打印出分析报告。

（二）分光光度计的分类

分光光度计的种类和型号繁多，按光路可分为单光束分光光度计和双光束分光光度计；按测量时提供的波长数可分为单波长分光光度计和双波长分光光度计；按不同工作波长范围又可分为可见分光光度计，紫外、可见和远红外分光光度计、红外分光光度计，见表 2-1。

表 2-1　部分不同工作波长范围的分光光度计

分类	波长范围/nm	光源	单色器	检测器	型号
可见分光光度计	360～800	钨灯	玻璃棱镜光栅	光电管	721 型
	330～800	钨卤素灯		光电管	722 型
紫外、可见和远红外分光光度计	200～1000	氢灯、钨灯、碘钨灯和氙灯	石英棱镜或光栅	光电管或光电倍增器 光电管	751 型 WFD-8 型 UV-754C 型
红外分光光度计	760～40000	硅碳棒或辉光灯	岩盐或萤石玻璃棱镜	热电堆或测辐射热器	WFD-3 型 WFD-7 型

1. 单光束分光光度计

单光束分光光度计是指光源发出的光经单色器、吸收池到检测器始终为一束光。其工作原理如图2-3所示。

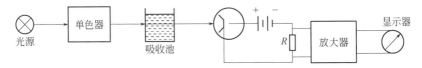

图2-3 单光束分光光度计原理示意图

常用的单光束可见分光光度计有721型、722型、723型、724型等。常用的单光束紫外-可见分光光度计有751型、752型、754型、756 MC型等。

单光束分光光度计的特点是结构简单、价格低廉，适于定量分析。由于测定过程受光源强度波动的影响大，因此定量分析结果误差较大。

2. 双光束分光光度计

双光束分光光度计是指光源发出的光经单色器后，由切光器（可旋转的扇形反射镜）分成两束强度相等的光，分别通过参比溶液和试样溶液。利用另一个切光器（与前一个切光器同步）将两束光交替照在同一个检测器上，经比较、换算等信号处理后输出吸光度值，如图2-4所示。

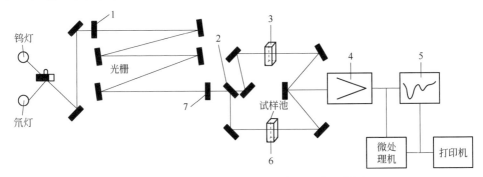

图2-4 双光束紫外-可见分光光度计工作示意图
1—进口狭缝；2—切光器；3—参比池；4—检测器；5—记录仪；6—试样池；7—出口狭缝

常见的双光束紫外-可见分光光度计有710型、730型、760MC型、760CRT型。

双光束分光光度计的特点是可以连续改变波长，自动比较参比溶液与试样溶液的吸光度，自动消除光源强度波动引起的误差。

3. 双波长分光光度计

双波长分光光度计采用两个单色器，同时得到两束波长不同的单色光，借助切光器使两单色光通过吸收池，交替照在同一个检测器上。其工作原理如图2-5所示。

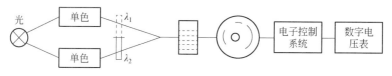

图2-5　双波长分光光度计工作示意图

常用的双波长分光光度计有 WFZ800S，日本岛津 UV-300、UV-360 等。

双波长分光光度计的特点是可对高浓度试样、浑浊试样、多组分试样、相互干扰的混合试样进行测定，且操作简单、准确度高。双波长分光光度计的缺点是价格昂贵，不易普及。

三、分光光度法分析条件的选择

分光光度法是以朗伯-比耳定律为基础的分析方法，为了得到可靠的数据、准确的分析结果，除了严格控制显色反应的条件外，还必须选择好光度测量条件。

测量条件主要包括入射光波长的选择、参比溶液和吸光度范围的选择等。

（1）入射光波长的选择

入射光波长的选择应根据吸收曲线，通常以选择溶液具有最大吸收时的波长为宜。这是因为在此波长处测定有较高的灵敏度。同时，此波长处的小范围内，A 随 λ 的变化不大，使测定结果有较高的准确度。如果最大吸收峰不平坦且附近有干扰，那么在保证一定的灵敏度的情况下，可选择吸收曲线较平坦处对应的波长进行测定，这样可消除干扰。

（2）参比溶液的选择

在测量吸光度时，溶液的反射、溶剂和试剂等对光的吸收会使透射光减弱。为了使透射光减弱的程度仅与溶液中被测组分的浓度有关，对上述影响进行校正，可以用光学性质相同、厚度相同的比色皿放置参比溶液（无待测离子的溶液），调节仪器使透过比色皿的吸光度等于零。以通过参比皿的光强度作为入射光的强度，测得的吸光度即真实反映了被测物质对光的吸收，因其扣除了由于比色皿、溶剂及试剂对入射光的反射和吸收等带来的误差。因此，在测量时参比溶液的选择相当重要。选择参比溶液的总原则是使试液的吸光度真正反映待测组分的浓度，一般从以下几方面考虑：

① 溶剂参比。显色剂及所用其他试剂在测定波长处均无吸收，仅待测组分与显色剂的反应产物有吸收时，可用纯溶剂作参比溶液，如蒸馏水。

② 试剂参比。如果试液无吸收，而显色剂或加入的其他试剂在测量波长处略

有吸收；应采用试剂空白（不加试样而其余试剂照加的溶液）作参比溶液。

③ 试样参比。如显色剂在测量波长处无吸收，但待测试液本身在测定波长处有吸收时，可用不加入显色剂的试液为参比溶液，以消除有色离子的干扰。

④ 褪色参比。若试液和显色剂均有色，对测定波长的光有吸收，可以在显色溶液中加入特定的褪色剂（配位剂、氧化剂或还原剂），选择性地与被测离子反应，生成无色物质，使显色物质褪色，此溶液称为褪色参比溶液。例如用铬天青S法测铝，铬天青S与Al^{3+}反应显色后，加入NH_4F夺取Al^{3+}生成无色的AlF_6^{3-}，使铝与铬天青S配合物褪色。褪色参比溶液可消除显色剂和样品中微量共存离子的吸收干扰。

（3）吸光度范围的选择

任何光度分析仪器都有一定的测量误差，误差来源有光源不稳定、光电池不够灵敏、光电流测量不准、透光率与吸光度的标尺不准等。为了减小仪器引起的误差，使测定结果的准确度较高，一般将测量的吸光度控制在0.2～0.8范围内。为此，可以从以下两个方面加以考虑：

① 控制被测溶液的浓度，如改变取样量、改变显色后溶液的体积等。

② 使用厚度不同的比色皿，以调节吸光度的大小。

四、分光光度法的应用

分光光度法主要用于微量和痕量组分的测定，也可以用于常量组分和多组分的测定，几乎所有的无机离子和许多有机化合物都可以直接或间接地用分光光度法进行测定。测定时可根据具体情况采取标准曲线法、对比法或示差法等。

（一）标准曲线法

标准曲线法（又称工作曲线法）是化学分析中应用最多的定量分析方法。先配制一系列（5～10个）不同浓度的标准溶液，在该溶液最大吸收波长下，分别测定它们的吸光度。然后以溶液浓度为横坐标，吸光度为纵坐标在坐标纸上作图，得到一条通过坐标原点的直线，即标准曲线也称工作曲线。测定样品时用同样方法制备待测样品溶液，测定试液的吸光度，然后在标准曲线上查出待测物质的浓度。为了保证测定准确度，要求系列标准溶液与试样溶液组成基本一致，试样溶液的浓度应在标准曲线线性范围内。如果实验条件变动，如标准溶液更换、所用试剂重新配制、仪器经过修理、更换灯泡等，标准曲线应重新绘制。

受各种因素的影响，实验测出的各点可能不完全在一条直线上，画出的直线就不够准确。采用最小二乘法确定直线回归方程要准确得多。标准曲线可以用一元线性方程表示，即

$$Y = a + bX$$

式中　X——标准溶液的浓度；

Y——相应的吸光度；

a——直线的截距；

b——斜率。

a 可由下式求出：

$$a = \frac{\sum\limits_{i=1}^{n} Y_i - b \sum\limits_{i=1}^{n} X_i}{n} = \bar{Y} - b\bar{X}$$

b 可由下式求出：

$$b = \frac{\sum\limits_{i=1}^{n}(X_i - \bar{X})(Y_i - \bar{Y})}{\sum\limits_{i=1}^{n}(X_i - \bar{X})^2}$$

式中　$\bar{X}$、$\bar{Y}$——X、Y 的平均值；

X_i——第 i 个点的标准溶液的浓度；

Y_i——第 i 个点的吸光度。

标准曲线线性的好坏可以用回归直线的相关系数 r 来表示，相关系数可用下式求得：

$$r = b\sqrt{\frac{\sum\limits_{i=1}^{n}(X_i - \bar{X})^2}{\sum\limits_{i=1}^{n}(Y_i - \bar{Y})^2}}$$

相关系数越接近于 1，说明标准曲线线性越好。

（二）对比法

对比法实质是一种简化的工作曲线法。它是在相同条件下在线性范围内配制样品溶液和标准溶液，在选定波长处分别测量吸光度。根据朗伯-比耳定律：

标准溶液 $A_s = a_s b_s c_s$

待测溶液 $A_i = a_i b_i c_i$

因是在同种物质、同台仪器、相同厚度吸收池及同一波长下测定，故 $a_s = a_i$，$b_s = b_i$，即

$$c_i = \frac{A_i}{A_s} c_s$$

式中　c_i——被测溶液的浓度；

　　　c_s——标准溶液的浓度；

　　　A_i——被测溶液的吸光度；

　　　A_s——标准溶液的吸光度。

此法简化了绘制工作曲线的手续，适用于个别样品的测定。操作时应注意配制标准溶液的浓度要接近被测样品的浓度，从而减少测量误差。

（三）示差法

当待测组分含量较高，溶液的浓度较大时，其吸光度值会超出适宜的读数范围，引起较大的测量误差，甚至无法直接测定。此时一般采用示差分光光度法。示差法与一般分光光度法的不同点在于它采用一个已知浓度、成分与待测溶液相同的溶液作参比溶液（称参比标准溶液），其测定过程与一般分光光度法相同。使用这种参比标准溶液大大提高了测定的准确度，使其可用于测定过高或过低含量的组分。

示差法的具体实验方法是切断光源和检测器之间的光路（721 型、754 型分光光度计的样品室盖打开），调节仪器透光度 $T=0$，再用一比待测溶液浓度稍低的已知浓度为 c_0 的标准溶液作参比溶液，调节仪器透光度 $T=100\%$，然后测定待测溶液（或标准系列溶液）的透光度或吸光度。根据示差吸光度值 A 和待测试液与参比溶液浓度差值呈线性关系，用比较法或标准曲线法求得待测溶液与标准参比溶液浓度的差值 c_x'，则待测溶液的浓度为 $c_x = c_0 + c_x'$。以标准溶液的浓度 c_s 减去标准参比溶液的浓度 c_0，即（$c_s - c_0$）的值为横坐标，对应的吸光度值为纵坐标作图，绘制标准曲线。

普通分光光度法以空白溶液作参比，假设测出浓度为 c_0 的标准溶液透光度为 10%，与浓度为 c_x 的试样溶液透光度 $T=6\%$ 相差只有 4%，如图 2-6（a）所示。若用示差法，以浓度为 c_0 的标准溶液作参比调节 $T_0=100\%$，则浓度为 c_x 的试样溶液透光度为 60%，二者相差只有 40%，相当于仪器透射比读数标尺扩大了 10 倍，如图 2-6（b）所示，从而减少了读数误差，提高了测量准确度。

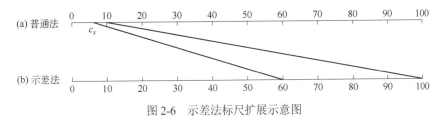

图 2-6　示差法标尺扩展示意图

（四）多组分分析

利用分光光度法还可以对一种溶液中的几种组分直接进行测定，而不需要进行预先分离。当溶液中含有两种不同的组分时，其吸收曲线有下列两种情况：

① 吸收曲线不重叠。在某一波长 λ_1 时 x 有吸收而 y 不吸收；在另一波长 λ_2 时，y 有吸收而 x 不吸收。则可分别在 λ_1 和 λ_2 时，测定组分 x 和 y 的吸光度而互相不产生干扰。

② 吸收曲线重叠。当几个组分吸收曲线互不重叠时，与单一组分测定相同。在不同组分的各自最大吸收波长下绘制标准曲线，测定吸光度 A，确定组分含量。

当组分吸收曲线部分重叠时，根据吸光度的加和性 $A = A_1 + A_2 + \cdots + A_n$，当一束平行的某一波长单色光通过多组分体系时，若各组分吸光质点彼此不发生作用，但均对该波长单色光有吸收作用，则总的吸光度等于各组分吸光度总和。在不同波长分别测定吸光度，由吸光度的加和性得联立方程组，解联立方程组可求出 c_x 和 c_y。

原则上对任何数目的组分都可以用此方法建立方程组求解。在实际应用中通常仅限于两个或三个组分的体系，若能利用计算机解多元联立方程，则不会受到这种限制。

第二节　连续流动法基础

一、连续流动分析简介

流动分析是自动湿化学分析方法，多数的液体样品可用此方法分析。流动分析目前有两个分支，一个是 1957 年 Skeggs 提出的连续流动分析体系（continuous flow analysis），另一个是 1974 年 Ruzicka 等提出的流动注射分析体系（flow injection analysis）。连续流动分析技术是把传统的溶液处理过程中的物理混合和化学反应在管道中完成，是在稳态条件的基础上进行分析，液流中加入气泡间隔正是为这种稳态创造条件。1962 年 Blaedel 和 Hicks 成功地设计了一个连续流动分析仪，用于葡萄糖和乳酸脱氢酶的分光光度分析。流动注射分析是在热力学非平衡条件下处理溶液，使样品和试剂的混合、反应在高度可控的情况下进行，是通过高度重现的化学反应历程和对浓度分布的严格控制来达到定量分析的分析技术。

连续流动分析是将试剂、样品按比例分别输入不同的管道，然后按分析反应的要求，经过一定处理后，按次序进行混合、反应，进入连续检测记录的检测系统并记录。整个过程都在连续流动着的液体中进行，因而将其称作连续流动分析法。它的特点是快速，不要求必须达到平衡，而是在物理和化学非平衡的动态条件下进行测定，但要求状态稳定。在这种稳态下，反应流体的吸光度不随时间变化而变化。它的优点是自动化，分析用样少，精度高，目前广泛用于医药、化工、农业、地质、食品、环保等各个领域中。

国外连续流动分析技术发展较早，国际烟草科学研究合作中心（CORESTA）自 1994 年至今已发布了六个连续流动推荐方法，目前已有五个转化为 ISO 标准。国内烟草行业于 20 世纪 80 年代引进连续流动型分析仪，最初是对烟草及其制品中水溶性糖、总植物碱、总氮和氯这四种主要化学成分进行测定，随着分析技术的发展以及连续流动分析仪在烟草行业的普及，目前烟草行业共发布了十多个连续流动法行业标准，分别对烟草及烟草制品的化学成分和主流烟气化学成分进行测定，其中 YC/T 468—2013《烟草及烟草制品总植物碱的测定连续流动（硫氰酸钾）法》，经国家烟草质量监督检验中心科研人员优化，最终形成了 CORESTA 85 号推荐方法，并转化为 ISO 22980：2020。CORESTA 85 号推荐方法也是我国烟草行业建立的第一个 CORESTA 推荐方法。近年来稳定产品质量已被各卷烟生产企业所重视，因而对卷烟原料、辅料及烟叶配方等内在成分的稳定性及其适当含量的需求显得尤为重要，连续流动分析仪承担了快速、准确地提供大量分析数据的工作。

（一）气泡间隔的作用

当管路内无气泡时，此时的液体为层流模式，液体在层流模式流过管子时，中间液体的流速比靠近管壁液体的流速快，管道中心的液体流动速度为液体平均速度的 2 倍，越靠近管壁的层次则运动越缓慢（如图2-7）。

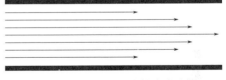

图 2-7　层流模式液体在管内流动情况

样品在由进样至检测器的过程中，层流模式下，同一个样品因在管内中间和管壁附近液体流速不同，造成该样品在流路中有一段很长的液体，这就是层流的延迟作用。它会造成样品浓度的改变，影响到下一个样品的浓度，减少分析的频率或者引起两个样品之间的带过（如图2-8）。

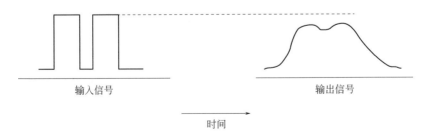

输入信号　　　　　　　　　输出信号

时间

图 2-8　层流的延迟作用

当管路内引入有规律的气泡后,气泡可以分割液体流,保持样品的完整性,即防止单个试样与其他试样相混;使样品和试剂充分、均匀地混合;可对运行系统和载流特征提供直观的检查。此时液体在管内的流动为湍流模式(如图2-9)。气泡的分割作用使短时间内达到稳定状态和比较高的分析频率,一般以每隔2 s注入一个气泡的速度分割液体,一个液体段长度为1.5～2 cm。一个试样通常被气泡间隔成20～50小段。每个小段的液流可看成一个单独的液段,相邻的两个液段之间由气泡间隔开来,它们之间不互相混合和干扰。而液段自身之内,由于液流与管壁的摩擦作用,液体进行着混合。

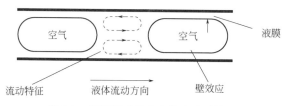

图 2-9　湍流模式液体在管内流动情况

当每一个分割团流过管子时,内部液体流动性如图 2-10, 这使液体能快速混合。

图 2-10　湍流的混合作用

在管子中必须有足够大的气泡,以便使已分割的液体分离开。一个正常的气泡长度应是其宽度的2倍,其与管内壁有一层厚度为1～5 μm的液膜(如图2-11)。

空气泡的最佳尺寸应为长度(l)≥1.5×直径(d),气泡不能太大也不能太小(如图2-12)。

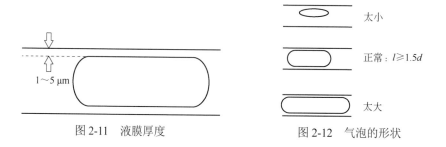

图 2-11　液膜厚度　　　　　　　　图 2-12　气泡的形状

当管路内的气泡有规律并且形状符合检测要求时，此时的气泡具有以下功能：

① 减少扩散和样品带过。

② 通过形成湍流将两股液流（如样品和试剂）混合。

③ 清洁管子的内表面。

④ 保持每个片段的完整。

⑤ 通过观察系统中玻璃混合圈中的气泡是否规则可以方便地检查流体是否正常。

（二）表面活性剂的使用

在连续流动分析中，要求液流稳定，混合均匀，气泡保存完好，即在进入检测器前要求气泡不被破坏。然而由于水是一种极性物质，表面张力大，不易润湿非极性的塑料泵管。当气泡流过未经润湿的管路时，易造成气泡的破坏或气泡合并等，使注入的气泡失去应有的作用，并且会使液流变得不稳定，为此常在水质液流中加入表面活性剂［如加入聚乙氧基月桂醚溶液（Brij35 溶液）］，以减少水的表面张力并去除引起气泡断裂的油污点。

表面活性剂分为三种类型：①阴离子型。作用于负离子，这类活性剂包括肥皂、洗涤剂，如烷基磺酸盐、脂肪酸钠。②阳离子型。作用于正离子，这类活性剂常为季铵盐。③非离子型。在湿反应中无电离，在碱性溶液中使用，在强酸介质中引起沉淀。由于有非溶解性离子对形成的可能，因此不用于聚磷酸盐中。这类表面活性剂包括烷基苯氧乙烯醇（Triton X-100）、聚氧乙烯醇（如 Brij35，用于大部分方法，因为其具有低活性和低成本）、脂肪酸聚氧乙烯酯（如 Tween 化合物）。有些方法需要特别的表面活性剂，如测定磷酸盐时使用的钼酸盐试剂会与 Brij35 反应，应使用十二烷基磺酸钠作为表面活性剂。溶液萃取时应避免使用表面活性剂，以防形成乳状液。有机相中不需要表面活性剂。对于水溶液，一般表面活性剂在每种试剂中的用量为 0.05%。

二、连续流动分析仪的结构

连续流动分析仪的基本组成有取样系统、流体驱动系统（蠕动泵）、混合反应系统（反应盒）、检测系统等。下面逐一介绍。

（一）取样系统

该系统能准时、定量、连续地吸取标准液、样品液和洗针液，可以控制样品盘上任一位置的液体进入整个分析系统，可以控制标准液、样品液和洗针液进入分析系统的次序、进样时间、清洗时间、进样速度，可根据分析进行调节。

连续流动分析仪的检测过程是由蠕动泵将分析测定所需要的各种试剂、试液按一定比例、一定流速输入到系统中，经过一定处理（如渗析、混合、加热、反应等）后，液流达到稳定。此时进行检测，其结果为一定值，其值与被测物含量有关，因而可用来作定量分析。

在一定条件下（当蠕动泵的转速，反应盒体温度等都固定不变）对不含样液的接收流体进行检测时，可得一直线，称其为基线。当接收流体含有待测液时，检测结果为另一直线。从基线过渡到检测线，在输出的曲线图中为一平台，平台的高度即可作为定量测定的依据。

液体在泵管内流动时，由于摩擦的缘故，形成管子中心流速大，靠近管壁的地方液体流速小，特别是水与泵管润湿性强时，形成的这种现象更严重。这种现象的存在将产生一些不良作用。如由一个样品转换成另一样品时，泵管内剩余物的清除很费时间，样品在检测器中达到稳定状态也很慢。这样就消耗大量的试液和样品液，减慢了分析速度。

为了防止前一样品干扰后面样品的测定，就必须保持泵管清洁。为此在两个样品之间加洗涤液，清洗泵管。采用样品→洗涤液→样品→洗涤液的程序进样，进样次数可根据要求进行调节。在这种情况下，在分析样品之前我们就需要先确定进样时间和清洗时间。

（1）进样时间的确定

连续流动分析仪所给出的分析曲线如图 2-13 所示。图中纵轴表示被测物的峰高，横轴表示进样时间。由图 2-13 可以看出，反应物的峰形应具有一段稳定的直线，这段直线就是反应平台。无谓的延长进样时间是不必要的，会浪费试剂并造成分析时间没有必要的延长，分析效率低。根据分析曲线的形态，测试者可以自行选定进样时间，最适宜的进

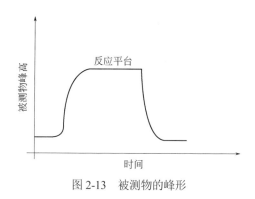

图 2-13　被测物的峰形

样时间是达到反应平台后再延长 5 s。通常确定进样时间时，都选择最高浓度的标准溶液进行测试。

（2）清洗时间的确定

为了防止前一个样品干扰后面的样品，就必须保持泵管清洁。为此在两个样品之间加入清洗液，清洗泵管。通常的做法是在最高浓度的标准溶液后面，接着进两个最低浓度的标准溶液，并且逐渐缩短清洗时间，直至最短时间也能产生同样高的两个最低浓度标准溶液的反应平台为止，此时间即为最佳清洗时间。

（二）流体驱动系统

流体驱动系统主要是蠕动泵，它是流体驱动系统的核心。蠕动泵的必要组件是弹性很好、粗细有一定比例的塑料泵管和一些沿圆周运动的金属滚筒。泵芯转动时，金属滚筒沿圆周运动，挤压着富有弹性的塑料管（又称泵管）。被挤压封闭在两金属滚筒之间的液体或气体随滚筒一起向前运动，形成液体在泵管内的流动，而金属滚筒后面泵管内形成负压，可以吸收液体和气体，因而当蠕动泵开启时，便可连续地吸取液体，并使其在泵管内连续流动（如图2-14所示）。当泵的转速（即滚筒沿圆周运动的速度）一定时，每个泵管内液体的流速也一定。而泵管内径不同（按反应需要选择不同内径比的泵管），各泵管输出的液体体积有一定比例，故蠕动泵也称作比例泵。

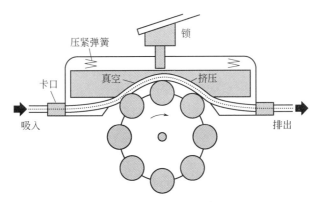

图2-14　流体驱动系统工作原理

（三）混合反应系统

混合反应系统又称为化学模块，是分析系统的一部分，化学反应在此部分进行。它放置在泵之后，包含所有需要的反应部件，例如混合器、渗析器、加热池等，这些部件安装在一个固定的盒体内，因此又称反应盒。在反应的末端，样品、试剂混合液体直接从化学模块进入到数字比色计当中，进行比色分析。由于分析物质和分析方法的不同，盒体内部的结构也不同，基本每种分析方法都有特定的盒体。

（1）混合器

为一组玻璃制成的螺旋管，根据反应的需要，螺旋管的粗细、长度和匝数都有所不同。玻璃混合器用来保证两股流体混合。例如：样品与试剂或试剂与试剂，保证反应所需要的混合时间。它们通常安装在增加试剂的液流后面。混合器采用玻璃材质有下列好处：惰性的、透明的，并且容易润湿。混合的时间依赖于试剂的黏度、浓度、流速和混合圈的直径。通过混合圈使反应物上下运动，高浓度和低浓度互相渗透,加速混合。在混合螺旋管内,液段长度应不大于圆周长的 1/3,否则,液段不能被完全倒置而彻底混合。混合过程如图 2-15 所示。

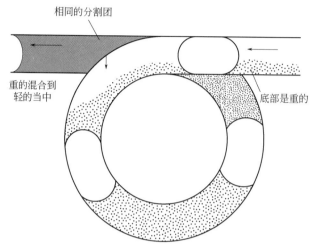

图 2-15　混合器的混合作用

混合圈一般用在试剂添加到反应流之后。混合所需时间取决于试剂的黏度和密度、流速及混合圈的直径。通过安装混合圈使反应流上下流动,密度大的液体落入较轻的液体中,加快混合。

(2)渗析器

渗析器的内部主要是一个半透膜,孔径大小约 4 nm,它的作用是,大分子不能透过滤膜而被分离掉,只让小分子通过(如图 2-16)。渗析方法对于分离干扰固体物或者大分子是一种方便的方法,可以有效去除测定溶液中色素等大分子的干扰物。渗析器实质上是起着净化测定液的作用,将待测物质筛入接受液流中进行测定,而其他物质随载液排入废液池。在一些方法中,渗析器也起到稀释样品流的作用。渗析器中的气泡不需要同步运行,2 种载流只须有相同的流速和方向。对渗析效果造成影响的因素主要有液体的流速、温度、压力和渗析器上下部液体的离子浓度等。

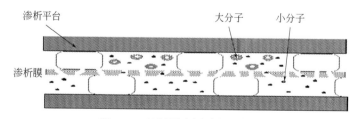

图 2-16　渗析器渗析过程示意图

（3）加热器

根据分析方法的需要，反应需要加热时，用加热器来实现，结构如图 2-17 所示。加热器具有可更换的螺旋管，并带有高度精密调温器。加热器螺旋管破损、堵塞或损坏时应及时更换。水溶液的加热温度应低于 95℃，有机溶液的加热温度应低于其沸点 10℃，过高温度还会引起已溶解的气体从液流中释放出来，在流通池内形成气泡，出现噪声峰，干扰测定。

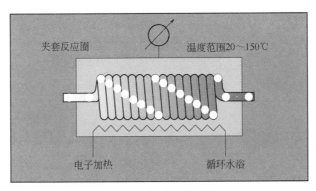

图 2-17　加热器结构图

（四）检测系统

检测系统能对被测组分产生瞬时而有选择性的最大响应信号并连续记录。连续流动分析仪的检测方法有多种，如吸光光度法、火焰光度法、化学发光法、离子选择性电极法、荧光法、发射光谱法、原子吸收法等，可以根据分析的需要确定，不过通常使用的多是带流动池的吸光光度法和火焰光度法。连续流动分析仪在分析过程中加入了有规律的气泡，气泡的存在会给检测器的检测带来干扰，如图 2-18 所示。气泡在流过检测器的时候也有信号输出到计算机，由于气泡的存在会使检测器给出的数值发生变化，干扰测定。因而液流进入检测器前，必须清除液流中的气体，在检测器前必须有除气泡的装置。早期的连续流动分析仪在流体进入检测器之前是通过一根排废液管对气泡进行清除，如图 2-19所示。气泡因为密度较低而上升至较高的管子并排出到废液中，除气泡后的液体进入流动池。

随着检测技术的发展，目前化学分析仪检测器除气泡装置采用了电子除气泡和光导纤维监测流动池两种方法。使用电子除气泡和光导纤维监测流动池方法的检测器，其比色池只有一个入口和出口，入口通道上有一个马蹄形检测器，当发现流动池内有气泡，此时检测器不输出信号到计算机或其他信号接收系统。

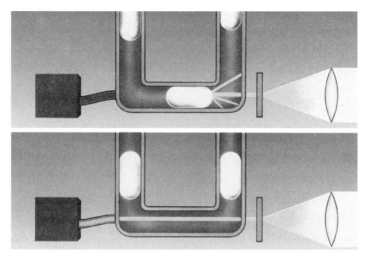

图 2-18　比色计输出信号示意图

图 2-19　机械除气泡示意图

三、连续流动分析仪的运行检查

（1）检查方法

① 管路气泡均匀，流路平稳。

② 基线应平直，波动应小于±1%；峰形应为典型的刀刃峰。

③ 工作曲线的制作应不少于 4 个点，线性相关系数≥0.9900。

（2）检查周期

每次开机均应运行检查。

（3）规则

运行检查符合要求，方可进行后续操作。否则，停止检测，查明原因。

（4）操作

① 开启稳压器电源，使电压稳定至 220 V，打开计算机、比色计、蠕动泵和自动进样器。载入或编辑分析方法。

② 将蠕动泵置于高速，用活化水清洗管路至少 15 min。然后将拟分析项目的试剂导入系统，5 min 后将蠕动泵置于正常速度。

③ 将样品溶液倒入样品杯，按顺序放入样品盘中。

④ 基线平直稳定后，由计算机启动分析开始。

⑤ 样品分析结束数据存储后，将蠕动泵置于高速，用活化水清洗系统至少 15 min。关闭比色计、蠕动泵、自动进样器。

⑥ 调出数据文件，处理、打印分析结果。

⑦ 关闭计算机、稳压器。

⑧ 将试剂瓶盖上盖子归位。清理仪器。

⑨ 填写《仪器运行检查、使用、维护、维修手册》。

第三章

烟草化学基础

第一节 烟草中的主要化学成分

一、烟草水分

烟草水分又称烟草含水率、烟草含水量，水分是烟草及其制品的重要组分之一。烟草水分影响烟叶力学性质和热学性质，它又是影响烟草物理特性的因素之一。在工艺加工过程中要严格控制烟草水分，因此它也是重要的工艺质量指标之一。

水分在烟草生产和加工过程中都起着重要作用。

水分是烟草生长发育过程中体内化学反应的介质，也参与很多生物化学反应，在光合作用、呼吸作用、有机物的合成和分解的过程中都必须有水分子参与。水是组织和细胞所需营养和代谢物在体内运输的载体。水是原生质的主要成分，一部分水和构成原生质的很多其他物质的分子或离子相结合，水分的多少影响原生质体的存在状态。水分多时，原生质呈溶胶状态，生命活动旺盛；水分少时，原生质呈凝胶状态，生命活动缓慢。在烟草不同的生育时期，需要供应与之相适宜的水分，既能保证进行正常的新陈代谢活动，又有利于鲜烟叶质量的形成。

在烟叶初加工、卷烟制丝加工和烟叶及其制品贮存保管等一系列环节中，烟叶需要有不同的含水量与之相适应，才能达到加工的目的，保证加工质量。在加工过程中烟叶水分含量不但直接影响其弹性、韧性、填充性和燃烧性等物理特性，而且直接影响其颜色、光泽、香气、吃味等外观和内在质量，甚至会直接干扰烟叶分级人员对于烟叶等级质量的判断，同时也影响烟叶内部微弱的生物化学变化，如各种酶的活动、霉菌的繁殖、内含物质的分解转化等。在各个加工环节中，对烟叶水分都有严格的控制和要求。因此，研究烟叶水分的来源、存在的形态、增减规律等，对于改进加工条件提高加工质量，具有重要意义。

（一）烟叶的水分来源

鲜烟叶的水分主要来自土壤和空气。干烟叶水分的来源包括两个方面：一是收获后的鲜烟叶经调制处理后残存在烟叶中的水分，以及生产加工过程中（如分级时、发酵时、真空回潮时）加入的水分，这些水分含量的多少与加工过程中的调整控制有关，直接关系到烟叶的加工质量；二是烟叶从空气中吸收的水分，这种水分的含量与空气的温度、湿度有关，直接关系到烟叶贮存和运输管理的安全性。

（二）烟草水分的表示方法

烟草水分通常有两种表示方法：绝对含水率（干基含水率）和相对含水率（湿基含水率）。绝对含水率即用全干烟草的质量作为计算基础的含水率。它是指烟草中水分质量与全干烟草质量之比的百分率，其计算公式是：

$$w_绝 = \frac{G_湿 - G_干}{G_干} \times 100\%$$

式中　$w_绝$——绝对含水率，%；

$G_湿$——湿烟草质量；

$G_干$——全干烟草质量。

相对含水率是用湿烟草质量作为计算基础的含水率。它是指烟草中水分质量与湿烟草质量之比的百分率，其计算公式：

$$w_相 = \frac{G_湿 - G_干}{G_湿} \times 100\%$$

式中　$w_相$——相对含水率，%；

$G_湿$——湿烟草质量；

$G_干$——全干烟草质量。

在烟草原料加工和卷烟生产中，通常采用相对含水率来表示，由于它便于计算，在生产中被广泛应用。所以，相对含水率通常简称含水率，而绝对含水率则常用于干燥方面的计算，特别是计算干燥速度时，使用此表达式较为方便。因为在干燥过程中，烟草内部的水分重量随着干燥过程的深入而逐渐减少，但其干物质基本保持不变。若使用相对含水率计算干燥速率，其分母还需不断变换。

绝对含水率与相对含水率之间的关系是：

$$w_绝 = \frac{w_相}{1 - w_相} \times 100\%$$

或

$$w_相 = \frac{w_绝}{1 + w_绝} \times 100\%$$

（三）烟草水分的测定方法

烟草含水率的测定方法较多，在烟草质量检测和加工生产中常用的有卡尔费休法、烘箱法、电测法、微波水分仪法、红外水分仪法、气相色谱法、热重法等。

卡尔·费休法利用水的化学性质，采用卡尔·费休试剂滴定样品中的水。该方法样品用量少，测定灵敏度高，可以测定出样品含水率之间微小的差异，测定一个样品用时较少，可用于样品量少的水分测定，但是需要专门的滴定和搅拌装置。

烘箱法是目前测定烟草及烟草制品水分含量最常用的方法，其原理是将已知湿基质量烟草样品放在烘箱内烘干，再测出烘干后的干基质量，然后计算出烟草样品的相对含水率或绝对含水率。烘箱法测定烟草水分，数值准确可靠，可用来校正其他测定方法所得结果的准确度。其缺点是测定过程相对麻烦，速度慢，烘干过程会发生部分化学降解，影响测量精度，不能连续在线测量，在连续生产过程中不适用。

电测法的优点是直观、快速、使用非常方便，缺点是误差较大。电测法有电阻法、电容法和射频法，其优点是直观、快速、使用非常方便；缺点是误差较大。目前相对常用的是电阻法，使用的仪表是电阻式烟草水分测定仪，它是根据烟草的导电性与含水率的关系制成的。烟草的导电性随烟草的含水率增加而增加，相应地，电阻随含水率的增加而减小。电测法测定含水率只适用于8%～32%的含水率范围，含水率在32%以上测定精度显著降低，含水率在6%以下时，已难以测定出来。电容法是利用烟草的介电常数与含水率的关系变化测定的。当烟草作为电容器的电介质时，烟草中的水分将影响电容器的电容量，通过测定电容量间接测出烟草含水率，但是该方法测定烟草含水率需进行温度补偿，不同类型烟草要进行标定，同时对信号源频率有一定的要求，测定水分范围在0～30%。

微波水分仪是人们发现落雨对雷达波有吸收作用，进而利用这种原理测量物质的水分制成的仪器。它采用的微波频率为2.45 GHz（S波段）、8.9～10.68 GHz（X波段）及20.3～22.3 GHz（K波段）。当微波在传输中通过含有水分的物质时，一部分电磁能就被水分子吸收而使微波强度有所衰减。在K波段时，水分子将产生分子谐振，这时的波长为1.35～1.5 cm，电磁波通过波导管传输。微波水分仪主要由微波振荡器和微波衰减器组成。微波信号由波导管发射经过试样衰减接收，经放大器和检波器后显示。被测材料放在发射器和接收器中间。仪器精度为指示值的±0.5%（在量程15%以上）。仪器测量范围为0～1%至0～70%。这种水分仪最初用于土壤、水泥、墙壁及其他建筑材料中水分的测量。以后可用于多种物质（如纸张、木材、饲料、谷物、煤炭等）水分的测量。微波是指频率为300 MHz～300 GHz的电磁波，是无线电波中一个有限频带的简称，即波长在1 mm～1 m（不含1 m）的电磁波，是分米波、厘米波、毫米波和亚毫米波的统称。微波频率比一般的无线电波频率高，通常也称为"超高频电磁波"。微波作为一种电磁波也具有波粒二象性。微波的基本性质通常呈现为穿透、反射、吸收三个特性。对于玻璃、塑料和瓷器，微波几乎是穿越而不被吸收。而水和食物等就会吸收微波而使自身发热。金属类物体则会反射微波。

红外水分仪是利用物料对红外线具有选择性吸收的特性，在生产线上对物料水分进行检测的光电仪器，可以获得高精度的测量值，并具有物料瞬时含水率显示、记录水分高限位警报、反馈信号输出等功能。该仪器有一个十分准确的检测头和一个与之相配合的电子控制单元。反馈信号的工作原理是：光源灯发出的光线先由一个聚光反射镜反射回灯泡上，这样就形成了一股具有一定强度的光束，通过聚光透镜被反射出去。离开透镜的光线经过两个相同的分划板，其中一个固定，另一个装在电机的转轴上以大约 1500 r·min⁻¹ 的速度旋转。经过运动着的分划板后光束被分开，变成一个正弦曲线波。然后，这个三角函数形式的光波照射到一个也是安装在电机轴上的滤光轮上，这个轮上插有 8 个滤光片，当轮转动时，滤光片依次横过光束的光路。滤光片中的 4 个透射可见光，4 个透射红外光。由滤光轮调制出的这个频率的光线由一个 45°的平面反射镜和一个输出透镜导向，照射在被检测的材料上。可见光仅用来表明光源灯已打开和指示光线的方向。反射回来的光束由主透镜聚焦并由平面反射镜反射到探测器上，由探测器探测出不同频率相比较的能量，换算出物料含水量。

红外水分仪的水分测量范围为 0～100%，精确度达到±0.1%。目前被广泛使用在打叶复烤生产线和卷烟制丝生产线上，用来对有关工艺环节物料水分进行在线检测和控制。

气相色谱法是以异丙醇作为内标，利用配有热导检测器的气相色谱法进行样品的水分含量测定。适用于水分含量在 2%～55%范围内的烟草及烟草制品中水分的测定。方法准确，重复性好，适用于批量样品检测。

热重法是一种利用物质温度-质量变化关系进行水分测定的方法。采用热失重分析仪准确测量物质的质量变化及变化的速率，该方法无需任何前处理，具有较高的精密度。

另外，我国烟草行业相关科研人员也在探索其他水分检测方法，例如利用目前市售的卤素水分测定仪测定水分含量。卤素水分测定仪是采用干燥失重法原理，通过加热系统快速加热样品，使样品的水分能够在最短时间之内完全蒸发，从而能在很短时间内检测出样品的含水率。优点是操作简单，水分含量实时显示，耗时短；缺点在于针对不同水分含量的样品目前还没有统一的检测方法，对于检测时温度、时间、评价指标还没有定论，同时容易受环境温度、湿度以及风、气流的影响。

二、烟草糖类

糖类是自然界中分布极为广泛的一类有机物质，在烟草植物体中的含量可达干重的25%～50%，是烟草光合作用的主要产物。从化学结构上看，糖类是一大类多羟基醛或多羟基酮以及水解后能够产生多羟基醛或多羟基酮的有机物。

糖类化合物按结构特点分为单糖、低聚糖和多糖三类。

单糖：单糖是多羟基醛或多羟基酮，它们不能水解为更小的分子。如葡萄糖、果糖、核糖和景天庚糖等均属重要的单糖。糖的衍生物包括糖的还原产物（多元醇），氧化产物（糖酸），氨基取代物（氨基糖），以及糖磷酸酯等。

低聚糖：低聚糖是由 20 个以下单糖分子失水缩合而成，又能水解成单糖。按照水解后生成单糖的数目，低聚糖又可分为二糖、三糖、四糖等。两个单糖分子失水而成的二糖最为重要，如蔗糖、麦芽糖和乳糖等。

多糖：多糖是由很多个单糖分子失水聚合而成的高分子化合物，糖分子可水解产生许多个单糖分子，如淀粉、纤维素等都是多糖。

（一）单糖

1. 单糖的结构

图 3-1 是烟草中存在的比较重要的单糖（开链式）。

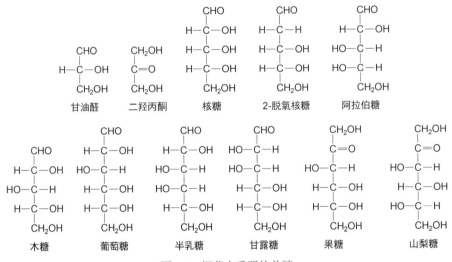

图 3-1　烟草中重要的单糖

2. 单糖的性质

（1）物理性质

单糖是无色的晶体，有吸湿性，易溶于水，可溶于乙醇，难溶于乙醚、丙酮、苯等有机溶剂。单糖都有旋光性和变旋现象。

烟草制品中加料使用比较普遍的是甜糖类物质，如葡萄糖、蔗糖、饴糖、木糖、麦芽糖、蜂蜜等。这些甜糖类物质可使烟气强度有一定程度的降低，刺激性和苦味减轻，同时还有一定程度的保湿作用，用量适宜时，对卷烟香气的发挥起到良好作用。这类物质特别适用于糖分含量低，氮化物和烟碱含量高，烟气 pH 偏高的烟草。

（2）化学性质

单糖是多羟基醛或多羟基酮，具有醇和醛、酮的某些性质，同时又由于分子内各基团的相互影响而产生一些新的性质。

还原性：单糖在碱性溶液中极易被氧化。因此在碱性溶液中，单糖是一种强还原剂。例如单糖很容易被弱氧化剂斐林试剂（硫酸铜的碱溶液）和多伦试剂（硝酸银的氨溶液）氧化。能使斐林试剂中的二价铜离子还原成砖红色的氧化亚铜沉淀，能使多伦试剂的银氨溶液产生银镜反应。糖分子本身则发生断裂并被氧化生成小分子羧酸的混合物。在反应中单糖所消耗的斐林试剂或多伦试剂超过化学计量系数关系，难以按化学反应方程式进行计算。

$$
\begin{array}{c}
\text{CHO} \\
\text{H—C—OH} \\
\text{HO—C—H} \\
\text{HO—C—H} \\
\text{H—C—OH} \\
\text{CH}_2\text{OH}
\end{array}
\; + 2\text{Cu(OH)}_2 \longrightarrow
\begin{array}{c}
\text{COOH} \\
\text{H—C—OH} \\
\text{HO—C—H} \\
\text{HO—C—H} \\
\text{H—C—OH} \\
\text{CH}_2\text{OH}
\end{array}
\; + \text{Cu}_2\text{O} + 2\text{H}_2\text{O}
$$

葡萄糖　　　　　　　　　　　　　　葡糖酸

$$
2\,\text{Ag(NH}_3)_2\text{OH} +
\begin{array}{c}
\text{CHO} \\
\text{H—C—OH} \\
\text{HO—C—H} \\
\text{H—C—OH} \\
\text{H—C—OH} \\
\text{CH}_2\text{OH}
\end{array}
\longrightarrow 2\,\text{Ag} + 3\,\text{NH}_3 + \text{H}_2\text{O} +
\begin{array}{c}
\text{COONH}_4 \\
\text{H—C—OH} \\
\text{HO—C—H} \\
\text{H—C—OH} \\
\text{H—C—OH} \\
\text{CH}_2\text{OH}
\end{array}
$$

葡萄糖　　　　　　　　　　　　　　葡糖酸

单糖的醛基有还原性。酮糖分子中没有醛基，但它和一般的酮不同，它含有活泼的羟基酮的结构（与酮基相邻的两个碳上有羟基），也具有还原性。而且酮糖又能在碱性溶液中转变为醛糖，因此酮糖也能够还原斐林试剂或多伦试剂等弱氧化剂。环状结构中的半缩醛羟基在还原性上与醛、酮等同，因此含有游离的半缩醛羟基的糖称为还原糖。

单糖和部分低聚糖都能在碱性溶液中与弱氧化剂发生氧化作用，这个性质叫还原性。具有还原性的糖叫还原糖。还原糖与斐林试剂的反应不仅可以定性地检验还原糖的存在，还可以进行糖的定量分析。虽然反应比较复杂，不符合化学计量系数关系，但如果将实验条件（反应的酸碱度、温度、时间等）严格控制，一定量的还原糖与一定的斐林试剂反应，生成氧化亚铜（Cu_2O）的量是一定的。因此用经验数据可以计算还原糖的含量。在烟草的常规分析中利用这种方法测定还原糖和水溶性总糖。

（二）低聚糖

1. 一般性质

二糖中的单糖基有两种状态：一种是单糖基以它的半缩醛羟基连接成糖苷键；

另一种则保留了半缩醛羟基而以其他位置的羟基参与形成糖苷键。在二糖或低聚糖中保留半缩醛羟基形成的称为还原糖，它们像游离的葡萄糖那样有还原性、变旋性和与苯肼形成糖脎等性质。相反，缺乏游离半缩醛羟基的低聚糖称非还原性糖，例如海藻二糖［葡萄糖（1→1）葡萄糖］，两个葡萄糖基彼此都是由半缩醛羟基连接成糖苷键的，所以海藻二糖就没有还原糖的上述性质。对于非还原糖，如果在能够发生水解的条件下做实验，要注意因水解产生单糖而出现的假象，误认为是还原糖。

2. 常见的低聚糖

常见的二糖有麦芽糖［葡萄糖（1→4）葡萄糖］，异麦芽糖［葡萄糖（1→6）葡萄糖］，纤维二糖［葡萄糖（1→4）葡萄糖］，龙胆二糖［葡萄糖（1→6）葡萄糖］，蔗糖［葡萄糖（1→2）果糖］，乳糖［半乳糖（1→4）葡萄糖］，芸香糖［鼠李糖（1→6）葡萄糖］。

（三）多糖

多糖是由许多（20 个到上万个）相同或不同的单糖分子脱水以苷键结合而成的，是一类复杂的天然高分子化合物。按其水解情况，可将多糖分为两大类：①水解产物是一种单糖者称为均多糖，如淀粉和纤维素；②水解产物多于一种单糖者称为杂多糖，如果胶质和黏多糖。在自然界，构成多糖的单糖可以是己糖、戊糖、醛糖和酮糖，也可以是单糖的衍生物如糖醛酸和氨基糖等。一个多糖分子均可以由几百个甚至几万个单糖分子结合而成，因此同一种多糖的分子量也不是均一的。

虽然多糖是由单糖构成，但许多单糖连成多糖后，使多糖的性质和单糖、二糖等有很大差别。多糖一般为非晶形固体，不溶于水，有的能在水中形成胶体溶液。多糖没有甜味，不显示还原性。

多糖在自然界分布甚广，按其生物功能大致可分为两类。一类是作为贮藏物质，如烟草植物体中的淀粉。当分解代谢需要时，淀粉水解为葡萄糖，当游离葡萄糖过剩时，代谢产生的葡萄糖聚合成淀粉贮藏起来，反映了机体对糖的利用、调节有很精巧的安排。另一类是构成烟草植物体的结构支持物质，如纤维素、半纤维素和果胶质等。烟草茎秆和其他植物的茎秆一样，木质部中纤维素含量有 40%～60%，烟叶中含量 10%～15%，木质部分纤维素常与半纤维素、果胶质和木质素等结合在一起。半纤维素是由几种戊糖和糠醛酸组成的杂多糖。果胶质是多聚半乳糖醛酸，充塞在细胞壁和细胞间层，起黏合作用并使细胞壁对离子有通透作用。木质素不是糖类，是一些结构不一的酚类化合物，它与纤维素结合得很紧密。随着烟草等植物衰老程度的增加，木质素含量也增加，它作为填充物使组织的机械强度提高。

常见的多糖有淀粉、纤维素、改性纤维素、半纤维素、果胶质、烟草细胞壁物质。

三、烟草含氮化合物

烟草中含氮化合物包括蛋白质、游离氨基酸、烟碱和硝酸盐等，含氮化合物在燃吸过程中形成的烟气显碱性，给人以"辣、刺、苦"的感觉。为了使烟气吃味醇和，无"辣、刺、苦"的感觉，应保持烟气酸碱适度，必须使烟丝中的糖氮比合适。因为糖在燃吸中形成酸性的烟气，二者比例适度才能使烟气有较好的品质。此外，吸烟能给人以兴奋提神的感觉，其主要作用物就是生物碱。

它既是使吸烟产生生理强度的物质，又是一种有毒的物质。根据人们的吸烟习惯，应将其控制在一定范围内。含量过高烟气强度大，吸食者难以接受；含量过低，烟气强度弱，不能满足需求。蛋白质在烟支燃吸过程中既能产生辣、苦和烧鸡毛的怪味，也能产生许多有香味的物质。特别是它的降解物在与糖的棕色化反应中能形成许多香味物质，是烟草中不可缺少的物质。各种不同的含氮化合物对烟草品质都有不同的影响。总之，含氮化合物对烟草品质既有有利的一面，又有有害的一面，它们是烟草不可缺少的物质。它们的含量既不能过多，也不能过少，只有维持一定的量或比例才能使烟气有较好的品质。

（一）烟草氨基酸

烟草中普通氨基酸与其他高等植物小麦、玉米、豌豆等相比，种类相近的有二十多种。除此之外，由于氨基酸在烟叶调制、陈化等过程中参与许多复杂的化学反应，因此，在烟草中还发现许多不常见的氨基酸，如 α-丙氨酸、β-丙氨酸、D-丙氨酰基-D-丙氨酸、α-氨基丁酸、γ-氨基丁酸、吖啶-2-羧酸、α-L-谷氨酰基-L-谷氨酸、谷胱甘肽、高胱氨酸、高丝氨酸、6-羟基犬尿氨酸、1-甲基组氨酸、S-氧化蛋氨酸、哌可酸、2-吡咯烷乙酸、苯丙氨酸、氨基乙磺酸等。

鲜烟叶和调制过程中有多种氨基酸呈游离态，经调制、陈化以后，部分氨基酸与糖或多酚类物质形成复杂化合物而存在于烟叶中。鲜烟叶中主要的游离氨基酸是天冬氨酸、谷氨酸、脯氨酸和亮氨酸，其总和占游离氨基酸总量的65%～75%。

（二）烟草蛋白质

蛋白质是随着烟草的生长发育逐渐积累的，它对烟草的新陈代谢和生命活动起着非常重要的作用。鲜烟叶中的蛋白质自田间落黄时即开始水解，调制过程的变黄期水解速度加快，叶绿素蛋白质从叶绿素中析出，被蛋白酶在细胞质中水解。随着变黄程度的增加，蛋白质含量显著减少，当变黄达到适宜程度时蛋白质水解趋于停止。这是因为鲜烟叶中叶绿素蛋白质要占蛋白质总量的一半左右，调制过程中蛋白质减少的大部分属于叶绿素蛋白质，各种调制过程中蛋白质降解量基本相同，不会改变正常的蛋白质合理减量，这就客观地决定了调制后烟叶的蛋白质含量仍然相当于鲜烟叶蛋白质含量的一半左右。因此，干烟叶的蛋白质含量在很大程度上取决于鲜烟叶的蛋白质含量，所有有利于蛋白质生物合成的因素都会引起鲜烟叶蛋白质含量的增加。至于调制后的烟叶再进行陈化、发酵及各种加工等企图使蛋白质再降解减少的操作，由于烟叶水分、环境温湿度和酶活性的关系，只能是缓慢而微弱的。

尽管蛋白质在烟草生长发育过程中对生理生化过程具有重要意义，但是对于烟草制品来说，蛋白质在总体质量上是一种不利的化学成分。烟叶中蛋白质含量高（如烤烟蛋白质含量超过15%），则烟气强度过大，香气和吃味变差，产生辛辣味、苦味和刺激性。并且蛋白质含量高，燃吸时会产生一种如同燃烧羽毛的臭味。但是从另一方面来讲，蛋白质又是烟叶中客观存在而不可缺少的成分，它的水解产物和进一步转化的产物是许多烟草香气物质的原始物质。因此，烟叶中含有适量的蛋白质，能够赋予充足的烟草香气和丰满的吃味强度，平衡因糖过多而产生的烟味平淡。另外，除了蛋白质本身对烟质产生直接影响外，其降解产生的一系列较小分子量的含氮化合物，对烟草的香气和吃味也产生各种各样的影响。

烟叶蛋白质可能是烟气中有害物质的前体物。烟草叶片中的蛋白质分为可溶性蛋白质和不溶性蛋白质。前者以其分子量的大小为基础又可分为两类：沉降系数为18S的称为蛋白质组分 I，即 F I 组分；沉降系数为4～6S的称为蛋白质组分 II，即 F II 组分。在烟草全部的烟叶蛋白质中，一般在烟叶生长初期，可溶性和不溶性蛋白质各约占一半。可溶性蛋白质中一半左右是单独的叶绿体蛋白质，名为核酮糖-1，5-二磷酸羧化/加氧酶（即 F I 蛋白），另一半为其他可溶性蛋白质的复合物（即 F II 蛋白），见表3-1、表3-2。

表3-1　烟叶中可溶性蛋白质的含量　　　　　　　　单位：g/kg（鲜重）

蛋白质种类	F I 蛋白	F II 蛋白	可溶性蛋白质
蛋白质含量	7.65±0.55	8.33±0.68	15.98±1.08

表3-2　烟草属4个种烟叶的叶绿素和组分 I 蛋白质含量

种名	叶绿素 /（mg/g 鲜重）	组分 I 蛋白质 /（mg/g 鲜重）	组分 I 蛋白质 /（mg/mg 叶绿素）
N.tabacum	0.74	6.4	8.6
N.gossei	0.94	7.8	8.3
N.excelsior	0.55	5.5	10.3
N.suaveolens	0.94	9.9	10.5

蛋白质分子在酸性和碱性溶液中不稳定，易发生水解。当蛋白质完全水解时，可得到大量的各种 α-氨基酸，因而可知蛋白质是由 α-氨基酸结合而成的高分子含氮化合物。根据蛋白质的水解产物可将蛋白质分成两大类。如果水解产物只是氨基酸，则称作单纯蛋白质；如果水解产物除氨基酸外，还有其他物质如糖、色素、酯等，称其为结合蛋白质。

（三）烟草氨、酰胺和胺类

1. 烟草氨

植株中的蛋白质和氨基酸分解代谢产生氨。氨在烟草中含量不高，是总挥发碱的成分之一，其对烟草的品质有负面的影响。烟草在生长发育过程中，植株积累的氨是比较低的，过量的氨会产生氨害。但是在调制过程中由于蛋白质的水解、氨基酸的氧化分解，烟叶中氨的含量逐渐增加。调制初期产生的氨用于合成酰胺而储藏，随着调制过程的进行，烟叶失去生命活力，各种形式的含氮化合物如蛋白质、氨基酸、酰胺、胺类最终的氧化分解均产生氨，烟叶中氨的浓度极大地增加，迅速增加的氨在烟叶中稳定下来。调制期间虽有氨的损失，但是氨的浓度持续增长，说明氨在烟叶中的保留大于挥发作用。调制结束时烤烟烟叶中氨的含量约为 0.019%，白肋烟约为 0.159%，马里兰烟约为 0.130%，香料烟约为 0.105%。在以后的陈化、发酵等加工过程中烟叶内的氨将不断产生，也不断挥发散失。

烟叶中氨的绝对含量虽不大，但它对吸食质量所产生的影响却是很大的。氨具有挥发性，吸烟时受热挥发，氨几乎全部进入烟气中。烟气中含游离态氨过高，产生刺激性和辛辣味，引起吸烟者喉部出现收缩作用，吃味强度大而引起呛咳，口腔和鼻腔有辛辣和难受的感觉，而且产生恶臭味，令人不愉快。氨的浓度大，强烈刺激人的黏膜（如口腔、鼻腔、喉部、肺部的黏膜）而使眼睛流泪，甚至中毒。但是一般认为，氨与其他含氮化合物参与了烟气吃味劲头的形成，烟气中有 70%～80% 的碱性是由氨产生的，因此氨对于调节烟气中质子化/游离态烟碱的比例有重要作用。氨含量愈高，刺激性愈强；氨含量过低，会造成烟气劲头不足，丰满度不够。由此可见，烟气中含适量的氨是必要的，特别是对于糖类和有机酸较多的烟草，烟气酸度较大，氨的存在可以弥补烟气的碱度不足，增加吃味强度，使吸烟者感到烟气既醇和又丰满厚实。国外的一些大烟草公司常用氨含量的多少作为衡量制丝工艺优劣的重要指标。

2. 烟草酰胺

在烟草生长发育过程中，谷氨酰胺和天冬酰胺是主要的酰胺类化合物。它们是氨在烟草植株内的储藏形式。烟气中的酰胺类化合物是中性含氮化合物的一种。烟气中鉴定

出的 $C_2 \sim C_3$ 脂肪酰胺占粒相物质的 0.12%～0.37%，是在燃吸期间生成的，未燃吸的烟叶中从未发现这样多的酰胺。这些酰胺是烟叶燃吸期间硝酸盐产生的中间体氨和甘氨酸衍生的。燃吸期间，烟气中的脂可能部分水解生成酰胺，或者酰胺脱水生成腈。

烟叶中的马来酰胺和琥珀酰胺是烟草打顶后使用的化学抑芽剂马来酰肼的降解产物。

3. 烟草胺类

烟草胺类（尤其仲胺与亚硝酸作用生成的 *N*-亚硝胺）可能是一类引起癌变的物质。

烟叶中的脂肪胺是在调制期间烟叶中的蛋白质、氨基酸通过氧化分解或高温裂解产生的。吸烟时，一部分脂肪胺直接转移到烟气中，烟草在燃吸时发生的热解也产生胺类。烟碱和其他生物碱也可能是低级脂肪胺的来源，因为烟碱的缓和氧化能产生氨、甲胺和其他一些化合物。脂肪胺很容易与亚硝酸盐或氮的氧化物作用生成相应的亚硝胺，尤其是仲胺和叔胺容易与亚硝酸盐或氮的氧化物作用生成具备致癌活性的亚硝胺。大多数芳香胺都是在烟气中发现的，而且都与苯胺有关。

N-取代芳香胺可能是 *N*-亚硝胺的前体，不过，目前烟草和烟气中尚未发现这种特有的亚硝胺。

此外，烟叶中的蛋白质、氨基酸也可能是芳香胺的前体，燃吸热解也可能产生芳香胺，但与脂肪胺不同的是，芳香胺不是由烟碱热解产生的。

（四）其他含氮化合物

1. 硝基化合物

烟草中硝酸盐是燃吸过程中产生硝基化合物的直接来源，烟草中天然存在的碱金属硝酸盐在卷烟燃烧时分解为各种氮的氧化物，这些氧化物与有机基团反应产生硝基化合物。烟气中检测到的硝基化合物见表 3-3。

表 3-3　烟气中的硝基化合物

硝基烷类	含量 / ($\mu g \cdot cig^{-1}$)	硝基苯类	含量 / ($\mu g \cdot cig^{-1}$)	硝基酚类	含量 / ($\mu g \cdot cig^{-1}$)
硝基甲烷	523	4-硝基异丙基苯	5	2-硝基酚	35
硝基乙烷	1080	硝基苯	25	2-硝基-3-甲酚	30
2-硝基丙烷	1080	2-硝基甲苯	21	2-硝基-4-甲酚	90
1-硝基丙烷	728	3-硝基甲苯	10	4-硝基酚	20
1-硝基正丁烷	713			4-硝基儿茶酚	200
1-硝基正戊烷	215				

烟气中的硝基化合物主要来源于烟草中的硝酸盐和亚硝酸盐,烟草中的硝酸盐与烟气中的许多有害物质如氮氧化物、氰化氢、儿茶酚等的生成有关,硝酸盐还是烟气中致癌物质 N-亚硝胺的前体物之一,因此烟草中硝酸盐含量越来越受到关注。

2. 腈和异腈

烟草中的腈类化合物研究得较少,主要研究的是烟气中的腈类化合物,烟气中的腈类化合物主要有氰化氢(HCN),其次是乙腈(CH_3CN)、丙腈(CH_3CH_2CN)、丁腈($CH_3CH_2CH_2CN$)、丙烯腈($CH_2 = CHCN$)。此外,在烟气的冷凝物中已检测出了芳香腈。

硝酸盐是烟气中腈类的前身,烟草蛋白质也是烟气中腈类的重要来源。甘氨酸热解形成的氰化氢要比丙氨酸、亮氨酸和异亮氨酸多。

$$2\ H_2N-CH_2-COOH \longrightarrow \qquad + 2\ H_2O \xrightarrow{-CO} H_2C=NH \longrightarrow HCN$$

甘氨酸 （2,5-吡嗪二酮） 氰化氢

在 900～1000℃时,其他含氮化合物(如吡咯烷)在热解过程中产生的氰化氢也较多。多氨基的酸类同样产生较高量的氰化氢。

3. 含氮农药

烟草生产中使用的含氮抑芽剂、除草剂、杀虫剂等农药,如马来酰肼、二硝基苯胺类、氯化烟酰类(吡虫啉)、硫代烟碱类(噻虫嗪)、酰胺类、硫代氨基甲酸类、脲类、喹啉类等,也是烟草和烟气中含氮化合物的来源之一。一些研究表明,它们除了以其原来形式残留在烟叶中外,还可降解(酶解或热解)生成许多新产物,如氨、胺类、酰胺类、吡啶类、吡咯类、喹啉类等。因此,这些人工使用的含氮制剂对烟草和烟气的化学成分、生物活性及香气吃味品质都有一定影响。

四、烟草生物碱

(一)烟草生物碱的种类

烟草生物碱是在烟草中发现的一类碱性的含氮杂环化合物,是一个特殊的类群,在 60 多个不同种的烟草中发现了近 50 种物质,它们的个别成分也存在于烟草以外的某些植物中。烟草生物碱按照其分子结构主要分为两类:一类是吡啶与吡咯或氢化吡咯相结合的化合物,如烟碱(尼古丁)、降烟碱(去甲基烟碱)、二烯烟碱等;另一类是吡啶环与吡啶或氢化吡啶环相结合的化合物,如假木贼碱、新烟草碱、

2,3′-联吡啶等。其结构式见图3-2。

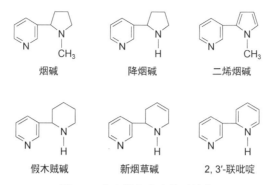

图 3-2　代表性烟草生物碱结构

此外，还有一些特殊结构的生物碱及其衍生物，如：异烟碱、N-氧化烟碱、N′-甲酯基降烟碱、N′-甲酰基降烟碱、N′-乙酰基降烟碱、N′-己酰基降烟碱、N-辛酰基降烟碱、可的宁、N′-甲酯基新烟草碱、N-甲基烟草酮以及烟草灵和新烟草灵等。

在烟草生物碱中，以烟碱最为重要，它占烟草生物碱总量的95%以上，其次是去降烟碱（甲基烟碱）、新烟草碱等。

（二）主要生物碱的结构和性质

1. 烟碱的结构和性质

（1）烟碱的结构

烟碱的英文名称是 nicotine，俗称尼古丁。尼古丁的化学名称为 1-甲基-2-(3-吡啶)吡咯烷。

烟碱是由一个吡啶环和一个氢化吡咯环构成的，属于杂环化合物。去甲基烟碱在结构上比烟碱少一个甲基。假木贼碱是烟碱的同分异构体，是一个吡啶环和一个氢化吡啶环构成的。烟碱和假木贼碱的分子式都是 $C_{10}H_{14}N_2$，去甲基烟碱的分子式是 $C_9H_{12}N_2$。

（2）烟碱的物理性质

纯烟碱在室温下为无色油状液体，沸点 246.1℃，相对密度 $d_4^{20}=1.00925$，具有左旋性；有强烈的刺激性，味辛辣；烟碱易溶于水，并可与水以任意比例混溶；烟碱也能溶于乙醇、乙醚及轻质石油等有机溶剂；烟碱有潮解性，在 60℃ 以下能与水反应生成水合物；烟碱对某一波段的短波光（即紫外线）具有最大吸收能力，并且其吸光度与烟碱的含量成正比。

（3）烟碱的化学性质

① 碱性及成盐作用。由于烟碱结构中的吡啶环和氢化吡咯环均呈碱性，所以烟碱是碱性化合物，能与多种无机酸和有机酸反应生成盐。结合态烟碱大多易溶于水和有机溶剂，在碱性条件下会分解，产生游离态烟碱。游离态烟碱的碱性大于结合态烟碱，并且易挥发。

② 氧化作用。烟碱易被氧化，遇空气或紫外线会自动氧化成烟酸、氧化烟碱、二烯烟碱、甲胺等，变成暗褐色，并发出特殊的臭味。受强氧化剂（如浓 HNO_3、$KMnO_4$ 等）作用则转变为烟酸：

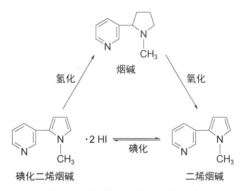

烟酸的羧基中的羟基被氨基取代生成烟酰胺：

烟酸及其酰胺都是复合维生素 B 的成分，又常称为维生素 PP，在医学上能治疗人和动物的癞皮病。烟酰胺是生物体内一些酶（如辅酶 I 和辅酶 II）的组成成分。

在缓和条件下，烟碱氧化变成二烯烟碱，二烯烟碱经碘化后再次氢化又可生成烟碱（见图 3-3）。

图 3-3　烟碱与二烯烟碱的转化

③ 沉淀作用。烟碱在酸性条件下可以与许多试剂反应生成沉淀，能使烟碱沉淀的试剂称为烟碱的沉淀剂。烟碱的沉淀剂很多，如碘-碘化钾、硅钨酸、磷钨酸等。

④ 显色反应。烟碱在酸性条件下与一些试剂发生显色反应，能使烟碱显色的试剂称为生物碱显色试剂，如碘化铋钾可与烟碱反应生成粉红色。

⑤ 烟碱的毒性。烟碱有剧毒，少量可刺激人的中枢神经系统，引起兴奋，大量时（如一次吸入或内服纯烟碱达 40 mg 以上）可致死。各种脂肪酸与烟碱形成的盐溶于水后均有杀虫活性，并且游离烟碱（左旋性）杀虫活性比烟碱的盐（右旋性）强，烟碱溶液的碱性对动物或昆虫的毒性大于中性溶液，中性溶液大于酸性溶液。

⑥ 烟碱的挥发性。烟碱用水蒸气蒸馏时很稳定。在常温下烟碱的挥发性并不强；生长期的高温季节，烟碱能从成熟烟叶"蒸发"。烟碱在碱性溶液中不仅易挥发出蒸汽，对昆虫产生熏蒸杀灭作用，而且也容易渗入虫体。烟叶在加工过程中受高温和水分蒸发的作用，使得烟碱不断挥发散失，从而也达到了去除杂气、醇和烟味的目的。

⑦ 烟碱的降解。烟碱比较容易被降解，在不同条件下烟碱的降解产物不同。烟草在陈化和发酵时，酶的作用和非酶反应可在某种程度上造成烟碱的降解转化。Frankenburg 等人对生物碱降解做了深入的研究。宾夕法尼亚雪茄芯叶在陈化和发酵时，烟碱含量显著降低，同时增加了烟酸、麦斯明、3-吡啶基甲基酮、2,3′-联吡啶、氧化烟碱、3-吡啶基丙酮、烟酰胺、N-甲基烟酰胺和可的宁等烟碱转化产物。烟碱也可被微生物和细菌的酶降解。能利用烟碱作为碳源、氮源的微生物单体不仅可从土壤中获得，也可得自烟草、空气和烟草薄片。

⑧ 烟碱的稳定性。国际烟草合作研究中心（CORESTA）研究了各种储存条件对烟碱降解的影响。结果表明，在储存过程中，高纯度烟碱降解缓慢。例如，将纯度为99%的烟碱储存于冰箱中 18 个月，纯度降为97%，经测定主要降解产物是可的宁和麦斯明，实验中测到的最大纯度降低值为1%，且对烟碱的测定结果影响较小。另外，水是储存过程中的主要影响物质，其含量大约为 1%。在校正了水分之后，硅钨酸对纯度高于96%的烟碱可得到最佳测定值。即在这个纯度下，降解产物的干扰可以忽略不计。

2. 其他烟草生物碱的结构和性质

鉴于同科或同属植物所含化合物的生物遗传相似性，烟草中的其他生物碱与烟碱存在一些共有的基本性质，如表 3-4 所示。

表 3-4　烟草生物碱的名称、性质、结构式及来源

名称	结构式	沸点/℃	相对密度	蒸气蒸馏	苦味酸烟的熔点/℃	主要来源
二烯烟碱		273	—	挥发	164	烟草（雪茄烟种）
降烟碱		270～271	—	微挥发	188～190	白花烟草

名称	结构式	沸点/℃	相对密度	蒸气蒸馏	苦味酸烟的熔点/℃	主要来源
烟草碱		266~267	1.0778	不挥发	—	烟草
烟草灵	$C_5H_{11}N$	147~148	—	—	—	烟草
麦斯明	$C_9H_{10}N_2$	45	—	—	—	烟草
新烟草碱		145~146	1.0910	—	191~193	烟草
假木贼碱		276	1.0455	微挥发	104~105	无叶假木贼 灰粉烟草
吡啶		106	—	—	—	烟草
吡咯烷		88	—	—	—	—

五、烟草香味物质

据报道，截至 2008 年 12 月，在烟叶和烟气中已发现 8622 种物质，其中对烟草香味有影响的物质接近一半。随着化学分析工作的深入，将陆续揭示更多致香物质。烟草有机酸、酚类、脂质类、甾醇类和萜类化合物，不仅本身对烟草香味有重要影响，而且它们的转化、降解产物也多是致香成分。杂环类化合物大多是由相关物质转化而来，是一类特殊致香物质。对于醇类、酯类、内酯和羰基化合物，由于它们和烃类等物质相关联，仅作简单介绍。

（一）烟草有机酸

有机酸广泛存在于烟草中，对烟草生长过程中的生理代谢起重要作用。许多有机酸及其衍生物是烟草香味的主要成分，直接影响烟叶及烟草制品的品质。

1. 烟草中主要有机酸的种类

烟草中积累有多种有机酸，烟叶有机酸含量一般为干重的 12%～16%，鲜烟叶中有机酸含量约占 2.1%～2.4%。已发现烟草中的有机酸达 450 多种，在烟气中含有 269 种，两者中共同含有 140 种。这些有机酸按照结构可分为直链和支链的脂肪酸、脂环酸、芳香酸、羟基酸、多元酸、杂环类及萜烯类酸等。研究工作中，按照挥发性又常把有机酸分为挥发性酸、半挥发性酸和非挥发性酸。C_{10} 及以下的酸均为挥发性酸，乙酸和甲酸是烟叶中主要的挥发性酸，此外还有丙酸、苯甲酸、α-呋喃酸、α-甲基丁酸、异戊酸、β-甲基戊酸等。半挥发性酸一般是指 C_{10} 以上的酸，为生成油脂的高级脂肪酸，以 C_{18} 酸含量较多，C_{16} 酸次之。主要的非挥发性酸有柠檬酸、苹果酸和草酸，次要的有羟基乙酸、琥珀酸、丙二酸、延胡索酸和丙酮酸。

2. 烟草中主要有机酸的存在状态

烟草中有机酸大多数与钾、镁、钙等结合成盐，一部分与生物碱结合成盐，少部分以游离态存在。研究中所谓烟叶中的酸性组分指的是烟叶中挥发性、半挥发性酸性成分的含量，为酸性成分的游离态部分或游离态酸与结合态酸的总和。分析烟叶中挥发性、半挥发性酸性成分的含量并弄清它们的存在状态，有利于提高加香加料技术以及烟叶和烟草制品的品质。除草酸钙是难溶性的以外，其他有机酸或有机酸盐大多数都是可溶性的。

（二）烟草酚类化合物

酚类化合物广泛存在于各种植物（包括海洋植物和微生物）中，是一大类植物次生物质。烟草酚类化合物与烟株自身多种生理功能相关，有些甚至有自毒作用。但在活体组织中，酚类化合物几乎全部以糖苷和酯的形式存在，糖苷和水解酶共存于烟株同一器官的不同细胞中，二者难以接触。当它们与糖结合形成糖苷则不具有或显著降低其生物活性，随着对烟草酚类化合物的结构和性质的研究及反应活性的初步揭示，人们不仅认识到酚类化合物是保证烟草产量和质量的重要因素，而且是烟草化学防御机制中的有效物质。

1. 苯酚和苯甲酚

苯甲酚有邻、间、对三种异构体，其化学结构如图 3-4 所示。

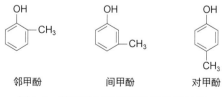

邻甲酚　　　　　间甲酚　　　　　对甲酚

图 3-4　苯甲酚三种异构体的化学结构

2. 苯二酚类

苯二酚有邻、间、对三种异构体。此外还有邻苯二酚的衍生物愈创木酚、丁香酚、异丁香酚等。这些酚类可由酸提取液中蒸馏出来，存在于烟草香精油和树脂类物质中，对烟草香味有利，其化学结构如图3-5所示。

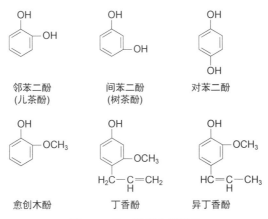

图3-5　苯二酚类化学结构

3. 酚酸类

这一类主要是肉桂酸的衍生物，包括香豆酸、咖啡酸、阿魏酸等。其化学结构如图3-6所示。

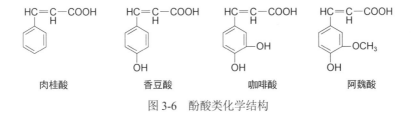

图3-6　酚酸类化学结构

4. 羟基化的环己烷类

已经发现烟草中有环己六醇，它是单糖的同分异构体。一般认为环己六醇是由单糖转变成多酚的中间物质，环己六醇很容易生成多酚类，如奎尼酸、莽草酸等。其化学结构如图3-7所示。

5. 香豆素类

这一类为香豆素的衍生物，包括七叶亭、莨菪亭、莨菪灵等。其化学结构如

图 3-8 所示。

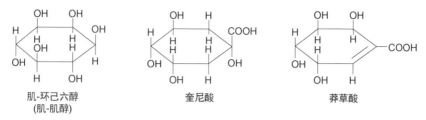

肌-环己六醇
(肌-肌醇)

奎尼酸

莽草酸

图 3-7 羟基化环己烷类化学结构

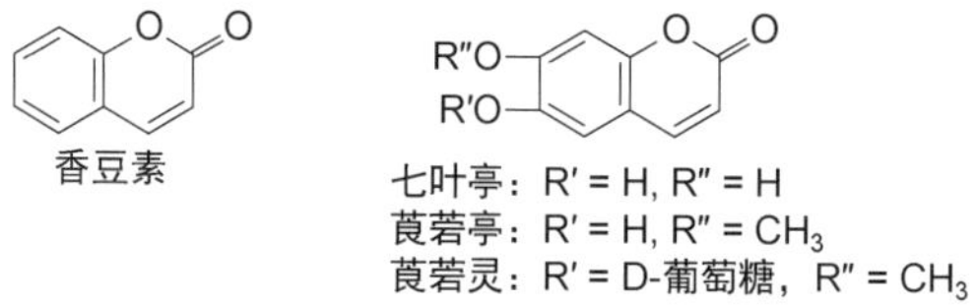

香豆素

七叶亭：R′ = H, R″ = H
莨菪亭：R′ = H, R″ = CH₃
莨菪灵：R′ = D-葡萄糖，R″ = CH₃

图 3-8 香豆素及其衍生物化学结构

6. 咖啡单宁类

绿原酸是咖啡酸和奎尼酸的二缩酯，是烟草中唯一的单宁类化合物，也称咖啡单宁，其化学结构如图 3-9 所示。

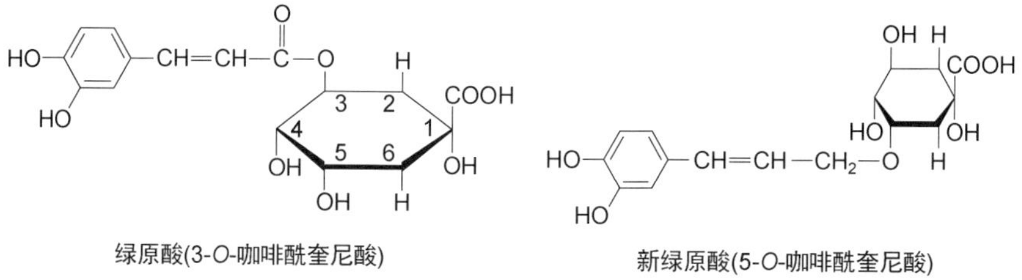

绿原酸(3-O-咖啡酰奎尼酸)

新绿原酸(5-O-咖啡酰奎尼酸)

图 3-9 绿原酸和新绿原酸化学结构

7. 黄酮类

烟草中已发现黄酮类化合物包括芸香苷、异栎苷和莰非醇基（4′,5,7-三羟基黄酮醇）-3-芸香糖苷，这些苷的非糖部分是黄酮类，糖的部分主要有鼠李糖、葡萄糖、芸香糖［β-鼠李糖（1→6）葡萄糖］等。其化学结构如图 3-10 所示。

（三）烟草脂类化合物

烟草脂类化合物，常用石油醚提取后进行研究，但烟草石油醚提取物中除脂类外，还有许多其他低分子化合物。

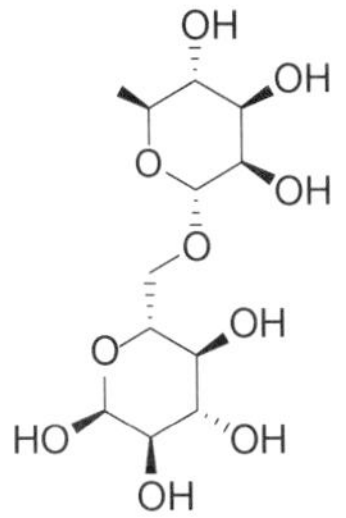

芸香糖

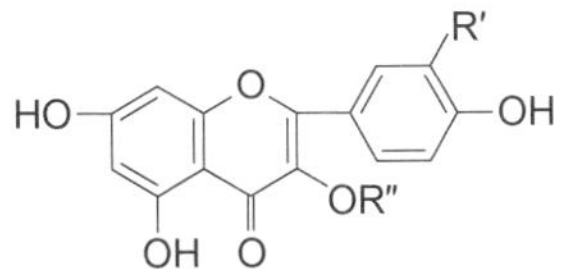

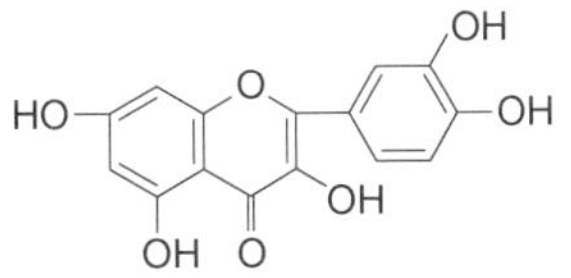

槲皮鼠李苷：R′ = OH, R″ = L-鼠李糖
芸香苷(芦宁)：R′ = OH, R″ = 芸香糖
异栎苷：R′ = OH, R″ = D-葡萄糖
荍菲醇基-3-芸香糖苷：R′ = H, R″ = 芸香糖

槲皮素

图 3-10　烟草黄酮类化合物结构

石油醚提取物用水蒸气蒸馏可以得到两大类物质，一类是挥发油成分，包含大量低分子的烃类、醇类、酸类、酚类、醛类、酮类、酯类、低分子萜类等。另一类是高分子的脂类，包括油脂、类脂、甾醇、萜类等。

（四）烟草甾醇类化合物

甾醇类为甾体的羟基衍生物，由于它们含有羟基，与一般醇类的差别在于具有熔点范围为 100～200℃ 的晶状固体化合物，所以又称固醇。这一类化合物的特点是，它们的分子中都具有一个环戊烷并多氢菲的骨架，并且一般都含有 3 个侧链；C-10 和 C-13 位置上通常是甲基（有时是伯羟基或醛基），C-17 位置上连接的是氢或烃基。图 3-11 表示这类化合物的基本结构骨架、环上碳原子的编号以及侧链所在的位置。

菲　　　　　环戊烷并多氢菲　　　　　甾体

图 3-11　甾醇类化合物的基本结构骨架及原子编号

烟草甾醇中主要有豆甾醇、谷甾醇、菜籽甾醇、胆甾醇和较少的麦角甾醇等,其结构如图 3-12 所示。

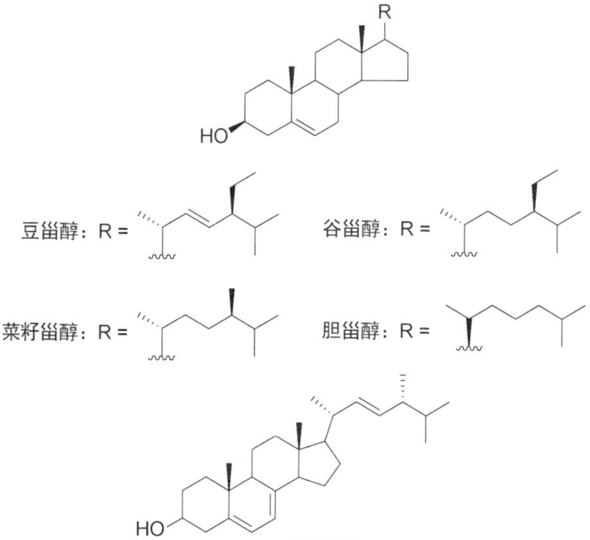

图 3-12　烟草中主要甾醇类化合物的结构

胆甾醇酯和菜籽甾醇酯也可能对烟叶的香味有重要作用。

(五)烟草萜类化合物

1. 烟草中的萜类化合物

(1)单萜

烟草主要的单环萜有苧、薄荷醇、薄荷酮、麝香草酚等。苧是无色液体,有柠檬香味,薄荷醇有芳香、清凉的气味。

(2)倍半萜

烟草中倍半萜有橙花叔醇、金合欢醇、柏木醇等,其中主要的是金合欢醇,又称法尼醇或法尼烯。金合欢醇为无色黏稠液体,有微弱的花香气。

(3)二萜

烟草叶绿素分子中的长链脂肪醇(叶绿醇),类胡萝卜素合成和降解的中间产物维生素 A,都是二萜醇类化合物。叶绿醇还是合成维生素 K 和维生素 E 的原料。其他化合物(如香叶基芳樟醇、香紫苏醇等)的存在对烟草香料制品的香气往往起重要作用。

烟草中重要的二萜化合物还有新植二烯、西柏烷类和赖百当类。

新植二烯：

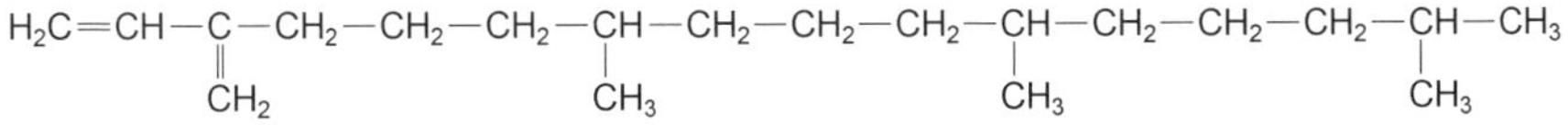

4,8,13-西柏三烯-1,3-二醇

4,8,13-西柏三烯-1-醇

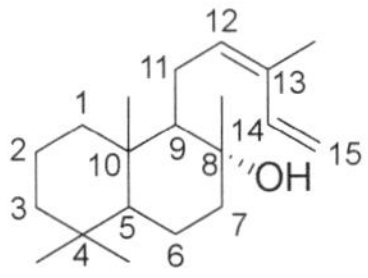

顺-冷杉醇

(13E)-赖百当烯-8α,15-二醇

角鲨烯

新植二烯能增进烟叶的吃味和香气，有一种弱的令人愉快的气味。它又可通过降解转化成致香成分。

西柏烷类：一般红花烟草的所有类型都含有西柏烷类萜醇，经鉴定，含量高的主要有 α-4,8,13-西柏三烯-1,3-二醇，其次是 β-4,8,13-西柏三烯-1,3-二醇，二者比例接近 3∶1。另外还有 4,8,13-西柏三烯-1-醇。

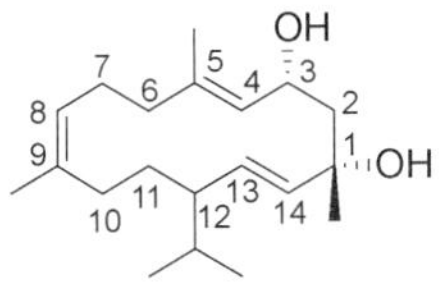

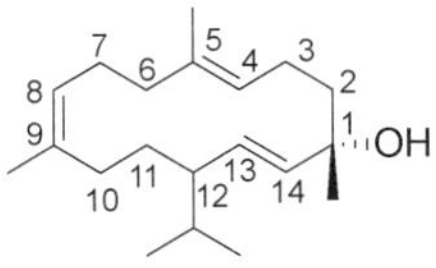

西柏三烯二醇具有热不稳定性，几乎不会直接转移到烟气中，其热解产物西柏烷羟醚、降酮类和降醛类具有香味。

赖百当类：主要的赖百当类萜醇有顺-冷杉醇（cis-abienol）和(13E)-赖百当烯-8α,15-二醇。

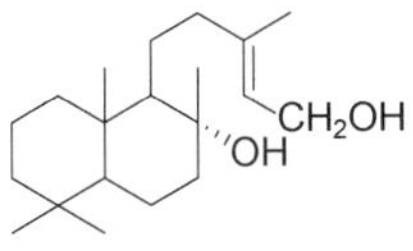

经过调制和醇化，90%的冷杉醇和赖百当烯二醇发生氧化、降解，转化成多种赖百当类化合物。

（4）三萜

三萜是 6 个异戊二烯单元相连而成的萜类化合物。角鲨烯（sqalene）是烟草三萜中的主要化合物，它的分子中双键全是反式的：

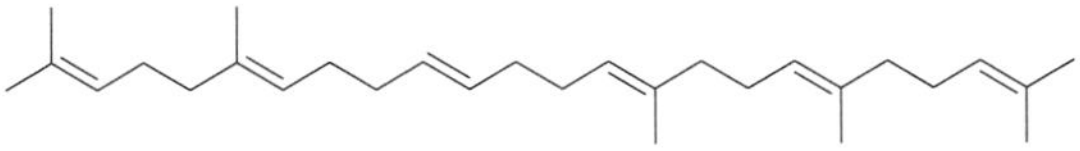

（5）四萜

四萜是含有 8 个异戊二烯单元的化合物。类胡萝卜素是四萜中的主要化合物，茄尼醇是烟草中萜烯类的典型，经燃吸后仍有一部分直接进入烟气，烟气中还有乙酸茄尼醇酯和茄尼烯等化合物。

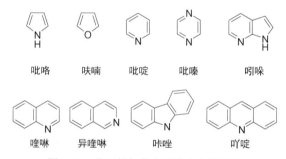

挥发性的低相对分子质量萜类和高相对分子质量萜类分别是烟草挥发油和树脂的主要成分，而挥发油通常存在于烟草的油腺腺毛或烟草空洞组织的树脂中。

2. 萜类化合物对烟质的影响

烟草中萜类化合物有些是烟草重要的香味化合物和香味的提供者，有些是特定烟草类型中的特殊香味成分。对增进卷烟香气和吃味非常有效。

（六）烟草杂环类化合物

1. 烟草中的杂环化合物

烟草和烟气中存在各种杂环化合物，其中有五元环和六元环化合物，除单环外还有稠环化合物。常见的有吡咯、呋喃、吡啶、吡嗪及其衍生物，吲哚，喹啉，咔唑、吖啶及其衍生物。其母体结构式如图 3-13 所示。

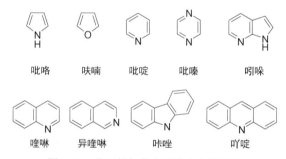

图 3-13　常见的烟草杂环类化合物结构

（1）吡咯类

烟叶中的吡咯类化合物很可能是在棕色化反应时通过 Amadori 重排产生的，并在吸烟时可能部分转移到烟气中。烟气中吡咯类的种类要比烟叶中多得多。烟气中已鉴定出吡咯类化合物 88 种，包括吡咯、*N*-取代吡咯和 *C*-取代吡咯，取代基有烷基、酰基、氰基、酯基等。这说明烟气中的吡咯及其衍生物是在燃吸过程中新生的。据报道，酪素、胶原和脯氨酸都可能是吡咯类化合物的前体。

（2）吡啶类

维生素 PP 和维生素 B_6 是烟草活体内吡啶的重要衍生物。

维生素 PP 包括烟酸和烟酰胺，均属 B 族维生素。二者生理作用相同，参与机体的氧化-还原过程，促进组织新陈代谢。它们都是白色结晶，能溶于热水和乙醇，对酸、碱、光和热都较稳定。

维生素 B$_6$ 又称吡哆素，包括吡哆醇、吡哆醛和吡哆胺。维生素 B$_6$ 为无色结晶，易溶于水和乙醇，耐热，在酸和碱中较稳定，易被光所破坏，是维持蛋白质正常代谢的维生素。

烟叶和烟气中的吡啶类化合物含量都很丰富，已鉴定出烟叶中有 63 种、烟气中有 324 种吡啶及其衍生物。大多数为 β 位取代吡啶，取代基有烷基、乙烯基、酰基、羟基、氰基和羧基等。

（3）呋喃类

呋喃为无色有特殊气味的液体，沸点 32℃，不溶于水而溶于乙醇、乙醚等，容易被氧化和被还原。烟草中 α-呋喃甲醛是呋喃的重要衍生物之一，俗名糠醛，呋喃类的衍生物还有呋喃酮类。

（4）吡嗪

烟草和烟气中存在多种吡嗪类化合物，已鉴定出烟叶中有 21 种，烟气中有 55 种。其中二取代和三取代吡嗪较多，还有一些一取代和四取代吡嗪。取代基一般为甲基、乙基、异丙基、乙烯基、乙酰基等。

（5）稠环类

烟草和烟气中的含氮稠环化合物均属二环、三环和五环稠合体，大部分是在烟气中发现，烟气中含量最多的是吲哚类和咔唑类及其衍生物。另外，在烟气中还发现喹啉及其衍生物以及二苯并[a,h]吖啶和二苯并[a,j]吖啶等稠环化合物。吲哚浓度极低时具有类似茉莉的香气。

2. 杂环类化合物对烟质的影响

吡咯类对烟质的影响：吡咯类化合物具有甜香、坚果香和焦糖香，可增加坚果香、烘烤香、木香特征和甜香、樱桃香韵。常见的吡咯类化合物对烟气香味的影响见表3-5。

表 3-5　吡咯类化合物对烟气香味的影响

吡咯类	烟气香味
N-甲基-2-甲酰基吡咯	甜香、樱桃香，增加体香
2-乙酰基吡咯	甜香、柔和
2-乙酰基吡咯	花香、清香、酒香
5-甲基-2-甲吡咯	樱桃香，增加丰满度
2-乙酰基-5-甲基吡咯	甜香、樱桃香
2-乙酰基吡咯	兰香、清香、酒香

吡啶类化合物对烟质的影响：吡啶类化合物对抽吸余味有部分影响，这种影响可能是它们与呋喃酮和环戊烯酮协同作用的结果，进而降低了这些甜的焦糖化合物的甜焦糖味。

呋喃类化合物对烟质的影响：烟气中呋喃酮类有 2-呋喃酮及其异构体，可提供卷烟香气中的甜烤香、焦木香、焦糖香。

（七）烟草醇类化合物

烟草中的脂肪醇主要有甲醇、乙醇、$C_3 \sim C_{10}$ 和 $C_{17} \sim C_{23}$ 饱和正构醇，支链醇有 2-甲基丁醇、3-甲基戊醇及 4-甲基戊醇等。脂环醇主要有糠醇、环己六醇（肌醇）。芳香醇主要有苯甲醇、苯乙醇。另外还有多元醇类（如二甘醇、三甘醇、丙二醇、丙三醇）和其他多种醇类。

烤烟的挥发油中最重要的致香化合物是苯甲醇和苯乙醇，这两种芳香醇给烟气以香味。醇类分子结构中的羟基是强的致香基团，但羟基数增加会使香气变弱，芳香醇比脂肪醇的香气强，比氧化芳香醇的香气强得多。高级脂肪醇和萜醇是烟草香气物质的前体，在烟叶加工过程中降解为一系列小分子香气成分，是烟草和烟气香气的重要来源。

（八）烟草酯类和内酯类化合物

烟草中的内酯种类也较多，主要的有丁烯羟酸内酯、香豆素、丁烷内酯、戊烷内酯、二氢猕猴桃内酯、四氢猕猴桃内酯等。烟草中还有微量茉莉内酯、月下香内酯。

酯类分子结构中的 $-\overset{\overset{\text{O}}{\|}}{\text{C}}\text{R}$ 是致香基团，它们具有甜味、水果香味或酒香味，与烟香尤其烤烟香气协调，常作为烟草的加香原料。高级脂肪酸（棕榈酸、硬脂酸、油酸、亚油酸和亚麻酸）的甲酯和乙酯具有脂肪味、蜡味，使烟气变得醇和。

内酯类分子结构中的 $-\overset{\overset{\text{O}}{\|}}{\text{C}}-\text{O}-\text{C}$ 是致香基团。它们中的丁烯羟酸内酯是重要的致香因子。在所有脂肪族烷内酯中，γ-癸烷内酯最为重要，具有椰子、桃、杏以及热牛奶的香气。一些不饱和内酯散发出一种似芹菜的非常强烈的气味，是构成嗅觉效果的有效因素。二氢猕猴桃内酯在吸食烟草时可起到消除刺激的作用。

酯类比酸、醇具有更浓的芳香。内酯虽然与酯的结构相近，香气也相近，但当内酯环变大时，香气将增强。

（九）烟草羰基类化合物

1. 烟草中的醛和酮

烟草中主要的醛类和酮类化合物见表 3-6。

表 3-6　烟草中主要的醛类和酮类化合物

化学名称		结构式
醛类	甲醛	HCHO
	乙醛	CH_3CHO
	丙醛	CH_3CH_2CHO
	丁醛	$CH_3CH_2CH_2CHO$
	异丁醛	CH_3CHCHO 丨 CH_3
	戊醛	$CH_3CH_2CH_2CH_2CHO$
	异戊醛	CH_3CHCH_2CHO 丨 CH_3
	丙烯醛	$CH_2{=}CHCHO$
	丁烯醛（巴豆醛）	$CH_3CH{=}CHCHO$
	二羟基丙烯醛	$HO{-}CH{=}C(OH){-}CHO$
	甲基乙二醛（丙酮醛）	$H_3C{-}\underset{\underset{O}{\|}}{C}{-}CHO$
	丙酮二醛	$OHC{-}\underset{\underset{O}{\|}}{C}{-}CHO$
	羟基乙醛	$\underset{\underset{OH}{\|}}{CH_2}CHO$
	糠醛	
	5-甲基糠醛	$H_3C{-}$$-CHO$
	5-羟甲基糠醛	$HOH_2C{-}$$-CHO$
	苯甲醛	$-CHO$
	茴香醛	$CH_3O{-}$$-CHO$
	甲基苯甲醛	$CH_3O{-}$$-CHO$ 丨 CH_3
酮类	丙酮	$CH_3{-}\underset{\underset{O}{\|}}{C}{-}CHO$
	2-丁酮	$CH_3{-}\underset{\underset{O}{\|}}{C}{-}CH_2CH_3$
	2-戊酮	$CH_3{-}\underset{\underset{O}{\|}}{C}{-}CH_2CH_2CH_3$

化学名称	结构式
4-甲基-2-戊酮	$CH_3-\overset{\underset{\|}{O}}{C}-CH_2-\underset{\underset{CH_3}{\|}}{C}HCH_3$
α-乙酰吡咯	(吡咯环-2位连接 $\overset{\underset{\|}{O}}{C}-CH_3$,环上N—H)
4-甲基-苯乙酮	CH_3-(苯环)$-\overset{\underset{\|}{O}}{C}-CH_3$
4-甲基-5-异丙基苯乙酮	(苯环上连 CH_3、$\overset{\underset{\|}{O}}{C}-CH_3$ 及 $CH_3-CH-CH_3$ 异丙基)
6-甲基-2-庚烯-5-酮	$CH_3CH=CHCH_2-\overset{\underset{\|}{O}}{C}-\underset{\underset{CH_3}{\|}}{C}H-CH_3$
2,6-二甲基-2,6-十一碳二烯-10-酮	$CH_3-\underset{\underset{CH_3}{\|}}{C}=CH-CH_2-CH_2-\underset{\underset{CH_3}{\|}}{C}=CH-CH_2-CH_2-\overset{\underset{\|}{O}}{C}-CH_3$

(左侧合并单元格:酮类)

2. 醛和酮对烟质的影响

烟草羰基化合物是烟叶精油主要的成分之一,醛、酮分子结构中的羰基是致香基团,许多是重要的致香物质。具有不饱和结构的无论是直链还是环状化合物都具有优美香气。

六、烟草矿物质元素

(一)烟草的元素组成

烟草在生长过程中,为了满足正常的营养需要,除了不断从周围环境中吸收 CO_2 和水以获得碳、氢、氧以外,还要从土壤中吸收矿物质元素来维持正常的生命活动。分析烟草植物体的元素组成,除碳、氢、氧、氯以外,研究得比较多的有 43 种主要的元素,如磷(P)、钾(K)、钙(Ca)、镁(Mg)、硫(S)、铁(Fe)、锰(Mn)、钼(Mo)、铜(Cu)、硼(B)、溴(Br)、镉(Cd)、锌(Zn)、氯(Cl)、砷(As)、氟(F)、碘(I)、汞(Hg)、硒(Se)、硅(Si)、铝(Al)、钡(Ba)、铯(Cs)、铬(Cr)、钴(Co)、铅(Pb)、锂(Li)、镍(Ni)、铂(Pt)、钋(Po)、镭(Ra)、铷(Rb)、金(Au)、银(Ag)、钠(Na)、锶(Sr)、铊(Tl)、锡(Sn)、钛(Ti)、钒(V)、铀(U)、锑(Sb)、铋(Bi)。

（二）烟草灰分

1. 烟草灰分的概念

烟草燃烧时，各种有机物发生蒸馏、热解、燃烧等反应，大都分解形成烟气而散去，剩余的就是一些矿物质元素形成的灰分。灰分中的主要元素有钾、钙、镁、磷、硫、氯、硅、铝、铁等。

烟草灰分元素一般不直接影响烟叶的吸食质量。灰分含量越高，相应的有机成分含量越低，有利于吸食质量的成分也就越少，因此，灰分含量越高，烟叶品质越差。

2. 矿物质元素对烟草燃烧性的影响

烟草燃烧性受各种矿物质元素含量及其比例关系的影响较大。一般说来，钾含量与燃烧性呈正相关。钙和镁能控制燃烧达到完全程度并改变灰分的颜色使之发白。氯和硫被认为是阻燃因素。在影响燃烧性的矿物质元素中，钾和氯的影响最为显著，优质烤烟钾含量应>2%，氯含量应<1.0%。钾/氯比值>1时烟叶不熄火，比值>2时燃烧性好。

第二节　烟叶化学成分与烟叶品质的关系

一、烟叶化学指标与品质的关系

多年来，烟叶质量的评定主要通过外观性状和感官评吸来进行，这不仅给烟叶质量的评定带来了主观差异，而且由于评吸花费较大，时间较长，给烟叶质量评定的准确性和涉及范围带来一定困难。为此，我国参照国外经验，提出了优质烟的化学成分指标，通过烟叶内在化学成分的含量及其协调性来判断烟叶质量的高低，使烟叶的质量评定更具科学性和准确性。通过一系列的科学实验和生产探索，这一工作已获得较大进展，对烟草中化学成分提出了一些检测指标，其中部分指标成为烟草的常规检测化学指标。

（一）总植物碱

烟草植物碱中以烟碱最为重要，约占烟草生物碱总量的95%以上。因此烟草常规化学指标中的总植物碱检测方法中，其含量以烟碱计。烟碱是一种剧毒物质，人体吸食一次量达 40 mL 时有致命的危险。它主要是作用于中枢神经，使人心脏加快跳动。吸入量过多时，使人头痛头晕，恶心呕吐，出冷汗，意识模糊等。吸醉烟比喝醉酒还要难受，往往要 2～3 天才能恢复过来。不过烟碱的毒性不是积累性的，随人体的代谢排出体外后，不留余毒。摄入适量的烟碱可以提神，使兴奋、精神振作，消除紧张状态等。这是因为烟碱具有兴奋大脑神经的生理作用。内在质量好的烟叶及烟制品含有适量的烟碱，将给吸烟者以适当强度的生理刺激和好的香气与吃味。烤烟烟碱含量范围为 1.5%～3.5%。小于 1%，劲头不足；大于 3.5%，劲头太强；最适宜烟碱含量为 2.5%左右。白肋烟的含量范围为 2.0%～4.0%，最适含量为 3.0%。若烟碱含量过低，则劲头小，吸食淡而无味。若烟碱含量过高则劲头大，刺激性强，产生辛辣味。烟碱含量还要与其他类型化合物保持协调比例，才能产生好的综合质量。水溶性糖与烟碱的比例常用来评价烟质的劲头和舒适程度。因此，总植物碱含量是衡量烟草品质好坏的重要化学指标，是烟草化学分析的重要项目之一。

（二）水溶性糖

水溶性糖是指能溶于水的糖，主要包括单糖中的葡萄糖、果糖和低聚糖中的蔗糖、麦芽糖等。经过调制后的烟叶所含水溶性糖特别是其中的单糖的含量是决定烟叶品质的主要成分。水溶性糖含量高的烟叶比较柔软，富有弹性，色泽鲜亮，耐压而不易破碎。水溶性糖，特别是其中的还原性糖，在烟支燃吸时一方面能发生酸性反应，抑制烟气中碱性物质的碱性，使烟气的酸碱平衡适度，降低刺激性，产生令人满意的吃味；另一方面烟叶在加热及烟支燃吸过程中，糖类是形成香气物质的重要前提，当温度在 300℃以上时，水溶性糖可单独热解形成多种香气物质，其中最重要的有呋喃衍生物、简单的酮类和醛类等羰基化合物。糖类与氨基酸经过美拉德反应能形成多种香气物质，产生令人愉快的香气，掩盖其他物质产生的杂气。化学分析表明，随着烟叶商品等级的提高，其含糖量是增加的。水溶性糖在一定范围内是有利的，能增加烟叶的香气，改善吃味，降低由于蛋白质燃烧产生的不良气味及烟气的刺激性，还能减少因外来压力而造成的烟叶破碎。不过含糖过高时，意味着烟叶成熟度不够，会使烟草的吸食味道变坏，一方面使吃味变淡，一方面使吸食强度变弱，同时对烟叶的燃烧性也产生不良影响，使烟叶的阴燃性变差、差焦油量增加。烤烟的还原糖适宜含量范围为 5.0%～25.0%，最适含量为 15%左右。白肋烟和香料烟的含糖量以低者为宜。因此，水溶性总糖和还原糖的含量被认为是体现烟草优良品质的指标，是烟草化学分析的重要项目之一。

（三）总氮

烟草中含氮化合物包括蛋白质、游离氨基酸、烟碱和硝酸盐等。含氮化合物在燃吸过程中形成的烟气显碱性，给人以辣、刺、苦的感觉。为了使烟气吃味醇和，无辣、刺、苦的感觉，应保持烟气酸碱适度，必须使烟丝中的糖氮比合适。糖在燃吸中形成酸性的烟气，二者比例适度才能使烟气有较好的品质。此外吸烟能使人兴奋提神，其主要作用物就是生物碱。生物碱既是吸烟产生生理强度的物质，又是一种有毒的物质。根据人们吸烟习惯的要求，应将其控制在一定范围内。含量过高烟气强度大，吸食者难以接受；含量过低，烟气强度弱，不能满足要求。蛋白质在烟支燃吸过程中既能产生辣、苦和烧鸡毛的怪味，也能产生许多有香味的物质。特别是它的降解物在与糖的棕色化反应中形成的许多香味物质，是烟草中不可少的物质。各种不同的含氮化合物对烟草品质都有不同的影响。总之，含氮化合物对烟草品质既有有利的一面，又有有害的一面，它们是烟草不可缺少的物质。它们的含量既不能过多，也不能缺少，只有维持一定的量或比例才能使烟气有较好的品质。烤烟的总氮含量范围为 1.5%～3.5%，最适含量为 2.5%。白肋烟的总氮含量范围为 2.0%～4.0%，最适含量为 3.0%。总氮是烟草化学分析的常规检测项目之一。

（四）氯

氯是一种比较特殊的营养元素，从烤烟的营养需要看，它属于微量元素，但是从烤烟体内氯的含量看，它达到了大、中量营养元素水平。如果以含量多少来分类，氯应划入大量元素的范畴。氯是烟草生长必需的营养元素，在烟草体内又担负着一定的生理功能，如参与光合作用、调节细胞渗透压、维持体内离子平衡等。氯参与光合作用中释放氧的反应，能增强细胞膨压而提高抗寒抗旱性。烟中含有的少量氯对烟叶的弹性、膨胀性和吸湿性等物理性质有良好的作用。但烟叶的含氯量过多会影响叶片内的碳水化合物分解，叶片发生淀粉不正常的积累，鲜叶叶色浓绿、肥厚，田间落黄成熟迟缓，甚至不落黄；同时烟草是忌氯作物。当烟叶中氯含量超过 1%时，会影响碳水化合物代谢，引起淀粉积累，使叶片变得肥厚，这种叶片在烘烤过程中脱水慢，淀粉降解为糖的生化过程不良，叶绿素不能及时分解，烘烤后色泽暗淡，叶面呈暗灰至暗绿色，主、支脉呈灰白色，烟叶吸湿性强使其燃烧性受到很大的影响，阴燃时间短，持火力差，易熄火。烟叶中氯离子含量一般为 0.4%～0.6%，超过 0.6%，其吸湿性增加；低于 0.4%，出丝率会受到影响。据 2000 年全国烟叶质量抽检结果，我国大部分烟叶氯离子的含量在 0.1%～0.2%，低于其正常值的下限，在一定程度上影响了烟叶的质量。所以氯元素对于烟株的生长发育具有重要的作用。不同部位烟叶的氯含量不同，不同烟区烟叶的氯含量也有差异。

烟叶氯量可达干重的 10%，含氯量太高是市场上烟叶品质差的主要因素之一。随着卷烟中氯离子含量的增高，卷烟烟支燃烧性会变差，燃烧速率降低，从而使烟支抽吸次数增加，不利于卷烟烟支的减害降焦，更为严重的会导致烟支在燃烧过程中熄火，吸食时稍带有海藻般腥味，直接影响消费者吸食的体验感。

当卷烟原料烟叶中含氯量不足时，烟叶身份偏薄，内含物不足，弹性差、易破碎、切丝率较低。烟草中正常氯含量范围应为 0.3%～0.8%。

烟叶原料和烟草制品中氯离子的含量对卷烟整体质量都有一定的影响。国内烟叶原料氯离子含量对卷烟的影响总结如下：氯离子在烟叶中含量的高低直接影响烟草的燃烧性。含量在 1% 以下可使烟草柔软减少破碎；超过 1% 则燃烧性较差；氯离子达到 1.5% 以上时烟草就熄火。烟叶含氯量过高或过低对烟叶品质均有不良影响。准确检测烟草中氯离子的含量对烟草加工制品质量把控具有一定的指导作用。

（五）钾

烟叶中的矿物质种类繁多，一般含量为 10% 上下，烟株下部烟叶含量较高，其中钾离子是对烟草影响较大的重要元素之一。钾元素以离子状态存在于烟草体内细胞中或吸附在有机体表面，在体内移动性较强。钾能激活多种酶，能加强碳水化合物的合成和运输，能调节渗透浓度，提高烟株抗旱抗寒能力，增强抗病虫能力。因此烟有"喜钾作物"之称。

钾是影响烟叶品质的重要元素之一，与烟叶的燃烧性、香吃味（香气和吃味）及烟草制品安全性有关。大量实验证明，钾能提高烟叶外观和内在品质。含钾高的烟叶色泽呈深橘黄色，香气足，吃味好，富有弹性和韧性，填充性强，阴燃持火力和燃烧好，烟灰也好。钾还能降低焦油和一氧化碳等有害成分的含量，因此，钾对烟叶质量和可用性都是有利因素。

烟草对钾的需求量较大，烟草含钾量低是我国烟叶与世界优质烟叶存在差距的原因之一。我国烟叶含钾量一般不超过 2.5%，而美国等国家的优质烟叶含钾量高达 4%～6%。烟草吸钾量约为吸氮量的 2～3 倍，钾含量充足可使烟叶组织细致，光泽好，香味足，燃烧性和阴燃持火能力强，同时能促进烟株体内干物质的积累，扩大叶片厚度和单叶面积，有利于提高烟叶的产量和品质。烟叶氧化钾的浓度在 2%～8%，有时达 10%，低于 3% 出现缺钾症状，2% 属严重缺钾。同时优质烟叶含钾量应在 2% 以上，我国烟叶的含钾量为 1%～2%，优质云烟含钾量超过 2%，但比先进产烟国的 4%～6% 要低，表现出严重缺钾症状。钾的含量高低是评价烟叶质量的重要指标。以上是一种总体的说法，确切地评价要看钾/氯比，二者比值在 4 以上燃烧性较好，阴燃持火力强；若在 2 以下则烟草熄火，所以应把钾/氯比调制到适当的比例。总之，测定烟叶中钾的含量对指导卷烟配方和稳定卷烟产品质量具有重要作用。

（六）蛋白质

蛋白质是随着烟草的生长发育逐渐积累的，它对烟草的新陈代谢和生命活动起着非常重要的作用。鲜烟叶中的蛋白质自田间落黄时即开始水解，调制过程的变黄期水解速度加快，叶绿素蛋白质从叶绿素中析出，被蛋白酶在细胞质中水解。随着变黄程度的增加，蛋白质含量显著减少，当变黄达到适宜程度时蛋白质水解趋于停止，这是因为鲜烟叶中叶绿素蛋白质要占蛋白质总量的一半左右，调制过程中蛋白质减少的大部分属于叶绿素蛋白质，各种调制过程中蛋白质降解量基本相同，不会改变正常发生的蛋白质的合理减量，这就客观地决定了调制后烟叶的蛋白质含量仍然相当于鲜烟叶蛋白质含量的一半左右。因此，干烟叶的蛋白质含量在很大程度上取决于鲜烟叶的蛋白质含量，所有有利于蛋白质生物合成的因素都会引起鲜烟叶蛋白质含量的增加。至于调制后的烟叶再进行陈化、发酵及各种加工等企图使蛋白质再降解减少的过程，由于烟叶水分、环境温湿度和酶活性的关系，作用只能是缓慢而微弱的。

蛋白质分子在酸性和碱性溶液中不稳定，易发生水解。当蛋白质完全水解时，可得到大量的各种 α-氨基酸，因而可知蛋白质是由 α-氨基酸结合而成的高分子含氮化合物。根据蛋白质的水解产物可将蛋白质分成两大类：如果水解产物只是氨基酸，则称作单纯蛋白质；如果水解产物除氨基酸外，还有其他物质（如糖、色素、酯等），称其为结合蛋白质。

烟草中的蛋白质含量很高，特别是叶蛋白，比其他植物都高。据相关资料报道，在新鲜烟叶中蛋白质的含量为 12%～15%（干重）以上，仅次于碳水化合物的含量。

尽管蛋白质在烟草生长发育过程中对生理生化过程具有重要意义，但是对于烟草制品来说，蛋白质是一种不利的化学成分。烟叶中蛋白质含量高，如烤烟蛋白质含量超过 15%，则烟气强度过大，香气和吃味变差，产生辛辣味、苦味和刺激性。并且蛋白质含量高燃吸时会产生一种如同燃烧羽毛的臭味。但是从另一方面来讲，蛋白质又是烟叶中客观存在而不可缺少的成分，它的水解产物和进一步转化的产物是许多烟草香气物质的原始物质。因此，烟叶中含有适量的蛋白质，能够赋予充足的烟草香气和丰满的吃味强度，平衡因糖过多而产生的烟味平淡。另外，除了蛋白质本身对烟质产生直接影响外，其降解产生的一系列较小分子量的含氮化合物对烟草的香气和吃味也产生各种各样的影响。

（七）淀粉

淀粉是白色、无臭、无味的粉状物质，是由多个 D-葡萄糖糖苷键结合而成的多糖，可以用通式$(C_6H_{10}O_5)_n$ 表示。淀粉分为直链淀粉（amylose，Am）和支链淀粉（amylopection，Ap）。淀粉是植物体中贮存的养分，多存在于种子和块茎中，大米中含淀粉 62%～86%，麦子中含淀粉 57%～75%，玉米中含淀粉 65%～72%，马铃薯中则含淀粉超过 90%。烟草中的鲜烟叶中淀粉含量通常为 20%～30%，有的高达 40%左右。在经过调制烘烤后，其淀粉含量能降低到 1%～6%。淀粉是烟草中的一种重要化学成分，已经越来越引起烟草农业和卷烟生产企业的重视。淀粉在烟叶片细胞中的合成、积累、分解、转化状况决定着烤后叶片内部各种化学成分之间的协调程度。因此，烤烟叶片在大田生育期间积累一定的淀粉是必要的。烟叶经调制、发酵后，淀粉大多转化为小分子碳水化合物，这些小分子碳水化合物参与调节烟气酸碱平衡，对烟气醇和性与芳香性具有重要影响。在烟草燃吸时，淀粉会产生燃烧不完全、有焦煳气味等不良影响。烟叶经调制后，淀粉大多转变为单糖和低聚糖，调制得越好，淀粉转变为单糖反应得越完全。因此淀粉转化完全与否可作为衡量烟叶调制好坏的标准之一。烤后烟叶中淀粉含量是决定烟叶内在品质和外观品质的重要因素。研究表明，初烤后烟叶残留的淀粉是对烟叶色、香、味不利的化合物，一方面淀粉会影响燃烧速度和燃烧的完全性，另一方面淀粉在燃吸时会产生焦煳气味，对烟气产生不良影响。美国优质烤烟的淀粉含量为 1%～2%，津巴布韦强调烤烟淀粉含量必须在 3%以下，我国烤烟淀粉含量大约为 4%～6%。精确测定烟草中淀粉在不同时期、不同环节中的含量，将对深入研究淀粉精细结构提供帮助，将有利于解析烤烟品质和风味的形成机理，全面揭示调制过程烟草吸食品质形成的生化基础。这些研究对于揭示烟草香吃味形成的机理具有十分重要的理论和实践意义。

（八）氨

植株中的蛋白质和氨基酸分解代谢产生氨。氨在烟草中含量不高，是总挥发碱的成分之一，其对烟草的品质有负面的影响。烟草在生长发育过程中，植株积累的氨是比较少的，过量的氨会产生氨害。但是在调制过程中由于蛋白质的水解和氨基酸的氧化分解，烟叶中氨的含量逐渐增加。调制初期产生的氨用于合成酰胺而储藏，随着调制过程的进行，烟叶失去生命活力，各种形式的含氮化合物（如蛋白质、氨基酸、酰胺、胺类）最终的氧化分解均产生氨，烟叶中氨的浓度极大地增加，迅速增加的氨在烟叶中稳定下来。调制期间虽有氨的损失，但是氨的浓度持续增长，说明氨在烟叶中的保留大于挥发。在以后的陈化、发酵等加工过程中，烟叶内的氨将不断产生，也不断挥发散失。

烟叶中氨的绝对含量虽不大，但它对吸食质量所产生的影响却是很大的。氨具有挥发性，吸烟时氨受热挥发，几乎全部进入烟气中。烟气中含游离态氨过高将产生刺激性和辛辣味，引起吸烟者喉部出现收缩作用，因吃味强度大引起呛咳，口腔和鼻腔有辛辣和难受的感觉，产生恶臭味，令人不愉快。氨的浓度大还会强烈刺激眼睛而流泪甚至刺激人的黏膜（如口腔、鼻腔、喉部、肺部的黏膜）而中毒。但是一般认为，氨与其他含氮化合物参与了烟气吃味劲头的形成，烟气中有70%~80%的碱性是由氨产生的，因此氨对于调节烟气中质子化/游离态烟碱的比例有重要作用。氨含量愈高，刺激性愈强；氨含量过低会造成烟气劲头不足，丰满度不够。由此可见，烟气中含适量的氨是必要的，特别是对于糖类和有机酸较多的烟草，烟气酸度较大，氨的存在就可以弥补烟气的碱性不足，增加吃味强度，使吸烟者感到烟气既醇和又丰满厚实。国外的一些大烟草公司常用氨含量的多少作为衡量制丝工艺优劣的重要指标。

（九）硝酸盐

硝酸盐是烟草中硝态氮的成分之一，其在燃吸过程中受热分解，产生氧化氮，再与有机化合物作用形成一系列的硝基化合物。烟气中的硝基化合物主要来源于烟草中的硝酸盐和亚硝酸盐，烟草中的硝酸盐与烟气中的许多有害物质（如氮氧化物、氰化氢、儿茶酚等）生成量有关，硝酸盐还是烟气中致癌物质 N-亚硝胺的前体物之一，因此烟草中硝酸盐含量越来越受到关注。

（十）氨基酸

在调制、贮存和陈化期间，烟叶中的氨基酸发生了许多变化。脯氨酸是烤烟中最丰富的氨基酸。它在800℃下热解生产吡咯、几种取代吡咯和一种氮杂环内酯，这些化合物具有一种特有的焦甜香味。吡嗪类是非常重要的香味化合物，极小的量就可赋予烟气一种坚果、可可和爆玉米花样的香味。

糖与氨基酸反应，生成 Amadori 化合物。Amadori 化合物经热解生成吡嗪类和麦芽酚。麦芽酚是烟气中发现的一种香味化合物，该化合物具有一种特有的甜味，并且也是一种重要的增香剂。

（十一）纤维素

纤维素是烟叶的主要结构成分，这种高分子聚合物主要决定着烟叶的完整性。酚类是纤维素热解产生的主要化合物，这些化合物的吸味和带有烟熏味的食品香料类似。纤维素燃烧产生的吡喃葡萄糖及其他类似的化合物在抽吸过程中表现出焦糖样的特征香气和吸味。

（十二）果胶

原果胶是很复杂的、水不溶的碳水化合物，其部分水解产生果胶或含有羧基或甲氧基-羰基的果胶酸。果胶酸经过纯化和水解，生成约85%的D-半乳糖醛酸、阿拉伯糖、半乳糖、葡萄糖、木糖和L-鼠李糖。果胶酸中每6个碳原子就产生一个羧基。烟叶品质与果胶含量成反比。

（十三）硫酸盐

烟草中的硫多以有机硫的形式存在，主要存在于蛋白质中，但是也有一部分以硫酸盐的形式存在。硫对烟叶质量和燃烧性有不良影响，硫含量高时会使钾与有机酸的结合减少，燃烧性降低，并严重影响烟草的吃味。而烟草中的硫是以可溶性硫酸盐的形式被烟草吸收的。

（十四）磷/磷酸盐

磷是烟草体的一种重要成分。烟叶中磷含量的正常范围在 0.15%～0.5%。磷在烟草生长过程中不仅是核糖核酸和脱氧核糖核酸的重要组成部分，对光合作用、磷酸化作用和三羧酸循环也非常重要。研究表明，烟叶中磷含量与糖含量正相关，且对烟叶的色泽有影响，能改进烤烟的色泽。而烟草中的磷是以可溶性磷酸盐形式被烟草吸收的。

二、烟叶的安全性

随着人们生活水平的提高，"吸烟与健康"问题受到了普遍关注，吸烟有害健康已成公论。所以保持卷烟的"色、香、味"，降低其对人体健康的危害，就显得十分重要。目前认为对吸烟产生危害的原因主要有两方面：一是化学农药残毒，二是烟叶和烟气中的有害化学成分。

（一）化学农药残毒

由于烟草从生长发育到烟叶及烟制品贮藏的整个过程都有病虫害的危害，为了减少病虫害对烟叶产量和质量的影响，将不可避免地使用农药并造成烟叶农药残留。某些化学农药的残留已在卷烟的主流烟气中发现。说明农药在烟叶中的残留，即使经过燃烧作用也较难分解。农药残毒进入人体后能影响人体的代谢，损伤肝肾，毒害神经或致癌，对人体危害较大。所以德国、美国、日本等很多国家都对农药的使用和残留量作了限制，特别是对 DDT、有机氯、有机磷等农药的使用进行了限制或禁止。马来酰肼（MH）已被加拿大禁用。

（二）烟叶和烟气中的有害化学成分

目前烟叶和烟气中已鉴定出的化学成分约有 8622 多种（随着分析手段的不断提高，这个数字在不停地发生着变化）。吸烟时在烟气的气相和粒相中发现的对人体有害的成分主要有焦油、烟碱、亚硝胺、CO、NO、NH_3、HCN 等，参见表 3-7 和表 3-8。

表 3-7 卷烟烟气中的粒相致癌物

化合物		含量/（μg·cig^{-1}）	化合物		含量/（μg·cig^{-1}）
肿瘤诱发剂	苯并[a]芘	0.01～0.05	器官特异性致癌物	N-亚硝基去甲基烟碱	0.14～3.70
	其他多环芳烃	0.3～0.4		钋-210	0.03～0.07
	二苯[a,j]吖啶	0.003～0.1		镍化合物	0～0.58
	其他氮杂环	0.01～0.02		镉化合物	0.01～0.07
	尿烷（氨基甲酸乙酯）	0.035		p-氨基苯	0.001～0.022
协同致癌物	芘	0.05～0.2		p-氨基联苯	0.001～0.002
	其他多环芳烃	0.5～1.0		o-甲苯胺	0.16
	1-甲基吲哚	0.8			
	9-甲基咔唑	0.14			
	4,4-二氯芘	0.5～1.5			
	儿茶酚	240～500			
	烷基儿茶酚	10～30			

表 3-8 卷烟烟气中的气相致癌物

化合物		含量/（μg·cig^{-1}）	化合物		含量/（μg·cig^{-1}）
致癌物质	二甲基亚硝胺	0.013	纤毛毒素	甲醛	30
	乙基甲基亚硝胺	0.0018		HCN	110
	二乙基亚硝胺	0.0015		丙烯醛	70
	亚硝基吡咯烷	0.011		巴豆醛	800
	肼	0.032	毒性剂	氮氧化合物	350
	乙烯基氯	0.012		吡啶	10
	尿烷	0.03		CO	18000

　　焦油是最主要的有害物质，焦油成分中有 99.4% 对人体无害，0.2% 致癌，0.4% 是促进癌症病变物质（表 3-9）。但也有人认为吸烟与疾病没有因果关系，影响健康的因素有很多种，如遗传因素、身体素质、饮食习惯、药物和环境等。此外，焦油中的主要致癌物苯并[a]芘，全世界每年的释放总量为 5044 t（综合 1966～1969 年资料统计，当时的污染相对较轻），而全世界每年生产的 560 万 t 烟草经燃烧折算产生的主流烟气中苯并[a]芘仅为 0.05～0.25 t。人体主要由其他多种途径摄入苯并[a]芘，如可以通过汽车尾气、工厂排放的烟尘，以及其他许多食物的食用等方式摄入。由此可见，由吸烟产生的苯并[a]芘导致肺癌的结论，从方式上和数量上都是不准确的。

表 3-9　卷烟烟气焦油中多环芳烃中的致癌物

化合物		含量/（μg·cig⁻¹）	化合物		含量/（μg·cig⁻¹）
致癌物	苯并[a]芘	0.01～0.05	协同致癌物	苯并[e]芘	0.005～0.04
	5-甲基䓛	0.0006		2,3-甲基䓛	0.007
	二苯[a,h]蒽	0.04		1,6-甲基䓛	0.01
	苯并[b]荧蒽	0.03		2-甲基蒽	0.03
	苯并[j]荧蒽	0.06		3-甲基蒽	0.04
	二苯并[a,h]芘	痕量		二苯[a,c]蒽	痕量
	二苯并[a,o]芘	痕量		芘	0.05～0.2
	茚并[1,2,3-cd]芘	0.004		甲基芘	0.05～0.3
	苯并[c]菲	痕量		荧蒽	0.1～0.26
	苯并[a]蒽	0.04～0.07		苯并[g,h,i]芘	0.06
	䓛	0.04～0.06			

　　烟碱是分布于烟叶和烟气中的另一个有害成分，烟碱既能对烟叶的吃味、刺激性等品质产生影响，又能给人以生理满足。但若大量吸食则会引起身体不适，甚至中毒。从安全的角度来看，烟碱的半数致死量是 $50～60\ mg·kg^{-1}$，每支烟含烟碱 $10～20\ mg$，但只有 $1/6～1/9$ 吸入人体内，加之烟碱是可溶性的，能随液体排出体外，因此卷烟中烟碱对人体健康的影响相对较小。CO 与心血管紊乱和急性中毒有关，严重时可能引起器质性病变。氰化氢是卷烟烟气中纤毛毒性最强的物质。芳香胺可能会诱发膀胱癌。苯会导致白血病和淋巴癌。

第三节　烟叶调制过程中主要化学成分的变化

一、烟叶调制概述

（一）烟叶调制的概念

　　烟叶发酵是卷烟加工中极为重要的环节，良好的发酵工艺可改善烟叶品质，未经发酵处理的烟叶不同程度地带有多种品质缺陷，青杂气和刺激性突出，没有陈化烟叶的特征香气，香气单调，香气量不足，不能直接用来生产卷烟。通过发酵处理后，烟叶生青杂气和刺激性下降，烟草特征香气显露，可用性显著提高，因此烟叶必须经过发酵处理才能用于生产卷烟。

烟叶烘烤（或晾晒）、复烤和发酵均属烟叶调制的宏观概念。随着烟叶加工技术的改进和发展，烟草发酵被细分成不同的概念。

烟叶发酵、烟叶陈化和烟叶醇化都是含不同侧重内容的烟草发酵概念。陈化，主要偏重于自然发酵。发酵，主要偏重于人工发酵。醇化，侧重于指人工发酵和自然发酵后的效果，多数情况下醇化等同于陈化。烟草发酵与微生物发酵是完全不同的。

（二）烟叶调制机理

烟叶发酵过程的主要物质转化途径和主要催化因子是烟叶发酵机理研究的两大核心问题。陈化过程烟叶内含物的主要转化途径包括：

（1）烟叶萜烯类化合物降解作用

烤烟和白肋烟主要含两大类萜烯化合物：西柏烷类和类胡萝卜素。这两大类化合物的降解可产生 50 多种香气成分，是陈化烟草表现天然烟香特征的主要成分，香料烟的典型香型来自赖百当类和类胡萝卜素降解产物。

（2）Maillard（美拉德）反应

还原糖和氨基酸在一定条件下产生分子重排，形成类黑素。烟草内含丰富的还原糖和氨基酸，通过陈化形成 56 种杂环化合物，统称烟草类黑素，此类成分可使烟草表现陈烟香气，在自然条件下这是一个缓慢的分子重排过程。Maillard 作用是烟叶还原糖和氨基酸含量下降的原因之一，使烟叶颜色略有加深。

（3）烟叶残存叶绿素降解作用

通过调制后，烟叶仍然含有一定量的叶绿素和叶绿蛋白复合体，致使未陈化烟叶表现较重的青杂气特征。通过陈化，烟叶残留叶绿素进一步降解，生成吡咯类化合物，表现陈烟香气特征。在自然条件下这也是一个缓慢的过程。

（4）杂气成分的缓慢挥发作用

自然陈化过程中，烟草逐渐形成具有挥发性的小分子醛、醇、酸、氨、挥发碱（包括游离态烟碱）等对烟草吸食有明显影响的不良成分，这些成分具有明显的挥发性特征，在陈化过程中逐步挥发，醇化烟叶。小分子不良成分的形成是一个化学过程，挥发作用则是典型的物理过程。

（5）酰胺与易分解氨氮化合物的脱氨挥发作用

烟草氨氮化合物在陈化过程中脱去氨基，形成有机酸和 NH_3，有机酸积累和 NH_3 的挥发可达到醇化烟叶的效果。烤烟陈化后总氮量一般下降 4%，晾晒烟的下降幅度远远大于烤烟。

（6）缓慢酸化作用

陈化过程烟叶内含的部分易氧化有机质被氧化为有机酸（其中包括部分还原糖）；另外酰胺和部分易转化氨氮化合物脱氨挥发形成有机酸；同时部分挥发碱挥发使烟叶碱性下降。三方面的作用导致烟叶有机酸相对积累，总酸量相对上升，使烟叶出现明显的酸化过程，该过程还伴随着部分游离态烟碱与有机酸形成有机酸盐，使游离态烟碱变为结合态，有明显的醇化烟气效果。

（7）多酚降解作用

通过陈化处理，烟草多酚含量迅速下降，一年的陈化可使烤烟多酚含量下降21%，16天的人工发酵处理可使烤烟多酚含量下降51%。烤烟多酚主要是芸香苷和绿原酸，它们是一类烤烟特征香气成分。多酚的过多降解会使烤烟香气变淡；适当分解也有降低烤烟苦涩味的效果。但人工发酵过量降解多酚对烟香有负面影响，应适当控制。

（8）游离烟碱转化降解作用

烟叶内含游离烟碱常引起较强的刺激性和不良吃味，陈化过程游离烟碱逐渐从结合烟碱中产生，并逐步降解为中性成分烟酸和其他类似物，消除强烈刺激性和不良残留余味。因为游离烟碱在烤烟中是缓慢形成的，所以它的降解也是逐渐进行的。

（9）果胶质降解作用

果胶质是引起烟气尖刺感的重要成分，陈化过程果胶质被缓慢降解为果胶酸和其他成分，尖刺感逐渐减弱。

烟草陈化过程除上述9个主要转化途径外，还有许多转化影响烟叶品质的主要途径。

二、烟叶调制过程中的变化

（一）调制过程中干物质的损耗

在发酵过程中，烟叶内在化学成分发生很大变化。一般而言，经发酵后，烤烟干物质的减少范围从微量到2%，晾晒烟干物质损耗较大，一般在3%～4%。有些晾晒烟在采用特殊方法进行人工发酵时干物质损耗较大，最高可达18%左右。

烟叶发酵过程中的干物质损耗主要是有机物挥发造成的，这些挥发性物质主要是：①游离烟碱氧化；②果胶质解体时甲醇排出体外；③在条件适宜的情况下氨类物质的排出。另外，还有一些芳香油类和有机酸类物质的排出。

烟叶内有机酸含量越高，发酵时干物质损耗就越大，其结果见表3-10。

表3-10　室内发酵时干物质和有机酸类的损耗

等级	实验重复编号	干物质损耗（mg/100 mg Ca）			干物质损耗/%	有机酸类（mg/100 mg Ca）			有机酸类损耗/%
		发酵前	发酵后	损耗		发酵前	发酵后	损耗	
1	1	2676	2640	36	1.35	330	293	37	11.21
	2	2420	2390	30	1.24	285	252	33	11.58
	3	2422	2393	29	1.20	294	259	35	11.90
	4	2332	2300	32	1.37	281	248	33	11.74
	5	2471	2439	32	1.27	302	266	36	11.92

等级	实验重复编号	干物质损耗（mg/100 mg Ca）			干物质损耗/%	有机酸类（mg/100 mg Ca）			有机酸类损耗/%
		发酵前	发酵后	损耗		发酵前	发酵后	损耗	
1	平均值			31.8	1.29			34.8	11.67
2	1	2639	2602	37	1.42	415	361	54	13.01
	2	2704	2663	41	1.53	388	336	52	13.40
	3	2494	2459	35	1.30	335	291	44	13.42
	4	2398	2363	35	1.47	298	258	40	13.13
	5	2542	2584	38	1.49	363	316	47	12.94
	平均值			37.2	1.46			47.4	13.18
3	1	2659	2604	55	2.07	436	375	61	13.99
	2	2610	2560	50	2.00	451	385	66	14.63
	3	2410	2361	49	2.02	418	360	58	13.88
	4	2471	2418	53	2.16	446	380	66	14.08
	5	2497	2445	52	2.09	418	358	60	14.35
	平均值			51.8	2.07			62.2	14.33

（二）调制过程中糖类化合物的变化

1. 淀粉的变化

香料烟自然发酵前淀粉含量为 5.18%，经 2 年自然发酵变为 4.38%，烤烟人工发酵前后的淀粉含量分别为 4.15% 和 4.08%，说明淀粉在整个发酵过程中，尽管有所消耗，但总含量变化很小，尤其是烤烟中淀粉的变化最小，见表 3-11。

表 3-11　发酵前后烟叶糖类化合物的变化

品种	发酵方法	淀粉/%	可溶性糖/%	总计/%
香料烟	自然发酵前	5.18	11.03	16.21
	自然发酵 1 年	4.43	9.03	13.46
	自然发酵 2 年	4.38	8.78	13.16
烤烟	人工发酵前	4.15	19.02	23.17
	人工发酵后	4.08	16.73	20.81

2. 水溶性糖的变化

调制后的烤烟一般含有 10%～30% 的可溶性糖。在发酵过程中，烟叶内部发生的强烈化学反应，使烟叶中的水溶性糖含量发生明显的变化。以香料烟和烤烟为例（表 3-11），经过发酵的烟叶水溶性糖损失量达 16%～25% 之多。采用同年份、同地区、同品种、同等级烤烟的可比条件，经过 2.5 年自然发酵的烟叶，其总糖量减少 7.64%。

（三）调制过程中含氮化合物的变化

1. 蛋白质的变化

烟叶的蛋白质属于复杂高分子化合物，性质比较稳定，在通常的发酵条件下，一般变化不大。因此，发酵处理烟叶过程，蛋白质几乎不减少，甚至有的烟叶在发酵后蛋白质含量反而会略有增加，其主要原因是发酵后烟叶干物质总量减少，蛋白质含量则几乎保持不变，使其在干物质总量中所占的比例相对增长，见表 3-12。

表 3-12　发酵前后烟叶中含氮化合物的变化　　　　　　　　单位：%

品种	发酵方法	蛋白质	可溶性氮	烟碱	总氮
香料烟	自然发酵前	0.95	0.217	1.00	2.17
	自然发酵 1 年	0.93	0.156	0.92	2.01
	自然发酵 2 年	0.92	0.145	0.86	1.93
	变化量	−3.15	−33.17	−14.00	−11.05
烤烟	人工发酵前	0.73	0.169	2.05	2.95
	人工发酵后	0.77	0.113	1.96	2.84
	变化量	5.48	−33.14	−4.39	−3.72

2. 水溶性含氮化合物的变化

烟叶中的水溶性含氮化合物主要是指氨基酸、水溶性短肽、烟碱和氨。与蛋白质的变化相反，上述水溶性含氮化合物在发酵过程中却发生明显的变化，见表 3-12。

由上表看出，无论是经过自然发酵，还是经过人工发酵，烟叶中的水溶性含氮化合物变化较大。经发酵后可溶性氮降低 33% 以上，烟碱氮损失量最高可达 14%。

（四）调制过程中其他化学成分的变化

1. 多酚类的变化

烟叶在调制之后，多酚类物质被氧化转变为醌类，而不能发生鲜叶活组织的醌类加氢还原为多酚的反应。在发酵过程中，多酚类经过氧化之后，醌可以与氨基酸相互作用，并能形成黑色素，多酚物质一般在发酵烟叶内要减少 40%～50%。

2. 果胶质的变化

果胶类物质（简称果胶质）具有还原特性，能进一步被分解。烟叶中含有相当数量的果胶质,尤其是上部烟。果胶质数量和性质的变化必然导致烟叶持水性的变化。在发酵过程中,烟叶中的果胶质受果胶分解酶的催化而发生水解,其中的某些成分被分离出来,使果胶质的结构发生改变。

甲醇从果胶质中被分离的程度与发酵的温度有关。在一般情况下,发酵时的温度越高,则甲醇的分解及损失量也越大。经过发酵的烟叶,甲醇的损失约为其含量的25%~50%,而在高温下发酵的雪茄烟叶,甲醇含量要降低90%左右。烟叶发酵后,果胶质的分解和甲醇的析出降低了烟叶的吸湿性和膨胀性,因而对烟叶机械性能有所影响。

3. 有机酸的变化

在发酵过程中,烟叶有机酸含量增加,水浸出液的pH变小,见表3-13。

表3-13 发酵后烟叶有机酸的变化

品种	发酵方法	pH		水溶性酸		不挥发酸	
		发酵前	发酵后	发酵前	发酵后	发酵前	发酵后
土耳其烟	自然发酵2年	4.40	4.31	—	—	—	—
烤烟1	人工发酵	4.99	4.81	4.35	4.76	—	—
烤烟2	人工发酵	5.03	4.76	3.65	4.77	12.88	12.89

4. 香气物质的变化

烟叶中的香气物质,按其产生香气的特点可分为两大类:第一类为烟叶香气物质,它是指在通常情况下能从烟叶中散发出芳香气味的物质,主要是指挥发油;第二类为烟气香气物质,是指经过燃烧产生特殊香气的物质,多为复杂高分子化合物,也称潜香物质。

由于烟叶的香气物质中有一部分具有较强的挥发特性,因此,若想获得香气较浓的烟叶,应特别注意发酵温度的控制。一般来说,烟叶发酵时的温度宜控制在40℃左右。一般而言,经过发酵后,烟叶中的挥发油含量会减少,但总的香气物质会增加(表3-14)。

表3-14 发酵前后烟叶中芳香物质的变化

品种	发酵方法	石油醚提取物/%		
		发酵前/%	发酵后/%	变化量/%
烤烟	人工发酵	7.01	7.17	2.28
烤烟	自然发酵	5.71	5.73	0.35

总之,各种类型的烟叶都只有通过良好的发酵,才能具有最佳的品质。烟叶经

过长时间的贮存陈化或人工发酵，总的质量特性得到显著改善，烟叶的色泽更加均匀、协调，香气被显露出来。烟叶更具有芬芳、舒适的特征芳香，吃味变得醇和而谐调。烟叶的物理特性有了改善，持水力下降，弹性增加，其商品品质得到全面改善，可用性提高。

三、烟叶调制过程中的非酶棕色化反应

1912 年，法国科学家 L. C. Maillard 研究氨基酸和还原糖的反应，企图阐明蛋白质的生物合成。他发现葡萄糖和甘氨酸在水中加热到 100℃时变成红棕色至棕黑色，黏度增加，并放出 CO_2，最后产生一种黑色聚合物，不溶于水和酸液中，即所谓类黑素，其产率为 56%。类黑素的结构很复杂。

烟草中发生的棕色化反应可分为两类：一是有酶参与的棕色化反应，另一类为非酶棕色化反应（美拉德反应）。在烟叶陈化发酵中产生香味物质的是糖类与氨基酸、多肽和蛋白质作用的美拉德反应的产物，其中有些化合物具有令人愉快的香气和吸味，但有些却带有不好的气味和吸味。

在糖类和氨基酸的非酶棕色化反应中，氨基糖的生成为以后各种反应提供了条件。阿马杜里和海因氏分子重排生成各种含羰基和二羰基化合物，斯特雷克尔降解形成氨基酮化合物和醛类，这三种反应是极其重要的。上述各种化合物间错综复杂的反应产生了多种致香物质，在烟草或烟气中存在的非酶棕色化反应所产生的致香成分列入表 3-15。

表 3-15　非酶棕色化反应产生的致香成分

致香成分	烟气香味	致香成分	烟气香味
乙酸	辛辣的、刺激的	丙酮醛	增加饱满、甜味、焦糖味
丙酸	辛辣的、刺激的	丙酮	
丁酸	润和、黄油香、水果香	2-丁酮	甜味、酮味
异戊酸	甜味、酒香	2-戊酮	酮味、水果香、甜味
乙醛	刺激的、辛辣的、稍有水果香	4-庚酮	甜味、水果香、青香
丙醛	刺激的、坚果香	丙酮醇	润和、酒香
丁醛	刺激的、清香	3-羟基-2-丁酮	甜味、黄油香
异丁醛	巧克力、甜味、坚果香	双乙酰	黄油香、甜香
异戊醛	巧克力、黄油香、坚果香	2,3-戊二酮	黄油香
正戊醛	巧克力、水果香	苯乙酮	甜味、酮味（樱桃）
2-甲基-丁醛	巧克力、白肋烟香	甲基-环戊烯醇酮	甜味、焦糖-枫槭香
正己醛	调料、青苹果香	呋喃	

致香成分	烟气香味	致香成分	烟气香味
正癸醛	清香、柠檬香	呋喃醛	甜味、面包香、黄油香
丙烯醛		呋喃酸	稍甜、坚果香
苯乙醛	花香（玫瑰）	呋喃醇	可可、豆、油香
苯甲醛	杏仁、樱桃香、甜味	2-乙酰呋喃	清香、草质香
5-羟基-甲基-呋喃醛	甜味、花香、烤烟味	2,6-二甲基吡嗪	单调草的甜
2,5-二甲基呋喃		2-乙基吡嗪	土味
5-甲基-2-乙酰呋喃	白肋烟味	2-乙基-6-甲基吡嗪	干燥、甜味、树脂气
5-甲基呋喃	甜味	2-乙基-5-甲基吡嗪	醇芳香
异麦芽酚	烤烟味、焦糖味	2,5-二甲基-3-乙基吡嗪	白肋烟味
麦芽酚	甜味、似烤烟味	2,3-二甲基-5-乙基吡嗪	
2-乙酰基吡嗪	黄油香、坚果香	3-甲基-2-吡咯醛	甜味、樱桃香
6-甲基-2-乙酰基吡嗪	黄油香、坚果香	5-甲基-2-吡咯醛	樱桃香
3-甲基-2-乙酰基吡嗪		2-吡咯醛	甜味、润和
2-甲基吡嗪	甜味、芳香	2-乙酰基-5-甲基-吡咯	甜味、樱桃香
2,3-二甲基吡嗪	烤面包香	2-乙酰基吡咯	花香、清香、酒香
2,3,5-三甲基吡嗪	白肋烟味、甜味	吡啶	甜味、烤烟味
四甲基吡嗪	白肋烟味	2-甲基吡啶	白肋烟味
2,5-二甲基吡嗪	土味、愉快气息	3-甲基吡啶	白肋烟味

四、烟叶调制过程中萜烯类化合物的降解和香气物质的形成

烟草内含丰富的萜烯类化合物，种类很多，但主要分为三类，一是类胡萝卜素，二是西柏烷类，三是赖百当类。其中烤烟和白肋烟所含萜烯类物质属类胡萝卜素和西柏烷类。香料烟除含有丰富的类胡萝卜素外，还含有赖百当类，是香料烟特征香气不同于其他类型烟草的主要原因之一。萜烯类化合物是烟草重要的香气前体物质，它们的降解产物是烟草最重要的香气来源之一。

（一）类胡萝卜素降解形成的香气物质

在醇化发酵过程中，类胡萝卜素不仅持续降解使中性香味物质总量增加，而且降解产物持续发生转化（如氧化、还原及脱水等），生成在香味方面更有用的化合物。

由于类胡萝卜素是烟叶重要的香气前体物，因此人们利用各种手段试图提高烟叶的类胡萝卜素含量，以达到提高烟叶香气量的目的，见图3-14。

C13:

C12:

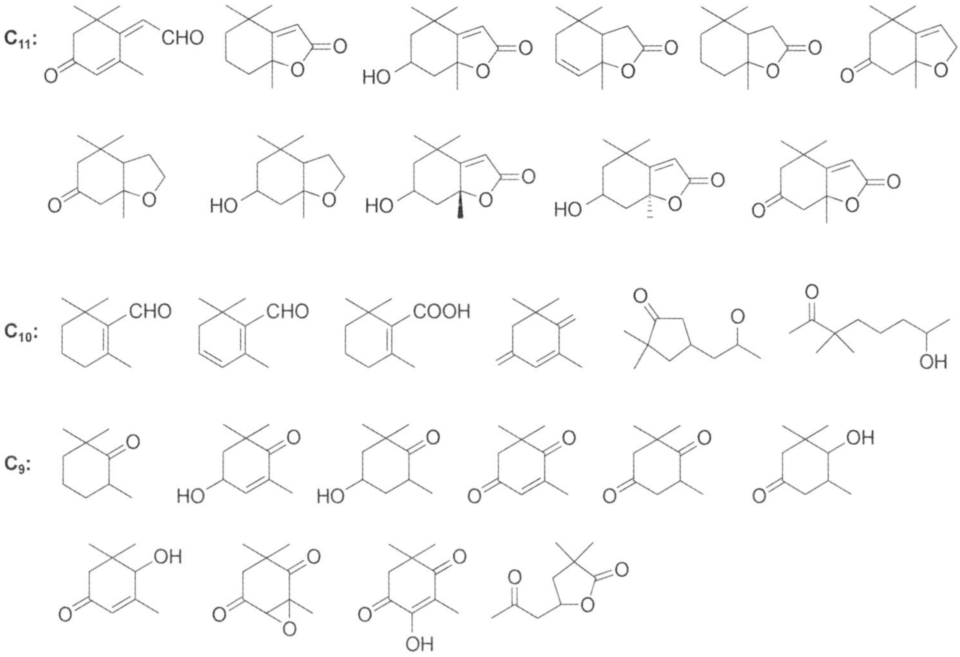

图 3-14   在烟草中发现的有关类胡萝卜素降解的化合物（按碳原子数归类）

（二）西柏烷类化合物降解形成的香气物质

西柏烷类化合物及其降解产物是构成烟草香味的重要组分，其中茄尼酮是烟草中重要的香味成分，它的进一步反应产物大多也有香味，茄尼酮与过氧酸作用，再经碱性还原就得到较茄尼酮少两个碳原子的醇，此醇氧化后变成 C_{10} 的含羟基不饱和酮。在酸性介质中，它可环化成为四氢吡喃的羰基衍生物，若经进一步氧化，就可得到烟草中有名的香味成分——异丙基丁酸内酯。

（三）赖百当类化合物降解形成的香气物质

赖百当类化合物是香料烟叶中独有的香气成分，其中较典型的是硬尾醇、E-13-赖百当烯-8,15-二醇、泪柏醇、冷杉醇等。

泪柏醇的降解可能形成环醚，也可能形成醛，这些产物大都具有旋光性，C_{18} 和 C_{16} 产物的右旋旋光异构体具有明显香味，而左旋异构体几乎无味，可见立体因素对香味是有影响的。

硬尾醇的降解情况与泪柏醇类似，在 b 位断裂得到硬尾内酯，硬尾内酯还原就得到降龙涎香醚。c 位和 d 位断裂分别得到 C_{15} 的 1,2,5,9-四甲基-2-羟基-十氢萘和 C_{14} 的 2-羟基补身酮（图 3-15）。

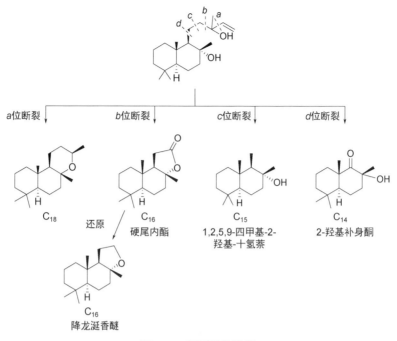

图 3-15　硬尾醇的降解

第四节　烟气中的主要化学成分

一、主流烟气的主要化学成分

卷烟烟气是由数千种化学成分组成的复杂多相的气溶胶。烟气气溶胶主要包括气相和粒相两部分。

粒相物质包括非挥发性和半挥发性物质，一般称为总粒相物（TPM）。因其含有水分，也称为湿焦油或粗焦油（WPM 或 CPM）。总粒相物减去其中的水分，称为干粒相物（DPM）；再减去其中的烟碱，即为焦油或干焦油（TAR 或 DRY TAR）。

ISO 4387: 2000 对焦油下的定义是：卷烟在特定的条件下燃吸后捕集在一个标准的剑桥滤片上的主流烟气部分，从中减去水分和烟碱，剩下的就是焦油，单位以 $mg \cdot cig^{-1}$（mg/支）来表示。

（一）主流烟气的化学成分

本节中讲到的卷烟主流烟气化学成分的分类及其所占的比例如表 3-16 所示。

表 3-16 主流烟气的化学成分概况

项目		占比/%	质量/mg	项目		占比/%	质量/mg
气相部分	N_2	310	62	气相部分	水	1.35	6.75
	O_2	65	13		CO_2	10.8	54
	CO	20	4	粒相部分	羧酸	0.59	2.925
	$CH_4 + CO_2$	10	2		醛和酮	0.5	2.475
	$H_2 + Ar$	5	1		醇类	0.36	1.8
	挥发性有机物	6.75	1.35		烟碱	0.27	1.35
	酯	0.068	0.014		其他植物碱	0.16	0.788
	酮	0.81	0.162		酯类	0.16	0.788
	酸	0.101	0.02		酚类	0.16	0.788
	醛	1.35	0.27		萜烯类	0.22	1.125
	醇	0.135	0.027		烷烃	0.22	1.125
	烃	3.038	0.608		烟气色素	0.18	0.9
	杂环化合物	0.135	0.027		其他化合物	0.22	1.125
	腈	0.608	0.122		未鉴定物	0.74	3.713
	其他	0.506	0.101		水	0.72	3.6

（二）气相组分的化学成分

Schmeltz 和 Hoffmann 分析了美国 85 mm 长的无滤嘴卷烟的烟气气相成分（表3-17）。烟气中含量很高的物质（如过量的氮和其他空气成分等）并未列出，因为它们主要来自空气，而不是烟叶燃烧后所产生的物质。

表 3-17 美国 85 mm 长无滤嘴卷烟烟气气相成分

化学成分	含量/（$\mu g \cdot cig^{-1}$）
一氧化碳	134001（≈ 10.72 mL）
二氧化碳	506001（≈ 25.76 mL）
氨	80
异丙烯	582
乙醛	770
丙烯醛	84
甲苯	108
氢氰酸	80
二甲基亚硝胺	0.08

化学成分	含量/（μg·cig^{-1}）
甲基乙基亚硝胺	0.03
肼	0.03
硝基甲烷	0.5
硝基乙烷	1.1
硝基苯	25
丙酮	578
苯	67
一氧化氮	0～600
二氧化氮	0～10

气相中氧气的含量比空气中的氧的含量低，这显然是卷烟燃烧消耗部分氧气的缘故。烟气中含有大量的氢气，这说明燃吸过程中烟草成分裂解释放出氢，其中一部分与氧结合生成水，另一部分氢气则保留在烟气中。

烟气中二氧化碳与一氧化碳之比可以反映烟支燃烧的完全程度，其影响因素很多，如烟支的规格、烟支松紧度、烟丝密度、烟草配方、烟丝水分、卷烟纸透气度等。

烟气中的氢氰酸在气相中和粒相中都有，这里仅列出气相中的部分，其实它在粒相中的含量也有 74 μg·cig^{-1}。一般认为烟气中的氢氰酸对人体是有害的，是最具有纤毛毒性的物质。

气相成分中的有机物含量虽低，但种类却很多。已发现的有烷烃、烯烃、羰基物、亚硝胺、酸类、醇类、腈等，其中的羰基物和酸类、醇类、酯类、烃类对烟气香味起一定作用。

一氧化氮和二氧化氮的含量，由于卷烟的不同而变化很大，每支烟的烟气中含量分别为 0～600 μg 和 0～10 μg。

（三）粒相组分的化学成分

Schmeltz 和 Hoffmann 还分析了美国 85 mm 长的无滤嘴卷烟的烟气粒相成分（表 3-18），从该表可以看出，烟气粒相中的成分要比气相成分的种类和化学结构复杂得多。

表 3-18　美国 85 mm 长无滤嘴卷烟烟气粒相成分

化学成分	含量/（μg·cig^{-1}）
湿焦油	31500
干焦油	27900
烟碱	1800
苯酚	8.64

化学成分	含量/（μg·cig^{-1}）
邻甲酚	20.4
间甲酚，对甲酚	49.5
2,4-二甲酚	9.0
对乙基酚	18.2
2-萘胺	0.028
N-亚硝基去甲基烟碱	0.14
咔唑	1.0
吲哚	1.4
N-甲基吲哚	0.42
苯并[a]蒽	0.044
苯并[a]芘	0.025
芴	0.42
荧蒽	0.26
4,4'-二氯苯乙烯	1.73
DDD	1.77

化学成分	含量/（μg·cig⁻¹）

化学成分	含量/$(\mu g \cdot cig^{-1})$
N-甲基咔唑	0.23
DDT	0.77
䓛	0.04

粒相物中的酰胺、酰亚胺及腈类是烟叶中氨基酸、蛋白质热裂解及热合成的产物。有机酸和酚是粒相物中的酸性组分。挥发性和半挥发性的酸可直接从烟丝中挥发进入烟气，烟叶成分在燃吸过程中产生的有机酸量也较大。酚的来源主要是烟叶中的糖类，另外，多酚热解也可以生成简单的酚。

粒相物中的碱性成分主要是烟碱和含氮杂环化合物，碱性成分的含量与烟叶的生物碱含量有关，烟叶中生物碱含量越高，烟气碱性成分含量也越高。烟碱可直接挥发进入烟气。含氮杂环化合物如吡啶、吡咯、吡嗪、咔唑、吲哚等及其衍生物，一部分是生物碱的降解产物，另一部分是氯基酸和糖类之间的棕色化反应产物。

粒相物中的中性物质如芳烃、稠环芳烃是在燃吸过程中生成的，因为烟叶中的稠环芳烃是很少的，烟叶中的糖类、烃类、类脂等化合物在高温条件下发生裂解反应，其碎片自由基经聚合可能形成稠环芳烃。粒相物中的氯代烃类是农用杀虫剂在烟叶中的残留物引入的。

二、侧流烟气和主流烟气中化学成分的比较

由于烟支的燃烧方式不同，所以侧流烟气和主流烟气的化学成分尽管从定性上看是基本相同的，但定量上却有差别，许多化学成分在侧流烟气中的含量比主流烟气高（表3-19）。

表3-19　侧流烟气（SS）与主流烟气（MS）中的化学成分浓度水平比较

烟气成分	比值（SS/MS）	烟气成分	比值（SS/MS）
烟碱	2.7	丙醛	2.4
酚	2.6	2-丁酮	2.9
苯并[a]芘	3.4	丁二酮	1.0

烟气成分	比值（SS/MS）	烟气成分	比值（SS/MS）
干态冷凝物	1.7	一氧化碳	2.5
3-戊基吡啶	43.0	二氧化碳	8.1
水分	24.0	甲苯	5.6
氨	106.0	氢氰酸	0.66
甲烷	3.1	乙烯腈	3.9
乙炔	0.81	丙酮	2.5
丙烷、丙烯	4.1	胆固醇	0.8
一氯甲烷	2.1	菜籽甾醇	0.9
肼	3.0	豆甾醇	0.8
甲基呋喃	3.4	β-谷甾醇	0.8
吡啶	20.3		

从表 3-19 中的比值可以看出，有些组分如 3-戊基吡啶、氨、水分、吡啶等在侧流烟气中含量显著提高。产生这种差别的原因，可以从烟支燃烧的状态来说明：阴燃的温度比抽吸时要低，而且氧气供应比较充足，因此侧流烟气产生过程中氧化反应是较为重要的。从表 3-19 中还可以看出，侧流烟气中的 CO_2 和 CO 的含量都比主流烟气中的高，而且 CO_2/CO 的比值也高，说明侧流烟气产生时消耗的氧比较多。侧流烟气大部分是氧化或裂解产物，烟叶中的挥发性物质很少被带出来。然而，主流烟气是抽吸时产生的，灼热的空气迅速地通过燃烧着的焦炭的周边，并趋向于将烟草中更多的挥发性物质卷入主流烟气中。抽吸时空气通过旁通区，空气中的氧几乎被耗尽，在乏氧条件下当然氧化不够充分而趋向于干馏、蒸馏。这些都是两种烟气流之间化学成分含量发生差异的原因。

侧流烟气与主流烟气中一些酸性、碱性、中高沸点化合物的比率为 0.1~63.6（表 3-20）。从表中可以看出：

① 5 种有机酸的比率范围为 0.31~3.93，除甲酸和乙酸的比率大于 1 外，其余均小于 1。

② 酚的比率是 0.1~2.17。只有邻苯二酚、麦芽酚的比率小于 1，其余均大于 1。

③ 碱性化合物的比率为 0.1~63.6，大多数碱性化合物的比率均大于 1，氨的最大，其次是 3-乙烯基吡啶。侧流烟气中的主要碱是氨、烟碱、3-乙烯基吡啶、吡啶。主流烟气中的主要碱是烟碱、氨、3-甲基吡啶、吡啶。

④ 中、高沸点化合物的比率是 0.1~34.2，乙酸、甲酸是两种烟气中的主要成分，在 SS 中，随后依次是柠檬烯、苯酚、3-乙烯基吡啶和 2-糠醛；而新植二烯、苯酚、乙酰胺等是 MS 中继乙酸、甲酸之后的主要成分。

表 3-20　一些典型成分在 MS 中的含量以及在 SS 与 MS 中的分配比率

化合物	MS/ ($\times 10^{-2}$ μg·cig^{-1})	SS/MS	化合物	MS/ ($\times 10^{-2}$ μg·cig^{-1})	SS/MS
甲酸	210~493	1.39~1.62	氨	83~154	37.4~63.6
乙酸	333~809	1.89~3.93	3-乙烯基吡啶	11.6~14	19.4~34.2
2-羟基丙酸	63~174	0.51~0.71	吲哚	16~38	2.1~3.4
戊二酸	10~58	0.31~0.60	乙酰胺	70~111	0.8~1.7
3-羟基苯甲酸	8~64	0.31~0.57	新烟碱	2.4~20.1	0.1~0.5
苯酚	79~136	1.77~2.17	柠檬烯	15~49	4.2~12.1
邻甲基苯酚	13~19	1.08~1.29	新植二烯	66~232	1.1~1.8
对甲基苯酚	30~37	1.00~1.24	2-糠醛	15~43	4.9~7.4
邻甲氧基苯酚	6~13	1.33~1.67	2-糠醇	18~65	3.0~4.8
邻苯二酚	148~362	0.67~0.93	麦芽酚	13~153	0.1~0.9

第四章

抽样及水分测定

第一节　抽样

一、抽样的概念

抽样又称取样。从欲研究的全部样品中抽取一部分样品。抽样的目的是从被抽取样品单位的分析、研究结果来估计和推断全部样品特性，是科学实验、质量检验、社会调查普遍采用的一种经济有效的工作和研究方法。

在实际生产中，通常需要了解的是一大批样品的性能，而实验时所能分析检验的只是一小部分样品，同时也不可能将大批量的样品全部送往实验室进行检验。因此保留大批样品，抽取一小部分样品进行化学检验才有实际意义，因而抽样是非常必要的。

二、抽样的基本要求

抽样的基本要求就是样品具有代表性。取样的代表性是指所抽取的样品与被评价总体的一致性程度，即样品的性能与大批样品的性能一致。不能保证这一点，就失去了抽样的意义，甚至可能造成难以估计的后果；分析检验样品不仅要考虑样品的代表性，也要考虑其均匀性。抽样的均匀性是指样品中某些成分的一致性程度。

保证样品的代表性就是保证抽样工作的科学性。工作中需考虑如何通过一些简单抽样操作，使抽取的样品具有代表性。

三、抽样工作的科学性

1. 抽样前调研

抽样前必须了解全部样品的来源和要分析的项目与目的。因抽取的样品不可能在各方面都与全部样品性能一致，我们只要求样品在检测的项目上与全部样品相同。而样品来源不一样，检测项目不一样，抽样的方法也不一样。三者是相关的，也就是说根据样品来源和分析项目才能更科学地确定抽样方案。

2. 客观抽样

抽样时严禁主观人为的选择，要根据抽样方案的规定抽样，不论抽样部位物料的好坏，都应该按规定采集样品。

3. 样品的准确度

样品的代表性是用样品的准确度来保证的。所谓样品的准确度，就是抽取样品的分析性质与全部样品性质之间的允许偏差。这一偏差应根据要求而定。准确度越高，抽样的量和次数应越多，抽样工作要求越严。对于性质均匀的样品，样品的准确度容易提高；对于性质不均匀的样品，样品的准确度不易提高。要保证样品的准确度，抽样工作必须按要求进行。

样品的准确度必须高于分析方法的准确度，否则将影响分析结果的准确度。

四、影响样品准确度的因素

1. 抽样地点

抽样地点是影响样品准确度的一个重要而又无形的因素，对同一批货物抽样，如果抽样地点选择合理，就可使抽样工作大大省力，而且准确度较高。反之，既费力，准确度又低。

2. 样件比例

在总货物中不是对每一货件都进行抽取，而是按比例选出一定数目的货件，对其进行检测。这些抽样的货件称作样件。样件与总货件的比例是影响样品准确性的又一重要因素。样品准确度要求越高，样件所占比例越大。对烟包讲，一般样件应占总货件的5%～20%。

3. 取样分量和取样次数

取样分量即每次取样操作的取样量，取样次数即对每一样件取几次样（取样点的位置按要求确定）。显然，取样量越大，取样次数越多，样品准确度就越高。

一般来说，把烟取样量最少为2～3把，未扎把的叶片最少50张，碎片最少500 g，卷烟最少2盒，散支烟最少30支。对于一个样件来讲，烟包最少取样三次。卷烟每一样件中取一条，从一条中取2盒。

4. 物料的均匀性

性质均匀的货物，样品的准确性容易保证，如溶液的取样。取样量可以适量小些，否则取样分量和取样次数、样品量都要适当增加。

五、烟叶抽样的一般程序

为了使分析结果有意义、样品具有代表性、抽样结果准确可靠和得到有关各方的承认，抽样前对工作应有一定的安排。

（一）抽样前的一般性安排

1. 合同性安排

有关各方面必须说明如下几点：

① 在哪一生产工段或交付阶段取样，原则是在此生产工段或交付阶段取样既能满足初样具有代表性，又能省时省事省力；

② 在谁的监督和负责下进行取样工作；

③ 必须测定的项目是什么；

④ 在哪一实验室进行分析；

⑤ 取样到分析之间允许的最长存放时间；

⑥ 如果送去化验的初样是从单样制备的次级样，则应说明如何由单样制备初样和由谁监督负责制备初样。

2. 取样设备

所有设备应与要测定的项目相适应。例如，要检测的项目是烟叶的长度，则可用手工取样，如果测定的项目是化学成分，则可以用打孔器取样。

3. 样品的贮藏

收集样品的容器应是化学惰性的、密闭的，最好是不透明的。样品应存放于阴凉黑暗处。

（二）取样程序

取样程序主要有八个步骤：

1. 选择样件

取样货件的挑选可用随机的方法，也可用周期的方法。它取决于货物的特征。如烟包上没有标志，可用随机取样方法确定取样货件，如烟包有连续的货物编号，则可用周期法确定取样货件。取样货件的数目在总货件数目中应占 5%～20%。比例不能过低，否则难以维持其代表性。（具体比例应根据货物的量和均匀程度而定。一般货物量大、性质均匀，取样货件所占比例可适当小些，反之，比例应适当大些。）

随机取样，也称概率抽样，以概率理论和随机原则为依据来抽取样本，是使总体中的每一个单位都有一个事先已知、概率非零的被抽中的抽样。总体单位被抽中的概率可以通过样本设计来规定，通过某种随机操作来实现。虽然随机样本一般不会与总体完全一致，但它所依据的是大数定律，而且能计算和控制抽样误差，因此可以正确地说明样本的统计值在多大程度上适合于总体。根据样本调查的结果可以从数量上推断总体，也可在一定程度上说明总体的性质、特征。概率抽样主要分为简单随机抽样、系统抽样、分类抽样、整群抽样、多阶段抽样等。

周期取样就是在总体的 N 个货件中，按一定顺序编号然后每隔 k 个编号选取一个货件。为使总体 N 个货物单位中选出 n 个取样货件，k 值的确定应符合下式：

$$Nk \leqslant N \leqslant (n+1)k$$

式中，k 是随意确定的整数；n 是要选取的样件数。周期取样一般把下列编号的货物定为取样的货件。

$$k, 2k, 3k, \cdots, nk$$

2. 处理受损单位

对受损单位取样的处理取决于分析项目。与分析无关的损伤（如估计叶子长度时，叶子病斑的影响）可以忽略不计。对受损严重，使分析检测失去意义的样件，只能取未受损的取样分量，但对受损率要进行估计。受损情况可能影响分析结果，但分析仍有一定意义时，对受损取样分量应另行处理，并记录受损类型和数量。有可能的话将受损程度分级，然后根据不同级别取样。

3. 确定取样分量

为了保证采集样品的代表性，取样分量应有一定要求。取样分量太少将失去意义。烟叶的取样分量一般应符合下述规定：扎把的最少取 2~3 把叶片；未扎把的散叶最少取 50 张叶片；打叶去梗后的碎叶片或梗丝、薄片丝等最少取 500 g。

4. 抽取单样

由一个取样货件中所取的各个分量之和，称作单样（即由一个取样货件中所得到的样品）。单样的量应与货物类型、取样货件的大小、测定项目的要求等相适应。

每个取样货件最少应取三个分量，而且这些分量应在取样货件的不同位置上，不能集中在一条直线上，要均匀分布在整个取样货件中。

5. 抽取大样

大样即所有单样之和。通常大样的量也是很大的，不便直接送化验室检测。但如有必要也可直接送化验室检测。

6. 抽取次级样

次级样是从大样中选出来的，能代表大样，但抽样量比较小的样品也可以用大样代表。如何从大样制备次级样，取决于检测项目。对于不同的检测项目，可用不同的制备方法。

7. 确定初样

所谓初样即送检验的样品。它可以是大样，也可以是次级样。抽样的最终目的就是初样的性能要与全部样品的性能一致。

8. 填写抽样报告单

抽样报告单应包括以下内容：
① 货物类型与来源：如烟叶等级、产地、卷烟牌号、生产厂等。
② 货物的状况：如发霉程度、杂质、含土率、异味、异物等。
③ 其他项目：抽样日期、批号或货号、包装方法、批或货物总量、包的件数和单重、烟叶外观情况、抽样目的和检测项目、受损件数和它们的重量、抽样货件数目、抽样量、每一货件的抽样次数和位置、单样的情况（种类、一致性、单样重量）、单样的数量、大样的组成和重量、次级样的制备、次级样的组成和重量、送检样品的组成和重量、保存样品方法、取样人的姓名和签名。

六、常用的抽样方法

（一）非概率抽样

非概率抽样又称非随机抽样，指根据一定主观标准抽取样本，令总体中每个个体的被抽取不是依据其本身的机会，而是完全决定于调研者的意愿。

其特点为不具有从样本推断总体的功能，但能反映某类群体的特征，是一种快速、简易且节省的数据收集方法。当研究者对总体具有较好的了解时可以采用此方法，或是总体过于庞大、复杂，采用概率方法有困难时，可以采用非概率抽样来避免概率抽样中容易抽到而实际无法实施或"差"的样本，从而避免影响对总体的代表度。

常用的非概率抽样方法有以下四类：

1. 方便抽样

指根据调查者的方便选取的样本，以无目标、随意的方式进行。例如：街头拦截访问（看到谁就访问谁）；个别入户项目（谁开门就访问谁）。

优点：适用于总体中每个个体都是"同质"的，最方便、最省钱。可以在探索性研究中使用，还可用于小组座谈会、预测问卷等方面的样本选取工作。

缺点：抽样偏差较大，不适用于要做总体推断的任何民意项目，对描述性或因果性研究最好不要采用方便抽样。

2. 判断抽样

指由专家判断而有目的地抽取他认为"有代表性的"样本。例如社会学家研究某国的一般家庭情况时，常以专家判断方法挑选"中型城镇"进行；也有家庭研究专家选取某类家庭进行研究，如选三口之家且子女正在上学的。在探索性研究中，如抽取深度访问的样本，可以使用这种方法。

优点：适用于总体的构成单位极不相同且样本数很小，同时设计调查者对总体的有关特征具有相当的了解（明白研究的具体指向）的情况。适合特殊类型的研究（如产品口味测试等）。操作成本低，方便快捷，在商业性调研中较多用。

缺点：该类抽样结果受研究人员的倾向性影响大，一旦主观判断偏差，则极易引起抽样偏差，不能直接对研究总体进行推断。

3. 配额抽样

指先将总体元素按某些控制的指标或特性分类，然后按方便抽样或判断抽样选取样本元素。

相当于包括两个阶段的加限制的判断抽样。在第一阶段需要确定总体的特性分布（控制特征）。通常，样本中具备这些控制特征的元素的比例与总体中有这些特征的元素的比例是相同的，通过第一步的配额，保证了在这些特征上样本的组成与总体的组成是一致的。在第二阶段，按照配额来控制样本的抽取工作，要求所选出的元素要适合所控制的特性。例如定点街访中的配额抽样。

优点：适用于设计调查者对总体的有关特征具有一定的了解而样本数较多的情况。实际上，配额抽样属于先"分层"（事先确定每层的样本量）再"判断"（在每层中以判断抽样的方法选取抽样个体）。费用不高，易于实施，能满足总体比例的要求。

缺点：容易掩盖不可忽略的偏差。

4. 滚雪球抽样

指先随机选择一些被访者并对其实施访问，再请他们提供另外一些属于所研究目标总体的调查对象，根据所形成的线索选择此后的调查对象。

第一批被访者是采用概率抽样得来的，之后的被访者都属于非概率抽样，此类被访者彼此之间较为相似。例如目前中国的小轿车车主等。

优点：可以根据某些样本特征对样本进行控制，适用于寻找一些在总体中十分稀少的人物。

缺点：有选择偏差，不能保证代表性。

（二）概率抽样

概率抽样又称随机抽样，指在总体中排除人的主观因素，给予每一个体一定的抽取机会的抽样。

其特点是抽取样本具有一定的代表性，可以从调查结果推断总体；操作比较复杂，需要更多的时间，而且往往需要更多的费用。

常用的有六种类型，下面分别予以介绍。

1. 简单抽样

即简单随机抽样，指保证大小为 n 的每个可能的样本都有相同的被抽中的概率。例如按照"抽签法""随机表法"抽取访问对象，从单位人名目录中抽取对象。

优点：随机度高，在特质较均一的总体中，具有很高的总体代表度，是最简单的抽样技术，有标准而且简单的统计公式。

缺点：未使用可能有用的抽样框辅助信息抽取样本，可能导致统计效率低；有可能抽到一个"差"的样本，使抽出的样本分布不好，不能很好地代表总体。

2. 系统抽样

将总体中的各单元先按一定顺序排列并编号，然后按照随机的规则抽样。其中最常采用的是等距离抽样，即根据总体单位数和样本单位计算出抽样距离（即相同的间隔），然后按相同的距离或间隔抽选样本单位。例如从 1000 个电话号码中抽取 10 个访问号码，间距为 100，确定起点（起点<间距）后每 100 个号码抽一访问号码。

优点：兼具操作的简便性和统计推断功能，是目前最为广泛运用的一种抽样方法。如果起点是随机确定的，总体中单元排列是随机的，等距抽样的效果近似简单抽样。与简单抽样相比，在一定条件下样本的分布较好。

缺点：抽样间隔可能遇到总体中某种未知的周期性，导致"差"的样本。未使用可能有用的抽样框辅助信息抽取样本，可能导致统计效率低。

3. 分层抽样

把调查总体分为同质、互不交叉的层（或类型），然后在各层（或类型）中独立抽取样本。例如调查零售店时，按照其规模大小或库存额大小分层，然后在每层中按简单随机方法抽取大型零售店若干、中型若干、小型若干；调查城市时，按城市总人口或工业生产额分出超大型城市、大型城市、中型城市、小型城市等，再抽出具体的各类型城市若干。

优点：适用于层间有较大的异质性，而每层内的个体具有同质性的总体。能提高总体估计的精确度，在样本量相同的情况下，其精确度高于简单抽样和系统抽样；能保证"层"的代表性，避免抽到"差"的样本；同时，不同层可以依据情况采用不同的抽样框和抽样方法。

缺点：要求有高质量的、能用于分层的辅助信息；由于需要辅助信息，抽样框的创建需要更多的费用，更为复杂；抽样误差估计比简单抽样和系统抽样更复杂。

4. 整群抽样

先将调查总体分为群，然后从中抽取群，对被抽中群的全部单元进行调查。例如入户调查时，按地块或居委会抽样，以地块或居委会等有地域边界的群体为第一抽样单位，在选出的地块或居委会实施逐户抽样。市场调查中，最后一级抽样时，从居委会中抽取若干户，然后调查抽中户家中所有 18 岁以上成年人。

优点：适用于群间差异小、群内各个体差异大、可以依据外观或地域的差异来划分的群体。

缺点：群内单位有趋同性，其精确度比简单抽样低。

5. 多级抽样

也叫多阶段抽样或阶段抽样。以二级抽样为例，二级抽样就是先将总体分组，然后在第一级和第二级中分别随机地抽取部分一级单位和部分二级单位。例如以全国性调查为例，当抽样单元为各级行政单位时，按社会发展水平（或按经济发展水平、地理位置）分层后，从每层中先抽几个地区，再从抽中的地区抽市、县、村，最后再抽至户或个人。

优点：具有整群抽样的简单易行的优点，同时，在样本量相同的情况下又比整群抽样的精确度高。

缺点：计算复杂。

6. 抽中概率与规模成比例抽样（PPS）

是不等概率中最常用的一种方法，指在总体中参照各单位的规模进行抽样（规模大的被抽取的机会大），总体中每个个体被抽中的概率与该个体的规模成正比的抽样。例如在进行企业调查时，根据 PPS 抽样方法抽取企业，令规模大的企业被抽取的机会大。

优点：使用了辅助信息，可以提高抽样方案的统计效率。

缺点：如果研究指标与规模无直接关系，不合适采取这种方法。

此外，在抽样方法划分上，还有多阶段抽样和两相抽样等，有兴趣的读者可参阅其他相关书籍。

前面谈到抽样方法的一些基本分类和各自特点，需要注意的是，在实际运用中，一个调查方案常常不是只局限于使用某一种抽样方式，而是根据研究时段的不同采用多种抽样方法的组合来实现不同的研究目的，有时甚至在同一时段综合运用几种抽样方法。

七、烟叶抽样方法

（一）现场检验时抽样数量和方法

每批（指同一地区、同一级别的烟叶）在 100 件以下者，取 10%～20% 的货件做样件。超出 100 件的部分取 5%～10% 的样件，必要时可酌情增加取样比例。

每件由中心向四周检验 5～7 处，取样量约为 3～5 kg 或 30～50 把。未成件的烟叶可全部检验或按部位取样 6～9 处。

如对现场检测有异议，则按国家规定的烤烟检验取样法取样，然后送上级主管标准部门进行检测。

（二）送检样品时取样方法

1. 品质检验取样

取样量为 5～10 kg，从现场打开的全部样品中平均抽取，每样件至少抽样 3 把。检验样件超过 40 件时，只需任选 40 件。

2. 水分检验取样

取样数量不少于 0.5 kg，从现场打开的全部样件中平均抽取，现场检验打开的样件超过 10 件，则超过部分每 2～3 件任选一件。每样件的取样部位为从开口一面的一条对角线上，等距离抽出 2～5 处，每处各一把，从每把中任取半把，放入密封容器中。化验时，从每半把中选完整叶 2～3 片。

3. 熄火烟检验取样

每一样件 5 处，每处任取 2 把，每把任取 1 片，从现场打开的全部样件中平均抽取。未成件的烟叶，按每 50 kg 平均取 10 把的要求取样，每把一片，共取 10 片叶，不足 50 kg 者仍取 10 把，每把 1 片。

4. 砂土检验取样

取样数量不少于 1 公斤，从现场检验打开的全部样件中平均抽取。如现场检验打开的样件多于 10 件，则任选 10 件为取样对象，每件任取 1 把。如双方有异议，可酌情增加。

八、卷烟抽样方法

（一）抽样要求

抽样的要求主要是 GB/T 5606.1—2004 中第 3 章抽样规则的内容。该标准仅适用于抽样检验实验室样品的抽取方法和试样的制备方法。常规检验实验室样品的抽取按照相应方法标准中对抽样的规定进行；产品开发等有特殊要求的检验不适用于该标准。

1. 批的确定

这里的批是对检查批的简称，所谓检查批是指为实施抽样检查汇集起来的单位产品。根据此定义，批可以理解为针对抽样检查而形成的一种概念上的集合，它因抽样目的或对象的不同而不同，具有很大的可变性。例如，上半年市场抽查中，批的概念应该是针对上半年的生产产品；二季度市场检查中，批的概念应该是针对二季度生产的产品；抽样检验某牌号条、盒、硬盒的产品，批的概念应该是针对条、盒、硬盒，而不是条、盒、软盒的产品。这就是我们始终强调"在规定时间内生产"以及"五个同一"为一批（即在规定时间内生产的同一牌号、同一规格、同一包装、同一价类、同一商品条码的卷烟为一批）的原因。

2. 样品及样品单位的确定

样品单位是指批中抽取用于检查的产品单位，ISO 8243：2013 中规定样品单位为盒，可是考虑到如果是以盒为样品单位，虽然代表性强，但将会给实验室检验条装卷烟带来不便。因此，抽样单位定为条是较为实际、方便的。本部分以 1 条（10盒、200 支）卷烟为样品单位。当 1 条卷烟不是 10 盒（200 支）包装（如一些特殊包装）时，应调整样品量以达到抽样要求的卷烟数量。型式检验及监督检验时，实验室样品由 5 个样品单位组成；出厂检验、单项或部分项目检验时，实验室样品应满足第 5 章试样制备所需数量的要求，并由不低于 3 个样品单位组成。

3. 抽样地点及人员

抽样地点的确定应根据本次抽样检验的目的而定。监督检验、型式检验的抽样是在商业仓库进行，一般根据任务要求确定；出厂检验的抽样是在工业仓库中进行。

抽样由检验任务委托或指定检验机构派遣的持有抽样通知书的专业人员完成，抽样小组应由质检机构的专业人员构成。抽样人员在抽样点抽样时，应由该抽样点的代表陪同，除非有其他的规定要求由质检机构人员单独完成抽样工作。抽样是质量检验中的一个重要环节，其真实性和代表性对最终的结果具有直接的影响，抽样人员应具有良好的职业道德，本着科学的态度完成抽样工作，样品只能在事先确定的批中进行抽取。

4. 抽样记录及封条

为方便记录抽样时的各种信息，抽样人员在抽样时应携带封条及记录表。抽样记录表的内容主要包括卷烟牌号、规格、包装、价类、商品条码和其他能区别不同批卷烟的特征信息，另外还应记录抽样时间、地点和抽样目的、抽样基数、抽样数量、生产日期、盒标焦油量、盒标烟气烟碱量、盒标烟气一氧化碳量等信息。抽样人应在表上签字，抽样表应一式三份。一份为抽样人员保留，便于对样品抽取中的信息进行分析；一份随样品包装，作为对样品的确认；第三份交抽样点备案，作为抽样的依据。应认真填写表中的内容以及与抽样有关的其他各类信息。

样品抽样后要及时加上封条，以便区别样品与其他卷烟。封条上的基本内容应认真填写，使样品具有溯源性。

（二）抽样程序

抽样程序是保证所抽取样品的随机性和公正性的重要环节之一。它仅意味着卷烟样品的每个样品单位都有被抽到的可能性，只有这样才能保证抽样的公正性。因此，在抽样前必须先确定一个详尽的抽样方案。

GB/T 5606.1—2004 的第 4 章抽样程序，规定了抽样所应遵循的严格步骤。

（三）试样制备

试样制备是完成检验工作的重要环节。试样的组成是依据卷烟质量的检验项目和程序确定的，如测试参数的数量、获得每一参数所需的烟支数量以及所采用的测试手段（图4-1）。经抽样获得的实验室样品送达质检机构后，采用随机抽取方式制备各项检验用试样的程序，只有严格按照试样制备的程序执行，才能从实验室样品制备出足够完成全部项目检验所需的试样，并能保留出较充足的留样。

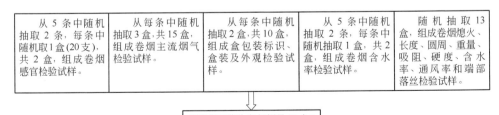

图 4-1　卷烟试样制备

九、片烟抽样方法

抽样是烤烟片烟质量检验的首要环节，本章主要介绍成品烤烟片烟现场检验（包装外观检验、重量检验、杂物检验）和实验室检验（含水率检验、化学检验）抽取样品的方法，目的在于使学员了解和掌握烤烟片烟质量检验的抽样方法，保障抽样的准确性和代表性。抽样人员应不少于 2 人。

（一）确定抽检批

抽样前，抽样人员依据被抽样单位的当前烤烟片烟库存报表或结存清单，经核对无误后，确定抽取的批次。

确定抽取的单批次应符合以下要求：同批抽检样品应为同一复烤厂生产的同类型、同等级（或等级编号）、同客户单位的烤烟片烟；片烟应为打叶复烤企业检验合格的产品。

（二）包装外观检验抽样方法

《打叶烟叶　质量检验》（YC/T 147—2010）对包装外观检验抽样有如下规定：在成品存放库，同批次同等级产品按 2% 抽样，不足 100 箱按 2 箱抽样，两个样品箱的箱号应间隔 20 以上。

抽取的该批片烟按箱编号从小到大均匀分成 5 段，采取随机抽样法，每段抽取 1 个片烟箱，共计抽取 5 个片烟箱，抽取的片烟箱须至少间隔 10 个编号，并填写抽样单。

在日常检验中，应按 YC/T 147—2010 规定的方法进行抽样，而在专项监测中，应按照专项监测实施方案进行抽样。

在抽到样品箱后，具体的检验方法在下一章介绍。

（三）质量检验抽样方法

《打叶烟叶　质量检验》（YC/T 147—2010）对质量检验抽样有如下规定：在成品存放库，同批次同等级产品按 2% 取样，不足 100 箱按 2 箱抽样，两个样品箱的箱号间隔应在 20 以上。

抽取的该批片烟按箱编号从小到大均匀分成 5 段，采取随机抽样法，每段抽取 1 个片烟箱，共计抽取 5 个片烟箱，抽取的片烟箱须至少间隔 10 个编号，并填写抽样单。

在日常检验中，应按 YC/T 147—2010 规定的方法进行抽样，而在专项监测中，应按照专项监测实施方案进行抽样。

（四）杂物检验抽样方法

《打叶烟叶　质量检验》（YC/T 147—2010）对杂物检验抽样有如下规定：在成品

存放库，同批次同等级产品按 2%取样，不足 100 箱按 2 箱抽样，两个样品箱的箱号应间隔 20 以上。

抽取的该批片烟按箱编号从小到大均匀分成 5 段，采取随机抽样法，每段抽取 1 个片烟箱，共计抽取 5 个片烟箱，抽的片烟箱须至少间隔 10 个编号，并填写抽样单。

在日常检验中，应按 YC/T 147—2010 规定的方法进行抽样，而在专项监测中，应按照专项监测实施方案进行抽样。

（五）含水率检验抽样方法

《打叶烟叶　质量检验》（YC/T 147—2010）对含水率检验抽样有如下规定：在成品存放库，同批次同等级产品按 2%抽样，不足 100 箱按 2 箱抽样，两个样品箱的箱号应间隔 20 以上。掀开 15～20 cm 厚的叶片，沿两个对角线在四等分点各取 30～40 g 样品，混合后装入样品容器，加标识备用。抽取的该批片烟按箱编号从小到大均匀分成 5 段，采取随机抽样法，每段抽取 1 个片烟箱，共计抽取 5 个片烟箱，抽取的片烟箱须至少间隔 10 个编号，并填写抽样单。

在样品箱抽取完毕后，进行含水率样品抽样。对抽取的片烟箱开箱抽样时，应掀开 15～20 cm 厚的叶片，沿两个对角线在四等分点（共 5 个点）各取 50～70 g 样品（每个片烟箱抽取样品总重约 250～350 g），混合后立即装入样品袋密封，并标识片烟箱编号（编号应具有唯一性）。每批次的 5 个样品应单独密封，不得相互混合。

在日常检验中，应按 YC/T 147—2010 规定的方法进行抽样，而在专项监测中，应按照专项监测实施方案进行抽样。

（六）化学检验抽样方法

《打叶烟叶　质量检验》（YC/T 147—2010）和专项监测实施方案中，化学检验抽样方法均与含水率检验抽样方法相同，这里不再赘述。

第二节　制样

一、基本概念

样品制备是指对抽取的样品进行分取、粉碎及混匀等过程，保证样品处于最佳状态以及分析所需的最佳纯度水平。

二、样品制备的目的

样品制备的目的是要保证样品十分均匀，使在分析时取任何部分都能代表全部样品的成分，为获得高质量的测定结果奠定基础。

三、样品制备的方法

样品由不同的方式来制备，主要取决于其材料的性质以及分析检测的预期目标。一般而言，用连续流动分析仪检测烟草及烟草制品中的化学成分，一般依据烟草行业标准《烟草及烟草制品试样的制备和水分测定 烘箱法》（YC/T 31—1996），具体来说包括以下步骤，见图4-2。

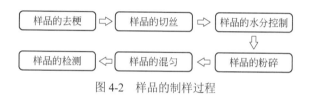

图 4-2 样品的制样过程

1. 样品的去梗

这是针对烟叶样品而言的。烟叶中心有一个较粗的梗，称为主脉。从主脉向外扩展伸长的较小的梗是支脉，从结构上支撑烟叶。一般在工业加工中烟叶是需要去梗的，因为烟叶梗是厚而硬的，比烟叶含孔多，更能紧密地保持水分，其烟碱含量和糖分较叶片低。对于化学成分检测，一般是测定叶片中的含量，所以在制样时需要进行去梗处理。烟叶的去梗就是去除烟叶的主脉，叶尖部只含有直径小的主脉，可以不去梗。关于去梗方法，实验室采用的是人工去梗或者小型去梗机去梗，沿主脉两侧从叶柄部撕开即可。

2. 样品的切丝

样品的切丝是将去梗后的叶片用切丝机切成一定宽度的丝状，以便于样品的进一步粉碎。目前市售的烟叶切丝机有很多种：主要包括旋转式切丝机、滚刀式切丝机和上下式切丝机等。烟草化学检测样品制备对切丝机没有特殊的要求，唯一需要注意的是在切丝过程中，特别是样品量较大的情况下需要确保切丝机的温度不能过高。

3. 样品的水分控制

对于烟草化学检测而言，烟叶水分是必检项目之一。为了提高烟草样品制备的可操作性和便利性，需要对样品特别是鲜烟叶和初烤烟样品水分进行适当的控制，有利于样品的粉碎和混匀。一般而言，样品的水分控制采用两种方法。

① 自然晾干：即将样品暴露于空气中自然晾干一段时间，避免阳光直射，以手摸能捻碎为宜。该方法对周围环境有一定的要求，要求空气水分含量较低，能达到晾干的目的，同时确保环境温度不高于 40℃，适合于样品量较大的鲜烟叶和初烤烟。

② 烘箱法：将样品放置于烘箱中，设置一定温度进行烘干，以手摸能捻碎为宜，烘箱温度不高于40℃。该方法更适用于样品量较小的烟丝、烟梗、再造烟叶等。

4. 样品的粉碎

YC/T 31—1996 标准中规定将烘好的样品进行研磨，持续研磨时间不应超过2 min（研磨时间过长会造成温度升高，有可能引起植物碱的损失），然后过 40 目筛。这种方法是手工方法，适合样品量较小的样品制备，工作效率不高。随着时代的进步和科技的发展，目前样品的粉碎都是采用电动粉碎机进行操作。因粉碎机是高速运转，很容易造成样品的温度急速升高，所以在样品粉碎过程中需要特别注意控制粉碎机的温度。同时考虑到样品的粉碎效果，一般采用点进式粉碎，即采用"开-关-开-关"的模式进行，每隔一定时间关闭粉碎机，使温度能恒定在一定范围。粉碎不同样品时，粉碎结束后，应打开粉碎机，充分清扫，既可以达到不同样品的有效隔离，又能及时降低粉碎机的温度。粉碎机出料口自带筛网，可根据样品要求自由更换目数，显著提高了粉碎效率。表 4-1 显示粉碎效率对比。另外，电动粉碎机一般自带筛网，可以根据化学检测要求更换筛网。

表 4-1　样品的粉碎效率对比

样品重量/kg	手工研磨耗时/min		粉碎机耗时/min
	研磨	过筛	
0.5	15	10	2
1.0	30	20	5
5.0	100	60	15

5. 样品的混匀

连续流动法检测样品化学成分对样品的需要量比较少，具体见表 4-2。而为了保证样品的代表性，取样时一般取样量都比较大，这就要求样品制备时要充分混匀。YC/T 31—1996标准中规定将过筛后的样品装入洁净干燥的广口瓶中密封，通过摇动混匀，这适用于样品量较少的情况。在样品量较大时，目前都采用混匀机（仪）进行混匀。目前市售的混匀机类型主要包括：滚筒式混匀、恒温混匀、螺带混匀、锥形混匀等，混匀机的优点在于避免人工混匀，转速、时间可灵活调节，提高工作效率。

表 4-2　部分检测指标所需最小样品量

检测指标	最小样品量/g	备注
水分	2.00	
总植物碱	0.25	标准方法中，样品前处理的操作一样，可合并处理
水溶性糖		
氯		
钾		
总氮	0.10	

注：表中列出部分指标最小样品量，在化学检测中都需要平行样。

6. 样品的检测

将混匀后的样品依据检测方法进行相关指标的检测。

第三节　烟草及烟草制品水分的测定

一、水分测定的意义

（一）烟草加工、贮存、品质等要求有一定水分

烟草和其制品都有吸湿性，它们都含有水分。水分的多少对烟草的贮存、运输、加工及其制品的质量，都有极其重要的影响，如初烤烟叶要求水分为 16%～18%，复烤烟叶要求水分 11%～13%。这是因为水分过高，烟叶容易霉变，不安全，而霉变烟叶按照要求无法进入卷烟配方，属于报废烟叶。水分过低又容易造碎，损失较大，同时对烟叶的感观质量造成一定的影响，分级人员无法做出准确的判定。在卷烟生产的各个环节中，为了有利于加工、提高烟草制品质量，在不同工段，对烟草含水量也都有不同的要求。如打叶要求水分 19%～22%，这是因为叶片在此含水量范围内时，叶脉与叶片之间的强度弱，打叶时叶片容易沿叶脉撕裂，打叶需均匀性较好。切丝要求水分为 17%～19%，这是因为此时叶片不易破碎，具有弹性和柔软性，切丝时省力，切后烟丝又易松散，需提高打叶烟叶的成丝率。烘丝要求水分为 11%～13%，这是因为损失一部分水分后，便于卷烟机工作。成品卷烟要求水分为 11%～13%，这是因为卷烟水分过低，吸食时呛辣，水分过高时又易熄火，平淡无味。如同食品一样，只有水分适度，卷烟燃吸时才能有较好的质量。烟草与其他物品不同之处还在于，烟草含

水量适宜时，可以更好地醇化，提高烟草质量。因而烟草水分需要经常检测。

（二）烟草化学检测结果要求无水分

烟草本身是胶质多孔物质，很容易吸收外界水分，其含水量也随外界条件而变。为了保证分析结果的准确性，在分析的同时必须测定样品水分，求出样品的含水率，以便将分析结果用干基表示。这样可以不考虑外界条件对烟草成分的影响，能直接比较各种样品的组成和化学成分的差异。因而烟草水分含量的测定是烟草行业经常要分析的项目之一。

（三）水分存在形态

烟草中水分有多种存在形式（如凝结水、潮解水、结晶水等），大体上可分为两类：自由水和结合水。

自由水又称体相水、滞留水，是指烟草表面物理吸附的水、毛细管凝结水、胶体盐类的潮解水等，它们大多以分子间作用力结合在一起，能在生物体内或细胞内自由流动是良好的溶剂和运输工具。自由水占总含水量的比例越大，原生质的黏度越小，且呈溶胶状态，代谢也愈旺盛。

结合水又称为束缚水或固定水，是指存在于溶质或其他非水组分附近、与溶质分子之间通过化学键结合的那一部分水，具有与同一体系中体相水显著不同的性质，如呈现低的流动性，在-40℃不结冰，不能作为所加入溶质的溶剂，在核磁共振氢谱（HNMR）中使氢的谱线变宽。根据结合水被结合牢固程度的不同，结合水又可分为化合水（compound water）、邻近水（vicinal water）和多层水（multilayer water）。各种形态水的结合能量不同，去除的难易程度不同，对烟草性质的影响也不同。对于不同品种的烟草，各种形态水的含量差别也很大。因此，烟草水分测定这一问题并不那么简单，测定方法虽然很多，但都有一定的局限性。现在国际烟草科学研究合作中心（CORESTA）专门成立了关于这一问题的研究小组。国际标准化组织（ISO）也指定了参考分析方法。总之烟草水分测定是一项很重要且常规的工作，但要准确测定水分的形态是一件很难的事。

目前，烟草水分的测定方法有烘箱法、共沸蒸馏法、卡尔·费休法、气相色谱法、电导法等等。实验室最常用的方法是烘箱法，其次是卡尔·费休法。国际烟草科学研究合作中心曾经对各个国家使用的水分测定方法进行调查，发现各国虽然均使用烘箱法，但是测定条件（温度、烘干时间、样品在烘箱内摆放位置等）各不相同，并且各国也无意建立一个烘箱法测定烟草水分的国际标准。

二、烟草水分常用的测定方法

测定烟草水分的方法可分为两大类：物理法和化学法。

物理法包括干燥法、电学法、蒸馏法等，是利用物理性能测定烟草水分；而化学法是利用化学反应来测定。通常多用物理法测定水分。

干燥法：凡测量中用干燥前后样品重量之差确定样品水分含量的方法，都称作干燥法。它包括烘箱干燥法、红外线干燥法，干燥剂干燥法等。

电学法：因烟草电学性质与其水分含量有关，所以测量烟草电学性质的大小可以间接测量烟草水分，这类方法称作电学法。通常又可分为电导法和电介法两种。电导法就是用测量烟草电导性能来确定烟草水分的方法；电介法就是利用测量烟草电介性能来确定其含水量的方法。目前我国使用的仪器中，电导法较多，电介法较少。

蒸馏法：与水不互溶的有机溶剂和烟草样品一起煮沸时，样品中的水与有机溶剂形成共沸，一起被蒸馏出来。冷凝分离后可测得含水量。

化学法：包括利用化学反应测定烟草水分的各种方法，常用的有卡尔·费休法。现将几种常用的、重要的水分测定方法介绍如下。

（一）烘箱干燥法

可分为常压烘箱干燥法和减压烘箱干燥法两种。

1. 常压烘箱干燥法

将已称重的样品置于 100～105℃的普通鼓风烘箱中，经过一段时间（一般是 2 h），样品中的水分蒸发散失掉，得到无水的干样。在干燥器中冷却至室温后称重，通过初样重和干样重之差便可得到烟草水分重，求得含水率。烘干的方法有两种。一种是恒重法：在一定条件下烘至恒重，即连续两次加热冷却（在硅胶干燥器中）后重量的变化在一定范围内（一般取 0.03%）即认为达到了恒重。另一种方法是定时法：在一定条件下连续烘干一定时间，即认为达到了恒重。恒重法是测定含水率的基础，定时法是根据恒重法的测定结果而制定的。一般说来，前一种方法较为严格，后一种方法比较简单。目前烟草行业烘箱法测定水分采用的是《烟草及烟草制品 试样的制备和水分测定 烘箱法》（YC/T 31—1996）中推荐的方法，为后一种烘干方法。这种方法测定水分比较费时间，但操作简便，设备简单，所以应用较广，被定为我国烟草水分测定的标准方法，也是其他方法（如电学法）的校验方法。

YC/T 31—1996 标准中规定的操作步骤如下：

（1）测试次数

每个试样平行测定两次。

（2）测定方法

将编写有号码的洁净称量皿打开盖子，一同放入烘箱中，在(100±1)℃下烘干 2 h，加盖取出称量皿，放入硅胶干燥器中冷却至室温（约 30 min），立即称重（m_0），精确至 0.001 g。向称量皿中加入 2~3 g 试料，称重（m_1），精确至 0.001 g。将称量皿打开盖子，一同放入烘箱中。每 275 cm² 放置一个称量皿，且只使用烘箱中央的一层隔板，在(100±1)℃下烘干 2 h。加盖取出称量皿，放入硅胶干燥器中冷却至室温（约 30 min），称重（m_2），精确至 0.001 g。

（3）结果的计算与表述

试样的水分含量（即含水率），按下式进行计算：

$$w = \frac{m_1 - m_2}{m_1 - m_0} \times 100\%$$

式中　w——试样的水分含量（质量分数），%；

　　　m_0——称量皿质量，g；

　　　m_1——烘干前称量皿与试料的总质量，g；

　　　m_2——烘干后称量皿与试料的总质量，g。

以两次平行测定的平均值作为测定结果，精确至 0.01%；水分测定值的有效期为 15 天。

（4）精密度

两次平行测定结果绝对值之差不应大于 0.10%。

原则上，烘箱法测量水分的方法适用于下列情况：

① 自由形态的水分排除得应很完全。

② 水是唯一的挥发物质，样品中不含其他易挥发的物质或挥发性物质很少。

③ 样品中不含易热解、易氧化的物质，或热解、氧化等化学反应所引起的重量变化可以忽略不计。

由于烟草中的水有多种存在形态，它们的结合能也各不相同。在烘箱法测定水分的条件下，烟草中的水分不可能完全去除，只能去除烟草中自由形态的水。化学形态的结合水用此方法是不能完全去掉的。此外烟草中还含有易挥发物质、易氧化物质和热不稳定物质等，这些都影响分析结果。因而烘箱干燥法测定烟草水分有很强的条件性。测定条件必须严格控制，否则会有不同结果。

国际化标准化组织（ISO）曾建议在进行国际烟草贸易时，烟草水分的测定采用烘箱法，温度为（100±1）℃，烘干至恒重。目前，世界各国采用烘箱法测定烟草含水率的条件各不相同，很难有一个统一的意见。美国公职分析化学家协会（AOAC）采用（99.5±0.5）℃的烘干温度；国内烟草行业有采用（100±1）℃的，也有采用（100±2）℃的，有些企业标准还采用（100±5）℃；其他行业水分测定的烘干温度也各不相同。国内烟草行业多年来一直采用 100℃ 左右的烘干温度测定水分，一般来讲，在此温度下只使用烘箱的中层隔板，控制样品盒放置密度即可。对于调制后的烟叶制成的烟末样品，1.5 h 就可达到恒重；对于卷烟烟丝制成的烟末样品，由于有外加的保润剂，水分不易去除，2 h 可达到恒重。

烘箱法测定含水率是从烘箱温度升至 100℃时开始计时，干燥 2 h 后冷却称重。其实，在烘箱温度升至（100±1）℃的升温时间内，样品中也有极少量挥发性物质挥发，所以，应尽可能减少升温时间，并在干燥接近 2 h 时完成含水率的测定。因此，在开关烘箱门的时候建议小开，能把样品置入烘箱即可；置入、取出样品时，应尽可能迅速，建议一次性放入、取出，但不能使用实底托盘，可以使用网状物代替托盘，以免影响烘箱通风均匀性。

样品盒虽然没有规定具体尺寸，但标准中给出了一定范围（直径 40～65 mm，高 20～45 mm），过大会影响烘箱通风效果，过小则会造成样品堆放不均匀，水分去除不完全。

YC/T 31—1996 已有 20 多年的时间了。20 多年来，烘箱技术飞速发展。比如，标准中规定样品放置密度为每 275 cm^2 一个样，这主要是考虑到当时烘箱的干燥能力。按此要求，一般烘箱每次只能放置 2 个样品左右。在最新的卷烟烟丝含水率测定方法中，规定的放置密度（个/120 cm^2）下，同样可以达到恒重。标准中也提到，在此之前的放置密度为每 650 cm^2 一个样品，这本身就说明了烘箱的技术在进步。当然，在标准没有修订之前，还应采用 1996 年所制定的标准。

含水率测定过程中，样品盒称重、烘干前和烘干后称重的精度，都会影响最终测定结果。标准中规定，每次称重精确至 0.001 g，且平行测定结果之间差值不得大于 0.10%。每次样品称重 2～3 g，即便是 0.001 g 的误差，2 g 和 3 g 样品反映出来的含水率误差就是 0.02%，如果多个环节都存在误差，很容易造成含水率结果不可靠。因此，建议在样品称量时，平行样品的量应尽量接近。

在烘箱法中，干燥器使用变色硅胶。应该注意，硅胶干燥过的空气并不是绝对干燥的。例如，20℃时硅胶干燥过的空气中水分为 0.003～0.5 mg/L，因此样品盒从烘箱中取出并放入硅胶干燥器中冷却到室温后，应立刻称重，否则烟末样品会重新吸收水分，造成结果偏低。

如果各项成分分析能同时或者在较短时间内进行，则测定一次水分即可。如果各项分析间隔时间较长，样品会逐渐吸收水分致使水分含量发生变化，则应多次测定。

由于常压烘箱干燥法控制的温度比较高（100～105℃），干燥的时间也比较长，容易造成样品发生化学变化和易挥发物质的损失，影响测量结果。所以本法适用于不易被热解、稳定性好、不含其他挥发组分的样品。而且样品一经测定即报废，不可用此样再测。

2. 减压烘箱干燥法（即真空烘箱干燥法）

减压烘箱干燥法的原理是通过抽真空减压，使样品中的水分在较低的温度下蒸发散失。该法控制的温度是 80℃，压力是 1333.22 Pa（即 10 mmHg），干燥时间为

2 h。它所能测出的水分比常压烘箱干燥法多，其结果一般会高出 0.1%～0.5%。

由于常压烘箱干燥法要求的温度高，对烟草样品讲容易发生下列变化：如糖类碳化、不饱和物被氧化、易挥发物散失等。这些作用都会影响测量结果的准确性。而减压烘箱干燥法要求温度低，在糖类碳化、不饱和物氧化等方面，比常压烘箱干燥法好得多。因而它比常压烘箱干燥法更准确些。

但是本法对那些含挥发性组分多的样品不太适用，因为抽空减压时会使大量挥发性物质散失掉，影响分析结果。

减压干操法测水分要求烘箱内各部位的温度要均匀一致。干燥时间越短，要求真空烘箱内各部位的温度越要均匀一致。有人实验，干燥温度为 70℃时，温度相差 1℃，分析结果就会有约 1% 的偏差。

（二）化学法（卡尔·费休法）

卡尔·费休法是一种利用化学反应来测定水分的方法。

卡尔·费休法的基本原理是碘氧化二氧化硫时，需要一定量的水，其反应方程式可表示如下：

$$I_2 + SO_2 + 2H_2O \rightleftharpoons 2\,HI + H_2SO_4$$

利用此反应，可以测定很多有机物或无机物中的 H_2O。但上述反应是可逆的，要使反应向右进行，需要加入适当的碱性物质以中和反应后生成的酸，体系中加入吡啶（C_5H_5N）和甲醇可以满足此要求，使反应能顺利进行。

$$I_2 + 3C_5H_5N + SO_2 + H_2O \longrightarrow 2C_5H_5N \cdot HI + C_5H_5N \cdot SO_3$$

生成的 $C_5H_5N \cdot SO_3$ 很不稳定，能与水发生反应，消耗一部分水。当有甲醇时，可防止上述副反应的发生，生成稳定的甲基硫酸氢吡啶。

$$C_5H_5N \cdot SO_3 + CH_3OH \longrightarrow C_5H_5N \cdot HSO_4CH_3$$

但实际使用的卡尔·费休试剂中，二氧化硫、吡啶和甲醇都是过量的。例如，对于常用的卡尔·费休试剂，若以甲醇作溶剂，每 1 mL 可滴定 3.5 mg 左右的水，则试剂中碘、二氧化硫和吡啶三者的物质的量之比为

$$I_2 : SO_2 : C_5H_5N : CH_3OH = 1 : 3 : 10 : 50$$

卡尔·费休试剂的有效浓度取决于碘的浓度。新鲜配制的试剂，其有效浓度不断降低，这是由于各种试剂中本身含有水分，反应消耗一部分碘，另外还由于一些副反应，也消耗一部分碘，使初配试剂浓度降低。

因此新配制的卡尔·费休试剂，需混合后放置一定时间才能使用，同时，每次使用前均应标定。卡尔·费休试剂的浓度可用标准溶液进行标定，也可以采用稳定的水合盐标定。常用的水合盐为酒石酸钠二水合物（$Na_2C_4H_4O_6 \cdot 2H_2O$），其理论含水率为 15.66%。

用卡尔·费休试剂测定水分的滴定终点，可用试剂本身中的碘作为指示剂，试

液中有水存在时呈淡黄色，接近终点时呈琥珀色，当刚出现微弱的黄棕色时，即为滴定终点，棕色表示有过量碘存在。这种确定终点的方法适用于含有 1%或更多水分的样品，所产生的误差并不大，如测定样品中的微量水或测定深色样品时，常用"永停法"确定终点。烟气粒相物中的水分，就可用"永停法"确定终点。

卡尔·费休法是一种迅速而又准确的水分测定法，被广泛用于多种化工产品的水分测定。卡尔·费休法测定烟草水分的具体内容如下：

1. 主要仪器

① 反应瓶：容积为 200 mL，侧面磨口上封装白金电极丝两根，可用"永停法"确定终点。

② 自动滴定瓶：滴定管容积为 25 mL。

③ 电磁搅拌器：可调节搅拌速度。

④ 氮气瓶。

2. 主要试剂（卡尔·费休试剂）及配制

① 无水甲醇：含水率应在 0.05%以下。若含水率偏高，可按如下方法脱水。量取甲醇约 200 mL，置于干燥圆底烧瓶中，加表面光洁的镁条（或镁屑）15 g 与碘 0.5 g，加热回流至金属镁转变成白色絮状的甲醇镁。再加入甲醇 800 mL，继续回流至镁条（或镁屑）溶解。然后分馏、收集 64～65℃馏出的甲醇，用干燥的吸滤瓶作接受器。在加热回馏和蒸馏时冷凝管的顶端和接受器的支管上要装氯化钙干燥管。此外，甲醇有毒，处理时应避免吸入其蒸气。

② 无水吡啶：含水率在 0.1%以下，可用下述方法脱水。取吡啶 200 mL 置于干燥的蒸馏瓶中，加苯 40 mL，加热蒸馏。收集 110～116℃馏出的吡啶。

③ 碘：将碘置于硫酸干燥器内，干燥 48 h 以上。

④ 配制法：取无水吡啶 133 mL 与碘 42.33 g，置于带塞烧瓶中冷却，振荡至碘全部溶解后，加无水甲醇 333 mL，称重。将烧瓶置于冰盐浴中充分冷却，通入经硫酸脱水的二氧化硫至质量增加 32 g 为止。密塞、摇匀。在暗处放置 24 h 后，进行标定。

本液应避光密封，置阴凉干燥处保存。临用前均应标定。

⑤ 标定：取容积为 50 mL、干燥并带有标准磨口的圆底烧瓶，加入 40 mL 无水甲醇，加热回流 15 min，移开热源，静置 15 min，使冷凝在冷凝器内壁上的液体流下来。

取干燥的反应瓶，用经过 4A 分子筛气体干燥塔的氮气驱除反应瓶中的水汽。精确称取蒸馏水 30 mg 左右，加无水甲醇 2～5 mL，不断搅拌，用卡尔·费休试剂仔细滴定至溶液色泽由淡黄色转变为黄棕色（终点颜色）。另做空白实验校正。无水甲醇取自上述经回流处理过的。整个滴定操作在氮气流中进行。按下式计算卡尔·费休试剂对水的滴定度，以 F 表示：

$$F = \frac{W}{A - B}$$

式中　F——卡尔·费休试剂对水的滴定度，即 1 mL 试剂可滴定水的质量，
　　　　　　mg·mL^{-1}；
　　　W——称取蒸馏水的质量，mg；
　　　A——标定消耗卡尔·费休试剂的体积，mL；
　　　B——空白实验所消耗卡尔·费休试剂的体积，mL。

3. 测定方法

精密称取样品（精确至 0.001 g），其中约含水 100 mg。将样品放入容积为 50 mL、干燥、带有标准磨口的圆底烧瓶中，加入 40 mL 无水甲醇，装好冷凝器（该冷凝器已用无水甲醇回流处理过，即加热回流 15 min，随后静置 15 min），回流萃取 20 min，冷却后吸取萃取液 10 mL，放到反应瓶中，不断搅拌，用卡尔·费休试剂滴定至终点。整个操作在氮气流中进行，而且要防止外界水气进入，并要求重复实验。

另做空白实验校正，即取 10 mL 上述经过回流处理过的无水甲醇，用卡尔·费休试剂滴定。按下式计算样品水分含量。

$$样品含水率 = \frac{4F(A - B)}{S} \times 100\%$$

式中　F——卡尔·费休试剂对水的滴定度，mg/mL；
　　　A——样品萃取液所耗卡尔·费休试剂的体积，mL；
　　　B——空白实验消耗卡尔·费休试剂的体积，mL；
　　　S——样品的质量，mg。

4. 讨论

① 样品的细度为 40 目，宜用破碎机处理，不宜用研磨机处理。

② 样品试剂可用甲醇或吡啶，这些无水试剂宜加入无水硫酸钠保存。此外，其他试剂有甲酰胺或二甲基甲酰胺。

第五章

烟草中总植物碱的测定

第一节 氰化钾方法

一、标准方法的背景及演变

自 1960 年首次用连续流动分析仪测定总植物碱以来，通过详细的研究，至 20 世纪 80 年代初方法已基本成熟。

总植物碱的连续流动分析采用 Konig 反应。所谓 Konig 反应，就是用溴化氰（CNBr）将吡啶类化合物的吡啶环断开，然后与芳香胺反应生成一橘黄色化合物，该化合物稳定性较差。1942 年，Werle 和 Becker 研究了烟碱与 α-萘胺、β-萘胺、联苯胺和苯胺的 Konig 反应。在水溶液中反应时，α-萘胺、β-萘胺和联苯胺均产生浑浊，无法用于比色分析；苯胺不产生混浊，可用于比色分析。他们还发现，试剂的加入次序、pH 值、反应时间、试剂浓度均对反应产物的吸光值产生影响。最佳 pH 值为 6.1，苯胺浓度为 0.01 mol·L^{-1} 时达到最大吸光值。其他条件不变时，吸光值随溴化氰浓度的增加而增加，只要先向烟碱溶液中加入苯胺，或与溴化氰同时加入，达到最大吸光值的时间为 4～5 min，最大吸收波长为 480 nm。

1960 年，Sadler 首次将 Konig 反应应用于总植物碱的连续流动分析，他使用烟末的碱性水蒸气蒸馏馏出液，发现随着 pH 值的降低，吸光值增加，pH = 5.4 时吸光值达到最大，此时最大吸收波长为 460 nm。Sadler 还发现，较低的 pH 值有利于比色池冲洗干净，能有效避免样品之间的污染。另外，加入 20%甲醇降低溶液的表面张力也有利于将比色池冲洗干净。与硅钨酸重量法相比，Sadler 方法的准确度达到±0.01%。

Sadler 实现了总植物碱的连续流动分析，而且有很高的准确度，但必须使用烟末的碱性水蒸气蒸馏馏出液，而水蒸气蒸馏比较繁琐费时，影响了连续流动分析方法快速高效优点的发挥，制约了分析效率，因此有必要对样品的前处理进行简化。1967 年，Harvey 对此进行了研究，并于 1969 年做了改进。Harvey 采用 5%醋酸-20%甲醇水溶液作为萃取剂加入样品中，同时加入活性炭，浸泡过夜后经滤纸过滤，滤液直接用于连续流动分析。活性炭的作用是除去干扰物质，它与样品的比例以 1.5∶1 较为合适。1969 年，Collons 采用了另外一种去除干扰物质的方法，利用渗透膜的选择性渗透作用透过烟碱而不透过干扰物质。他的萃取方法是用萃取剂浸泡样品过夜，经过滤纸的过滤液直接进样。他还实验了多种萃取剂的萃取效率，有硫酸溶液（0.05 mol/L，0.5 mol/L，1.7 mol·L^{-1}），氢氧化钠溶液（0.1 mol·L^{-1}，1 mol·L^{-1}，3 mol·L^{-1}），0.4%硼酸溶液，0.2 mol/L 盐酸-20%甲醇水溶液，水等。在这些萃取剂中，只有 0.2 mol·L^{-1} 盐酸-20%甲醇水溶液对各种类型烟草的萃取效率在 95%以上。据报道，Harvey 和 Collons 方法的准确度基本与分光光度法相同。Harvey 和 Collons 方法均大大简化了样品的前处理操作，提高了工作效率。两种方法相比，Harvey 的方法需要加入萃取剂和活性炭，悬浮液需经过两步移液，Collons 的方法只需一步移液操作，因此 Collons 的方法更为简便，也节省试剂。Charles 曾成功地用 Collons 的方法测定了总粒相物中的总植物碱（萃取剂为异丙醇）。

1976 年，Davis 在研究用同一萃取液同时分析还原糖和总植物碱两个项目时，样品的前处理方法改为用 5%醋酸水溶液萃取振荡 10 min，可有效萃取还原糖和总植物碱，避免了强酸对低聚糖的水解。同时，用在水中溶解性能较好的对氨基苯磺酸取代苯胺。最佳反应 pH 值为 7.0，最大吸收波长为 460 nm。

溴化氰具有剧毒、易挥发、易爆炸、易分解的性质，日常的使用和贮存需要非常注意。1981 年，Harvey 在 Davis 方法的基础上，借鉴氰离子与氯胺 T 反应生成氯化氰的原理，在自动分析仪上在线反应生产氯化氰，代替溴化氰，克服了溴化氰的缺点，取得了良好的效果。Harvey 发现，氯胺 T 与氰化钾应尽可能同时导入流路，且氰化钾在先。如果氯胺 T 先导入，则它会先与对氨基苯磺酸反应，干扰测定。

国际烟草科学研究合作中心（CORESTA）于 1994 年发布了 35 号推荐方法，它与 Harvey 改进 Davis 的方法基本相同，采用水为萃取剂振荡萃取 30 min。如果同一萃取液同时测定总植物碱和还原糖，则以 5%醋酸水溶液为萃取剂。

我国烟草行业在 1995～2000 年对 CORESTA 35 号推荐方法进行了验证实验，并与经典法进行了对比。经验证，CORESTA 35 号推荐方法的萃取方法、试剂浓度、管路配制均合理，决定直接采用 CORESTA 35 号推荐方法。2002 年正式发布实施 YC/T 162—2002《烟草及烟草制品 总植物碱的测定 连续流动法》（氰化钾方法）。

二、标准方法的介绍

烟草行业标准《烟草及烟草制品 总植物碱的测定 连续流动法》（YC/T 162—2002）于 2002 年 9 月 12 日发布，2002 年 12 月 1 日正式实施。该标准适用于烟草及烟草制品的总植物碱的测定。其主要内容包括以下几个方面：

1. 方法原理

用水萃取烟草样品，萃取液中的总植物碱（以烟碱计）与对氨基苯磺酸和氯化氰反应，氯化氰由氰化钾和氯胺 T 在线反应产生。反应产物用比色计在 460 nm 测定。

研究表明，用水和 5%醋酸溶液萃取可得到相同的结果。若总植物碱和水溶性糖同时分析，建议采用 5%醋酸溶液作为萃取剂。

2. 试剂

使用分析纯级试剂，水应为蒸馏水或同等纯度的水。

（1）Brij35 溶液（聚乙氧基月桂醚）

将 250 g Brij35 加入 1 L 水中，加热搅拌直至溶解。

（2）缓冲溶液 A

称取 2.35 g 氯化钠（NaCl），7.60 g 硼酸钠（$Na_2B_4O_3 \cdot 10H_2O$），用水溶解，然后转入 1 L 容量瓶中，加入 1 mL Brij35，用蒸馏水稀释至 1 L。使用前用定性滤纸过滤。

（3）缓冲溶液 B

称取 26 g 磷酸氢二钠（Na_2HPO_4），10.4 g 柠檬酸 [$COH(COOH)(CH_2COOH)_2 \cdot H_2O$]，7 g 对氨基苯磺酸（$NH_2C_6H_4SO_3H$），用水溶解，然后转入 1 L 容量瓶中，加入 1 mL Brij35，用蒸馏水稀释至 1 L。使用前用定性滤纸过滤。

（4）氯胺 T 溶液（N-氯-4-甲基苯硫酰胺钠盐）[$CH_3C_6H_4SO_2N(Na)Cl \cdot 3H_2O$]

称取 8.65 g 氯胺 T，溶于水中，然后转入 500 mL 的容量瓶中，用水定容至刻度。使用前用定性滤纸过滤。

（5）氰化物解毒液 A

称取 1 g 柠檬酸 [$COH(COOH)(CH_2COOH)_2 \cdot H_2O$]，10g 硫酸亚铁（$FeSO_4 \cdot 7H_2O$），用水溶解，稀释至 1 L。

（6）氰化物解毒液 B

称取 10 g 碳酸钠（Na_2CO_3），用水溶解，稀释至 1 L。

（7）氰化钾溶液

氰化钾剧毒，操作应小心！

在通风橱中，称取 2 g 氰化钾于 1 L 烧杯中，加 500 mL 水，搅拌至溶解，储于棕色瓶中。

（8）标准溶液

按 YC/T 34—1996 测定烟碱或烟碱盐的纯度。

① 储备液：称取适量烟碱或烟碱盐于 250 mL 容量瓶中，精确至 0.0001 g，用水溶解，定容至刻度。此溶液烟碱含量应在 1.6 mg/mL 左右，储存于冰箱中，每月制备一次。因纯烟碱属于剧毒品，实验室在购买、保管、使用等方面存在极大的风险，也可购买烟碱水溶液直接用于工作标准液的配置。

② 工作标准液：由储备液用水制备至少 5 个工作标准液，计算工作标准液的浓度时应考虑烟碱或烟碱盐的纯度，其浓度范围应覆盖预计检测到的样品含量。工作标准液应储存于冰箱中，每两周配制一次。

3. 仪器设备

常用实验仪器包括连续流动分析仪，天平（感量 0.0001 g）和振荡器。

其中，连续流动分析仪由下述各部分组成：取样器、比例泵、渗析器、加热槽、螺旋管、比色计（配 460 nm 滤光片）、记录仪或其他合适的数据处理装置。

4. 分析步骤

① 抽样：按《卷烟 第 1 部分：抽样》（GB/T 5606.1—2004）或《烟草成批原料取样的一般原则》（YC 0005—1992）的要求抽取样品。

② 按 YC/T 31—1996 制备试样，测定水分含量。

③ 称取 0.25 g 试料于 50 mL 磨口三角瓶中，精确至 0.0001 g，加入 25 mL 水或者 5% 的醋酸溶液，盖上塞子，在震荡器上震荡萃取 30 min。

④ 用定性滤纸过滤，弃去前段滤液（约几毫升），收集后续滤液作分析之用。

⑤ 上机运行工作标准液和样品液。如样品液浓度超出工作标准液的浓度范围，则应稀释样品液。

5. 结果的计算与表述

（1）总植物碱的计算

以干基计的总植物碱的含量由下式得出：

$$总植物碱含量 = \frac{cV}{m(1-w) \times 1000} \times 100\%$$

式中 c——样品液总植物碱的仪器观测值，$mg \cdot mL^{-1}$；

V——萃取液的体积，mL；

m——试料质量，g；

w——试样的含水量，%。

（2）结果的表述

以两次平行测定结果的平均值作为测定结果，结果精确至 0.01%。

（3）精密度

两次平行测定结果绝对值之差不应大于 0.05%。

6. 总植物碱测定管路图

总植物碱测定管路图如图 5-1 所示。

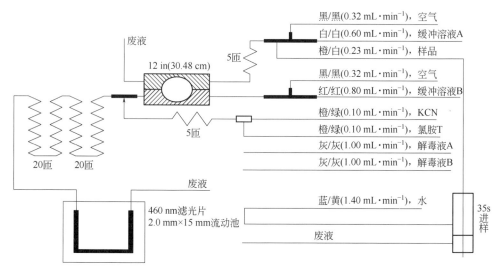

图 5-1　总植物碱测定管路图

三、标准品的标定

《烟草及烟草制品　氯的测定　连续流动法》（YC/T 162—2011）采用的标准品是烟碱或烟碱盐，对其纯度的测定一般使用硅钨酸重量法或者分光光度法进行校准。下面就对这两种方法进行详细的介绍。

（一）硅钨酸重量法

自 1920 年以来，已经提出了几种制作标准曲线用烟碱的纯度测定方法。当时，苦味酸重量法被认为是最专一的方法，硅钨酸法最为灵敏，但实际上这两种方法都不是完全专一的。20 世纪 60 年代以来，使用最为广泛的方法是紫外光度法和硅钨酸法。

80 年代后期，英国的研究工作表明，谱带宽度大于 2 nm 的光谱仪不适用于烟碱纯度的测定。使用 Willits 校正系数时，谱带宽度小于 2 nm 的光谱仪测得的烟碱含量小于实际值。而且，在进行实验室认证的国家，认证审查人员通常规定基准物质应是可追溯的。这样，只有硅钨酸重量法可以符合认证要求。

1992～1993 年 CORESTA 在 19 个实验室对这个改进方法进行了研究。结果表明，改进方法对烟碱、酒石酸氢烟碱和水杨酸烟碱的测定结果非常一致。即使如此，对这个方法的专一性仍存有疑问，特别是有资料认为其他植物碱和烟碱的降解产物会干扰测定。

1993 年，CORESTA 研究了各种贮存条件对烟碱（色谱质量纯高于 99%）降解的影响，以及降解物对硅钨酸重量法、气相色谱法和紫外分光光度法测定烟碱的影响。研究结果表明：

① 高纯度烟碱降解缓慢。例如，将烟碱（色谱质量纯高于 99%）暴露于冰箱的空气中贮存 18 个月，纯度降为 97%，在室温下暴露于光和空气中 3 个月纯度的降低程度与此相同。

② 水是贮存过程中的主要污染物，其含量大约为 1%。从理论上讲，测定这种污染物是比较容易的。

③ 气相色谱/质谱测定表明纯烟碱贮存过程中的主要降解产物是可提因和麦斯明，实验中测到的最大值为 1%。

④ 上述两种降解产物都不同程度地影响除气相色谱-质谱法以外的所有 3 种纯度测定方法的测定结果，对硅钨酸重量法和紫外分光光度法来讲，这种影响相同，且比较小。

⑤ 实际上，在校正了水分之后，硅钨酸重量法与气相色谱-质谱法的测定结果相同。也就是说，对纯度高于 96% 的烟碱，可得到最佳测定值。

⑥ 另一方面，紫外分光光度法的测定结果与"最佳测定值"相同或稍低，这个研究结果印证了英国的研究发现。

CORESTA 关于硅钨酸的研究表明，最切实可行和妥当的测定纯度高于 96% 烟碱的方法是硅钨酸重量法，在这个纯度下，降解物的干扰可以忽略不计。

1992 年 CORESTA 进行的初步研究显示，虽然用硅钨酸重量法测定酒石酸氢烟碱和水杨酸烟碱的精确度高，但一些样品的实测纯度超过 100%，用气相色谱法和紫外分光光度法所作的进一步分析证实，这些样品的烟碱确实超过 100% 纯度的化合物所含的烟碱。CORESTA 的资料表明这些盐是被未反应的烟碱所污染。因此，对于烟碱盐，硅钨酸重量法测定的是烟碱含量而非烟碱盐的纯度。

由于烟碱盐化学性质稳定，对于贮存未反应成盐的烟碱的影响与纯烟碱相比就显得微不足道，因此，硅钨酸重量法适用于烟碱盐中烟碱的测定。烟草行业在 2008 年发布了标准《烟草及烟草制品 烟碱纯度的测定 硅钨酸重量法》（YC/T 247—2008），该标准在使用范围项中明确规定了本标准适用于烟草及烟草制品和烟气中烟碱含量测定，用于校准分析方法所使用的烟碱或烟碱盐的纯度测定。其主要包括以下内容。

使用连续流动分析仪测定烟草及烟草制品总植物碱时，标准溶液是由烟碱配制得到的，因此就需要对烟碱进行标定以获得烟碱的纯度。烟碱的测定方法有多种，但国际上通用的方法是硅钨酸重量法和分光光度法，这也是两种比较准确可靠的方法。近年来由于仪器分析的大量使用，色谱分析烟碱的方法也得到广泛应用。除此之外，还有许多快速简便的分析方法，虽说它们的准确性稍差些，但由于省事省时，所以应用也很广。

硅钨酸重量法是国际上推荐的参考方法，也是我国烟草行业检测烟叶中烟草总植物碱的标准方法，此法测定的结果是烟草总植物碱，其主要内容如下：

1. 原理

在强碱性介质氢氧化钠存在下进行蒸汽蒸馏，使全部植物碱包括烟碱、去甲基烟碱、新烟碱等挥发而蒸馏出，然后用硅钨酸重量法加以鉴定。烟碱在酸性溶液中能被硅钨酸沉淀，生成硅钨酸烟碱盐，其反应式如下：

$$2\,C_{10}H_{14}N_2 + Si_2O \cdot 12WO_3 \cdot 26\,H_2O \longrightarrow Si_2O \cdot 12WO_3 \cdot 2H_2O \cdot (C_{10}H_{14}N_2)_2 \cdot 5H_2O + 19\,H_2O$$

硅钨酸盐在800～850℃的高温下灼烧，剩余下来的不能氧化的无水硅钨酸残渣即为$SiO_2 \cdot 12WO_3$，根据化合物的定量比例关系，称其重量即可计算总烟碱的含量。

此法检测的基本步骤是：水蒸气蒸出烟草植物碱、植物碱的沉淀与分离和沉淀的灼烧并测定生成的$SiO_2 \cdot 12WO_3$的质量三个步骤。

（1）水蒸气蒸出烟草植物碱

利用烟碱是弱碱，游离出来后能随水蒸气一起挥发蒸馏的特性来提取净化植物碱。为了蒸馏快速且完全，要求此蒸馏在强碱性条件下进行，使溶液中的氢氧化钠浓度为5%。这样一是保证植物碱全部从结合态中游离出来，二是碱度高，便于植物碱挥发蒸出。除此之外，为了快速蒸出植物碱，还向溶液中加入大量的氯化钠，使溶液中氯化钠的浓度近似于饱和。氯化钠可以破坏烟碱的液态水合物，夺取其水合物中的水。烟碱没有水合物形成后，溶解度降低，便于析出。

（2）植物碱的沉淀与分离

目前认为硅钨酸是烟草植物碱的最好沉淀剂。其原因是：

① 硅钨酸烟碱的溶解度小，它是目前所知溶解度最小的一种烟碱盐。不过必须使用 $SiO_2 \cdot 12WO_3 \cdot 26H_2O$ 的硅钨酸，否则达不到目的。因为其他形式的硅钨酸（$SiO_2 \cdot 12WO_3 \cdot 7H_2O$ 或 $SiO_2 \cdot 12WO_3 \cdot 6H_2O$ 等）与烟碱反应生成的盐，都有较大的溶解度，不能使用。

② 硅钨酸烟碱沉淀便于处理，其沉淀为结晶，不形成胶体。同时它还具有随温度升高，溶解度迅速增大的特性。加热后自然冷却，可使沉淀转变为针状的大颗粒结晶，便于过滤分离。

③ 硅钨酸本身是一种杂多酸，酸性很强，因而可在蒸馏植物碱的酸性接收液中直接进行反应，同时在酸性介质中反应干扰物质少，只有铵根离子（NH_4^+）对反应有干扰，它们可生成硅钨酸铵沉淀。不过此沉淀溶解度较大，如果铵根离子的含量不是特别高，则不会生成硅钨酸铵沉淀。烟草中的铵含量一般达不到这种浓度，所以可以不考虑它的干扰。

（3）沉淀的灼烧

灼烧的目的是将沉淀中的其他物质全部清除掉，让沉淀只留下 $SiO_2 \cdot 12WO_3$。

灼烧要求完全无损，因 $SiO_2 \cdot 12WO_3$ 的挥发性很低，故灼烧时温度可高些，一般在 800～850℃下进行。这样能使沉淀完全转变成氧化物。

2. 试剂

使用分析纯试剂，水为蒸馏水或同等纯度的水。

① 1∶4 盐酸。取 10 mL 浓盐酸，加 40 mL 水，混匀。

② 120 g·L^{-1} 硅钨酸。称 120 g 硅钨酸加水定容至 1000 mL。

③ 1∶1000 盐酸。吸取 1 mL 浓盐酸加 1000 mL 水，混匀。

3. 分析步骤

① 精确称取干烟样 1～2 g，置于 500 mL 凯氏瓶中，加入瓷环 2～3 块，以防煮沸跳动（如是青色烟，可加一小块石蜡，或滴加 2～3 滴硅油，以防剧烈发泡）。加氢氧化钠 2 g，氯化钠 20 g，水约 30 mL，将烟样冲至瓶底，立即将烧瓶连接于蒸馏装置中。

② 用 250 mL 三角瓶，内装 1∶4 盐酸溶液 10 mL 为接收液，蒸馏前必须将冷凝管末端浸入盐酸溶液内，然后通入水蒸气进行蒸汽蒸馏。当蒸馏正常后，将凯氏瓶适当加热，以保持瓶内原有的液体体积不变；当馏出液达 230 mL 时，用试管接取少量馏出液，加 1∶4 盐酸 2 滴，120 g·L^{-1} 硅钨酸 1 滴，检查蒸馏是否完全，如无浑浊，即证明蒸馏完全，停止蒸馏。

③ 将馏出液定容至 250 mL，若馏出液浑浊，表明有少量醛、酮、酯等物质被蒸出，可用干滤纸过滤。

④ 用移液管精确吸取 100 mL，加 1∶4 HCl 6 mL，120 g·L^{-1} 硅钨酸溶液 5 mL，搅拌均匀。然后在水浴锅上加热，直到乳浊沉淀消失，溶液变为透明后，冷却静置过夜。

⑤ 将沉淀用定量滤纸过滤，用 1∶1000 盐酸溶液洗涤 5～6 次，至硅钨酸洗净为止。然后将滤纸和沉淀一起置于已经恒重的坩埚中，先将滤纸低温炭化，然后继续在 800～850℃的高温下灼烧 30 min，取出后置于干燥器内，冷却至室温后称重（灼烧至恒重）。

4. 结果的计算

$$总植物碱含量 = \frac{0.1143 m_1 F}{m(1-w)} \times 100\%$$

式中　　m_1——无水硅钨酸残渣的质量，g；

　　　　F——稀释倍数；

　0.1143——1 g 灼烧残渣相当烟碱的质量；

m——试料的质量，g；

w——试样的含水率，%。

（二）分光光度法

分光光度法是一种准确快速测定烟草总植物碱的方法。它的准确度与硅钨酸重量法相近，但比硅钨酸重量法省事省时。硅钨酸重量法一般需 1～2 天才能得出结果，而分光光度法 2～3 h 便可得出结果。目前这种方法已广泛被采用，许多国家已把它列为与硅钨酸重量法并列的标准参考方法。分光光度法和硅钨酸重量法检出的都是总植物碱，不能区分去甲基烟碱和尼古丁。

分光光度法专一性较强，对蒸馏回收率有严格要求，操作过程包括蒸馏和光度测定两步。由于蒸馏装置的限制，每次测定的样品量有限，检测耗时较长，难以适应批量样品的检测要求。虽然我国烟草行业内采用该方法的单位不多，但是该方法可以作为烟碱或烟碱盐标准品的标定，其主要内容如下：

1. 原理

在强碱性介质氢氧化钠存在下进行水蒸气蒸馏，使全部植物碱包括烟碱、去甲基烟碱、新烟碱等挥发而逸出，然后借助烟碱对紫外光具有特殊的吸收能力，并且其吸光度与烟碱的含量成正比的特点，借助于紫外分光光度计即可测得待测液烟碱的浓度，进一步换算求得烟碱的含量。

烟碱及其同系物（吡啶环部分）在紫外光区有一特征吸收峰，可以利用烟碱在特征吸收峰的吸光值测定其含量。烟碱的吸收峰位置和强度与介质条件有关。在中性水溶液中，吸收峰的位置在 260 nm 处，比吸光系数 $E_{1cm}^{0.1\%}$ = 18.6。比吸光系数即 1 g 物质溶于 1 L 溶剂中，用 1 cm 厚比色池测其吸光度时所得之值。在酸性溶液中，吸收峰的位置在 259 nm 处，$E_{1cm}^{0.1\%}$ = 34.3。由经验知，只要溶液酸度为 0.02 mol·L^{-1} 以上，此峰的位置和强度都很稳定。并且烟碱浓度在 1～30 mg·L^{-1} 之间时，其吸光值完全服从朗伯-比耳定律，即吸光值与溶液浓度成正比。在具体分析时，要求溶液的酸度控制在 H^+ 浓度为 0.05 mol·L^{-1} 左右，透光率控制在 0.2～0.8 之间（最好在 0.3～0.7 之间）。

分光光度法测定烟草植物碱的干扰物有两类。一类是在测定区有吸收峰的物质，如含有吡啶环结构的物质。它们在测定区有吸收峰，虽然吸收峰位置与烟碱有差别，比吸光系数也不一样，但会给测定带来偏差。这一类干扰物质要求在植物碱提取净化过程中尽量去除掉。

需要说明的是在第一类干扰物中不同的烟草植物碱，其吸收峰的强度不完全一样。如去甲基烟碱的比吸光系数（在 259 nm H^+ 浓度为 0.05 mol·L^{-1} 的酸溶液中）$E_{1cm}^{0.1\%}$ = 38.7，比烟碱的比吸光系数大 10% 左右。而在总植物碱的测定过程中，去甲基烟碱又以烟碱的形式被测定出来，因而会给结果带来一定误差。为了消除这种同类物所产生的误差，可根据各种物质的含量和实际经验，最后乘以校正系数，例如结果计算公式中的 1.059，就属于消除此类误差的校正系数。

第二类干扰物是在此波段附近没有吸收峰，但有线性吸收的物质，例如色素、脂类等物质。特别是用萃取法制备待测液时，含有较多的这类物质。为了消除这类物质的干扰，可采用三波段测定法，即在烟碱特征吸收峰 259 nm 前后，烟碱吸收为零处各选一点，要求此点与 259 nm 等距离，并与 259 nm 尽量近。经实验，此点选在 (259±23) nm 处，即在 236 nm、259 nm 和 282 nm 三处分别测定溶液吸光度。三波段测定消除干扰的基本依据是：

① 非测定物在测量波长范围内有线性吸收（即吸收系数随波长增加或减少），无特征吸收（无吸收峰）。

② 各种物质所产生的吸光值有加合性。

2. 试剂

使用分析纯级试剂，水应为蒸馏水或同等纯度的水。

① 氢氧化钠，片状。

② 氯化钠。

③ 烟碱，最低纯度 98%。

④ 硫酸溶液（1 mol·L^{-1}）。

⑤ 硫酸溶液（0.025 mol·L^{-1}）。

3. 仪器设备

① 水蒸气蒸馏装置。以预计在试料中检到的最高烟碱量的纯烟碱按"分析步骤"中的"蒸馏"操作试验水蒸气蒸馏系统，回收率应达到 98% 以上。否则，应调整蒸馏速度加以改善。

② 光谱仪，具有 230～290 nm 的波长范围。

③ 匹配的石英比色皿，光径长 1 cm。

④ 容量瓶，50 mL、250 mL。

⑤ 单刻度移液管，5 mL、10 mL。

⑥ 玻璃漏斗，直径约 55 mm。

⑦ 定性滤纸，快速。

4. 分析步骤

（1）蒸馏

称取 1 g 试料于 500 mL 蒸馏瓶中，加入 20 g 氯化钠和 2 g 氢氧化钠，用 30 mL

水将试料冲下，立即将蒸馏瓶连接于水蒸气蒸馏装置，进行蒸馏。用内含 10 mL 1 mol·L^{-1} 硫酸溶液的 250 mL 容量瓶作接受器，冷凝管末端应浸入硫酸溶液中。蒸馏过程中蒸馏瓶中的液体体积应保持恒定，必要时可适当加热。收集 220～230 mL 馏出液，取下容量瓶，同时用水冲洗冷凝管末端。确认容量瓶处于室温，用水定容至刻度，摇匀。若馏出液不澄清，则将其过滤。

注意，若需要过滤，则要么将前 150 mL 滤液弃去，要么滤纸在使用之前用足量水冲洗并干燥。

（2）光度测定

移取一定体积（通常为 10 mL）的馏出液于 50 mL 容量瓶中，用 0.025 mol·L^{-1} 的硫酸溶液定容至刻度。以 0.025 mol·L^{-1} 的硫酸溶液为参比，用光谱仪测定溶液在 236 nm、259 nm 和 282 nm 处的吸光度。若 259 nm 处的吸光度超过 0.7，则应取较小体积的馏出液重新稀释测定。

5. 结果的计算与表述

总植物碱的含量（质量分数），由下式得出：

$$总植物碱 = \frac{1.059 \times [A_{259} - 0.5(A_{236} + A_{282})] \times 250F}{34.3m(1-w) \times 1000} \times 100\%$$

式中　　　　F——稀释倍数；

A_{236}、A_{259}、A_{282}——在 236 nm、259 nm 和 282 nm 处吸光度的实测值；

　　　　m——试料的质量，g；

　　　　w——试样的含水量，%；

$1.059 \times [A_{259} - 0.5(A_{236} + A_{282})]$ 计算得到的是 259 nm 处的校正吸光度。

第二节　硫氰酸钾方法

一、标准方法的背景及演变

国际烟草科学研究合作中心（CORESTA）1994 年发布了 35 号推荐方法。国家烟草质量监督检验中心采纳制定现行的行业标准 YC/T 160—2002《烟草及烟草制品 总植物碱的测定 连续流动法》。YC/T 160—2002 虽然回避了溴化氰的很多缺陷，但是氰化钾也属于剧毒品，是重点危险源。国家及地方安全管理部门对氰化钾的购买、使用、保存、废液保管与后期处理等均有严格规定，且随着我国安全管理的发展，管理力度的不断升级，相应的制度越来越严格，该方法的应用受到了很大的限制。另外，该方法存在严重安全隐患，不仅给操作人员带来了使用危险，同时也给使用单位带来了管理风险。使用单位须建立专用危险品库房、设立专人管理及建立严格的管理与检查制度等，加大了成本和管理投入。此外，烟草行业的质检机构大多需要进行实验室认证，其中就包括对毒品管理和使用的严格考核，这增加了氰化钾法的使用难度。和国内状况一样，国外也存在类似问题，所以国外许多烟草机构已开展了替代氰化钾的方法研究。2011 年，CORESTA 化学常规分析分学组研究了用硫氰酸钾和次氯酸钠（或二氯异氰尿酸钠）反应代替氰化钾和氯胺 T 反应的方法。该方法是利用硫氰酸钾和次氯酸钠（或二氯异氰尿酸钠）在线反应生成氯化氰进行分析，相比氰化钾和氯胺 T 的反应，虽然其灵敏度≤50%，但是分析数据的准确度依然满足分析要求。因为硫氰酸钾、次氯酸钠、二氯异氰尿酸钠都是低毒的，该方法的安全性提高了一大步。另外，次氯酸钠为液体，不稳定，用前要滴定以确定有效氯浓度；而二氯异氰尿酸钠为固体粉末，稳定性好，并且水解后有效氯能达到 60%～63%，用前不需要滴定。所以从实验操作和测试稳定性考虑，采用硫氰酸钾和二氯异氰尿酸钠反应比较理想。

二氯异氰尿酸钠（简称 DIC）的结构式如下：

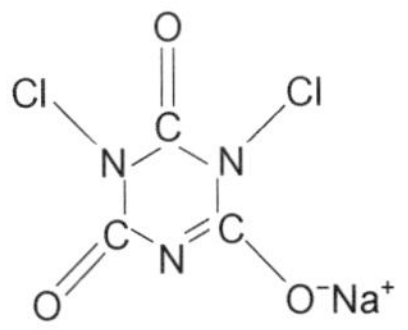

二氯异氰尿酸钠

在水溶液中二氯异氰尿酸钠将发生二级水解，此过程将释放出 ClO⁻（提供氯源），水解反应下所示：

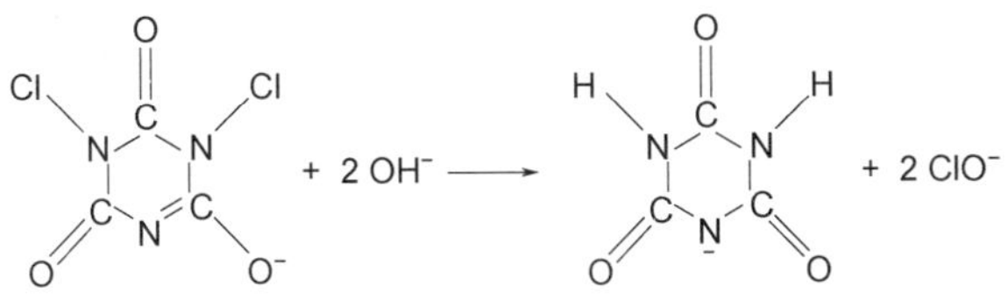

另一方面，硫氰酸钾在水溶液中绝大部分将电离为 SCN⁻（提供氰源）。所以二氯异氰尿酸钠水解产生的 ClO⁻ 与硫氰酸钾电离产生的 SCN⁻ 瞬间发生氧化还原反应产生目标化合物 ClCN，此反应如下所示：

$$ClO^- + SCN^- + H_2O + 2e^- \Longrightarrow ClCN + S^{2-} + 2\,OH^-$$

但是在 ClCN 产生的过程中，伴随着副反应的发生：

此产物是异氰尿酸，属微溶性化合物，溶解度仅为 0.27 g，容易在溶液中以白色沉淀析出，造成管路堵塞。所以必须优化实验条件，控制异氰尿酸沉淀的析出。

二氯异氰尿酸钠通过二级水解反应会产生 ClO^-，此 ClO^- 将与 SCN^- 在线合成 ClCN。但是，如果溶液中 ClO^- 与 SCN^- 比例大于 1 : 1 的话，将有 ClO^- 剩余，ClO^- 在酸性环境中具有很强的氧化性，即使在中性环境中也具有一定的氧化性能，两种环境下的标准电极电势如下所示：

$$HClO + H^+ + 2e^- \rule[0.5ex]{2.5em}{0.4pt} Cl^- + H_2O \qquad 1.482 \ V$$
$$ClO^- + H_2O + 2e^- \rule[0.5ex]{2.5em}{0.4pt} Cl^- + 2 OH^- \qquad 0.89 \ V$$

待测样品是植物碱，是供电化合物，在多数反应中提供电子，因此具有还原性能。如果溶液体系中有多余的 ClO^-，并且体系环境偏酸性，其将与植物碱发生氧化还原反应，致使最终检测到的植物碱含量偏低。

综上所述，在 ClO^- 与 SCN^- 在线合成 CNCl 这一过程中，要使溶液体系维持在中性环境，且 SCN^- 必须过量，以避免 ClO^- 剩余，造成最终结果偏低。Brady 和 Michael 等人通过研究发现 SCN^- : DIC ≈ 3 : 1 这一条件比较适合合成 CNCl。本方法在保持这个比例下，优化最适宜的试剂浓度，以此来达到检测目标化合物信号最大，管路不会有沉淀析出，同时使测量结果接近真实值的目的。

无论氰化钾方法（YC/T 160—2002）还是硫氰酸钾方法，反应的最佳 pH 在 7.0，因此使用氰化钾方法的缓冲溶液不能满足测试要求，必须对整个反应体系的 pH 进行调整。

二、标准方法的介绍

我国烟草行业在 2013 年发布了 YC/T 468—2013《烟草及烟草制品 总植物碱的测定 连续流动（硫氰酸钾）法》标准方法，其主要内容如下：

1. 方法原理

用水萃取烟草样品，萃取液中的总植物碱（以烟碱计）与对氨基苯磺酸和氯化氰反应，氯化氰由硫氰酸钾和二氯异氰尿酸钠在线反应产生。反应产物用比色计在 460 nm 测定。

用 5%醋酸溶液作为萃取液亦可得到相同的结果。

2. 试剂与材料

除特别要求以外，均应使用分析纯试剂。水应符合《分析实验室用水规格和试验方法》（GB/T 6682—2008）中对一级水的规定；磷酸氢二钠（$Na_2HPO_4 \cdot 12H_2O$），纯度 >99.0%；磷酸二氢钠（$NaH_2PO_4 \cdot 2H_2O$），纯度 >99.0%；柠檬酸钠 [$C_6H_5Na_3O_7 \cdot 2H_2O$]，纯度 >99.0%；对氨基苯磺酸（$NH_2C_6H_4SO_3H$），纯度 >99.8%；硫氰化钾（KSCN），纯度 >98.5%；二氯异氰尿酸钠（$C_3Cl_2N_3NaO_3$），纯度 >95.0%；柠檬酸 [$COH(COOH)(CH_2COOH)_2 \cdot H_2O$]，纯度 >99.0%；硫酸亚铁（$FeSO_4 \cdot 7H_2O$），纯度 >99.0%；碳酸钠（$Na_2CO_3$），纯度 >99.8%；烟碱，纯度 >98.0%。

（1）Brij35 溶液（聚乙氧基月桂醚）

将 250 g Brij35 加入 1 L 水中，加热搅拌直至溶解。

（2）缓冲溶液 A

称取 65.5 g 磷酸氢二钠、10.4 g 柠檬酸至烧杯中，用水溶解，然后转入 1000 mL 容量瓶中，用水定容至刻度，加入 1 mL Brij35 溶液，混匀。使用前用定性滤纸过滤。

（3）缓冲溶液 B

称取 222 g 磷酸氢二钠、8.4 g 柠檬酸、7.0 g 对氨基苯磺酸至烧杯中，用水溶解，然后转入 1000 mL 容量瓶中，加水定容至刻度，加入 1 mL Brij35 溶液，混匀。缓冲溶液 B 使用前用定性滤纸过滤。缓冲溶液 B 所使用的实际量较大，其溶解过程较长，必要时可以在超声波中溶解。

（4）硫氰酸钾溶液

称取 2.88 g 硫氰酸钾至烧杯中，用水溶解，然后转入 250 mL 容量瓶中，用水定容至刻度。

（5）二氯异氰尿酸钠溶液

称取 2.20 g 二氯异氰尿酸钠至烧杯中，用水溶解，然后转入 250 mL 容量瓶中，用水定容至刻度。该溶液应现配现用。

（6）解毒溶液 A

称取 1 g 柠檬酸、10 g 硫酸亚铁至烧杯中，用水溶解，然后转入 1000 mL 容量瓶中，用水定容至刻度。

（7）解毒溶液 B

称取 10 g 碳酸钠至烧杯中，用水溶解，然后转入 1000 mL 容量瓶中，用水定容至刻度。

（8）烟碱标准溶液

标准储备液：称取适量烟碱于 250 mL 容量瓶中，精确至 0.0001 g，用水溶解，定容至刻度。此溶液烟碱含量应在 1.6 mg·mL^{-1} 左右。该标准储备液在 0～4℃冰箱中保存，有效期为一个月。也可用购买的烟碱水溶液配置标准工作溶液。

系列标准工作溶液：由标准储备液制备至少 5 个系列标准工作溶液，其浓度范围应覆盖预计检测到的样品含量。该工作溶液在 0～4℃冰箱中保存，有效期为两周。

3. 仪器

具塞三角瓶，50 mL；定量加液器或移液管；快速定性滤纸；分析天平，感量 0.0001 g；振荡器；连续流动分析仪。

4. 分析步骤

① 试样制备：按 YC/T 31—1996 制备试样，并测定其水分含量。

② 样品处理：称取 0.25 g 试样于 50 mL 具塞三角瓶中，精确至 0.0001 g，加入 25 mL 水，盖上塞子，在振荡器上振荡（转速>150 r/min）萃取 30 min。用快速定性滤纸过滤萃取液，弃去前段滤液（2～3 mL），收集后续滤液作分析之用。

③ 仪器分析：上机运行系列标准工作溶液和滤液，分析流程图参见图 5-2 和图 5-3。如样品浓度超出标准工作溶液的浓度范围，则应稀释后再测定。

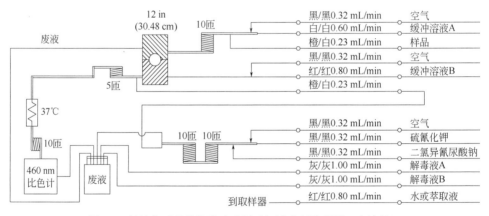

图 5-2　总植物碱的连续流动硫氰酸钾法分析流程图（大流量）

5. 结果的计算与表述

（1）总植物碱（以烟碱计）含量的计算

以干基计的总植物碱的含量由下式计算：

$$总植物碱质量分数 = \frac{cV}{m(1-w) \times 1000} \times 100\%$$

式中　c——萃取液总植物碱的仪器观测值，$mg \cdot mL^{-1}$；

　　　V——萃取液的体积，mL；

　　　m——试样的质量，g；

　　　w——试样的含水率，%。

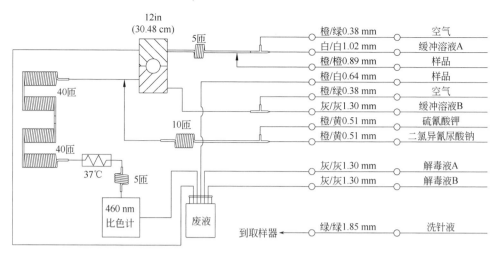

图 5-3　总植物碱的连续流动硫氰酸钾法分析流程图（小流量）

（2）结果的表述

以两次平行测定结果的平均值作为测定结果，结果精确至 0.01%。

（3）精密度

两次平行测定结果绝对值之差不应大于 0.05%。

三、标准方法的优化

《烟草及烟草制品　总植物碱的测定　连续流动（硫氰酸钾）法》（YC/T 468—2013）标准方法中缓冲溶液配置时化学品用量较大，这给方法的使用带来不便，同时从环保角度来说，该方法还有所欠缺。针对这种情况，国家烟草质量监督检验中心进行了实验研究，形成了优化后的《烟草及烟草制品 总植物碱的测定 连续流动（硫氰酸钾）法》。2014 年，CORESTA 决定开展氰化钾的替代方法工作，该工作主要内容是考查替代方法（国家烟草质量监督检验中心建立的优化后的《烟草及烟草制品总植物碱的测定 连续流动（硫氰酸钾）法》与 CRM 35 方法测试结果的一致性，工作的形式是进行两个方法的国际共同实验。通过国际共同实验，优化后的《烟草及烟草制品　总植物碱的测定　连续流动（硫氰酸钾）法》与 CRM 35 方法测试结果一致，该方法最终以 CRM 85 方法发布，同时废除 CRM 35 方法。目前 ISO 已经以 CRM 85 方法为基础开展新的 ISO 标准制定工作并于 2020 年 6 月正式发布国际标准即 ISO 22980：2020。具体方法较 YC/T 468—2013 主要区别在于缓冲溶液的配制方法不同，详见如下：

缓冲溶液 A：称取 71.6 g 磷酸氢二钠、11.76 g 柠檬酸钠至烧杯中，用水溶解，然后转入 1000 mL 容量瓶中，用水定容至刻度，加入 1 mL Brij35 溶液，混匀。使用前用定性滤纸过滤。

缓冲溶液 B：称取 71.6 g 磷酸氢二钠、6.2 g 磷酸二氢钠、11.76 g 柠檬酸钠、7.0 g 对氨基苯磺酸至烧杯中，用水溶解，然后转入 1000 mL 容量瓶中，用水定容至刻度，加入 1 mL Brij35 溶液，混匀。使用前用定性滤纸过滤。

另外，本部分总结了 YC/T 160—2002、YC/T 468—2013 以及 ISO 22980：2020 三种方法在测定烟草及烟草制品总植物碱含量的不同之处，详见表 5-1。

表 5-1　三种方法不同点的比较

序号	比较项目	ISO 15152：2003（依据 CORESTA CRM 35）、行业标准 YC/T 160—2002（采用 CRM 35）	行业标准 YC/T 468—2013	国际标准 ISO 22980：2020（依据 CORESTA CRM 85）
1	在线反应方法	氰化钾和氯胺 T 的在线反应	硫氰酸钾和二氯异氰尿酸钠的在线反应	硫氰酸钾和二氯异氰尿酸钠的在线反应
2	使用的主要反应试剂	使用剧毒品氰化钾与常规试剂氯胺 T，其参与反应的物质的量之比为 1∶1	使用常规试剂硫氰酸钾和二氯异氰尿酸钠，其参与反应的物质的量之比为 3∶1	使用常规试剂硫氰酸钾和二氯异氰尿酸钠，其参与反应的物质的量之比为 3∶1
3	缓冲体系	缓冲液 A：2.35 g 氯化钠和 10.35 g 硼酸钠；缓冲液 B：26 g 磷酸氢二钠、10.4 g 柠檬酸钠、7 g 对氨基苯磺酸。说明：缓冲液 A 和缓冲液 B 都易于溶解	缓冲液 A：65.5 g 磷酸氢二钠和 10.4 g 柠檬酸；缓冲液 B：222 g 磷酸氢二钠、8.4 g 柠檬酸、7 g 对氨基苯磺酸。说明：缓冲液 A 易溶解，缓冲液 B 所需溶解时间长	缓冲液 A：71.6 g 磷酸氢二钠和 11.76 g 柠檬酸钠；缓冲液 B：71.6 g 磷酸氢二钠、6.2 g 磷酸二氢钠、11.76 g 柠檬酸钠、7 g 对氨基苯磺酸。说明：缓冲液 A 和缓冲液 B 都易于溶解
4	安全操作	通风橱、佩戴专用防毒防护用品，安全操作	按常规试剂使用与操作要求操作	按常规试剂使用与操作要求操作
5	安全管理	由专用剧毒品库房存放，严格按"五双"管理；购买和领取需要部门领导严格审批、严格登记数量、公安局联网备案随时抽查；使用过程中，要有人跟随监督，严控意外洒落和盗用等行为发生	常规试剂库房存放，按常规试剂日常使用制度管理	常规试剂库房存放，按常规试剂日常使用制度管理

四、标准品的标定

本方法标准品标定方法与 YC/T 160—2002 方法一致，这里就不一一赘述。

第六章

烟草中水溶性糖的测定

第一节 烟草中水溶性糖测定的标准方法

一、标准方法的背景及演变

在烟草行业中，糖类物质分析方法主要有斐林试剂法、近红外光谱法、气相色谱（GC）法、高效液相色谱-示差折光检测（HPLC-RID）法、连续流动法等。连续流动分析应用于烟草中糖的测定以来，经过分析工作者的努力，方法不断完善，目前已经比较成熟。CORESTA 自 1994 年以来发布了三个推荐方法：

No.37 烟草中还原性物质的测定连续流动法；

No.38 烟草中还原糖的测定连续流动法；

No.89 烟草中总糖的测定连续流动法。

烟草中糖的连续流动分析，最初是利用单糖的还原性质，在碱性介质中把黄色的铁氰化钾还原为无色的亚铁氰化钾，通过测定吸光值的降低，得出糖的含量。样品前处理采用萃取法，干扰物质则采用萃取时加入活性炭或在流路中采用渗析膜除去。铁氰化钾测糖最为代表性的方法是 Harvey 于 1969 年报道的方法，他采用 5%醋酸-20%甲醇水溶液为萃取剂，以活性炭去除干扰物质，成功地实现了还原糖和总植物碱的同时分析。如果在样品溶液与铁氰化钾反应之前加入盐酸溶液，将双糖水解，则可测定烟草中的水溶性总糖。铁氰化钾法具有简单、经济的优点，但随着研究的深入，发现这个方法存在着两方面的严重缺点：

① 灵敏度低。由于铁氰化钾法利用铁氰化钾黄色的减退来进行测定，因此颜色必须减退到一定程度，光度计才能检测出来，这就限制了方法的灵敏度。一般来说，萃取液中糖的浓度至少应达到 $0.125 \ mg \cdot mL^{-1}$ 才可被检测出来。

② 反应的专一性差。据 Davis 报道，果糖和葡萄糖只占铁氰化钾法测出还原糖的 71%。而根据 Koiwai 的报道，除果糖和葡萄糖之外，烟草中其他糖类只占 2%。这就说明铁氰化钾法测出的所谓糖其实有相当一部分不是糖，而是一些非糖还原性物质和糖的总和。由于铁氰化钾法具有简单方便、试剂便宜的优点，所以仍被较多地使用，但测定的物质名称已如 CORESTA 的 37 号那样改为了还原性物质。

1972 年，Lever 在研究抗代谢物质异烟酸酰肼的测定方法时，发现芳香酸酰肼与 β-二酮的稀溶液在碱性介质中会发生反应，产生黄色的阴离子，当溶液中和为中性时黄色消失。由这个反应他联想到也许可以采用芳香酸酰肼测定人体中的葡萄糖。经过研究，发现许多酸的酰肼均可与葡萄糖反应，其中以对羟基苯甲酸酰肼吸光值最大，且空白溶液吸光值小，最大吸收波长为 395 nm。在 100℃碱性溶液中加热 5 min 吸光值达到最大，并且至少稳定 5 min，加热时间过长吸光值有所下降。对羟基苯甲酸酰肼的最大浓度不宜超过 1%，否则空白溶液吸光值增大，试剂的微小变化会对测定造成较大的干扰。这个反应较为专一，可检测到 1μg 的葡萄糖。非常高的蛋白质存在时干扰测定，钙离子即使很少也会造成吸光值增加。Lever 在随后的研究中发现，钙离子（及其他二价阳离子）不但引起反应产物的吸光值增加，而且使最大吸收波长从 385～390 nm 移至 413～415 nm。他进一步提出采用络合剂（EDTD 或柠檬酸）络合这些阳离子。1976 年 Davis 采用连续流动法证实了 Lever 的结果。他发现，钙离子存在时最大吸收波长红移，最大可至 410 nm，同时使吸光值增加。波长的红移和吸光值的增加均取决于钙离子的浓度，但钙离子的浓度过高时（实际反应浓度为 0.001 mol·L^{-1}）吸光值会下降。在反应介质中引入柠檬酸后，对最大吸收波长的移动和吸光值影响不大，但吸光值出现了一个平台，这种"缓冲"现象可使钙离子的浓度即使增加一倍也不会发生吸光值的改变。

Davis 最初是采用萃取液直接进样的。他发现，在分析白肋烟及重组烟草时管路中会出现沉淀，使吸光值无法测定。这是反应介质的碱性太强造成的。为解决这个问题，引入了渗析膜除去干扰物质。在分析时，由于该方法灵敏度很高，因此萃取液要稀释进样。采用碱性溶液或水为稀释剂时，分析白肋烟会在渗析膜上逐渐附着一层沉淀，降低检测的灵敏度；若采用醋酸溶液，则不会或很少附着沉淀。吸光度超过 0.6 时标准曲线会发生弯曲，测定误差显著增加，因此实际测定时应控制吸光度小于 0.6。在研究中发现，虽然葡萄糖和果糖的反应产物吸光系数相同，但采用渗析膜之后，果糖的响应值却比葡萄糖高 5%。这就提示在日常的分析工作中要区分采用葡萄糖、果糖或葡萄糖和果糖混合定标的情况。CORESTA 推荐方法 38 采用葡萄糖定标。

除对羟基苯甲酸酰肼方法之外，也有采用 2,9-二甲基-1,10-二氮杂菲（新试铜灵）测定还原糖的方法。这种方法是利用糖的还原性在碱性条件下加热使二价铜还原为一价铜。由于该方法的专一性比对羟基苯甲酸酰肼法差，在烟草分析中应用比较少。

国内最初普遍采用的 YC/T 159—2002《烟草及烟草制品水溶性糖的测定连续流动法》是以烟草科学研究合作中心（CORESTA）的 38 号推荐方法（ISO 15154：2003）为基础建立的，而且该方法是基于 AAⅢ型连续流动分析仪进行烟草中水溶性总糖和还原糖含量测定的。但是在实际应用中，该方法存在一定不足，主要体现在以下几个方面：

① YC/T 15—2002 方法可测定水溶性总糖和还原糖。当测定总糖时，95℃加热槽和85℃加热槽均使用；当测定还原糖时，95℃加热槽不加热，只使用85℃加热槽。由于烟草为植物样本，其萃取液中含有金属离子，而渗析器中的渗析膜是一个双向渗透膜，因此渗析器下层流路中的氢氧化钠溶液会渗析到渗析器上层，使渗析器上层流路中液体为碱性，所以当进行样品测试时，随着样品量的增加，易在渗析膜上产生沉淀，影响渗析效果，峰高会逐步降低。当进样次数达到20杯以后，会出现渗析膜被沉淀完全覆盖，样品无法渗析，导致无法出峰。ISO 15154：2003（CORESTA 第38号）标准方法渗析器上层及之前的管路里为样品萃取液和醋酸，可使渗析器上层流路中液体为弱酸性，减缓渗析膜上沉淀的生成；当进样次数达到40杯以后，随着渗析膜上生成的沉淀增加，会对渗析效果造成显著影响，仍然会出现峰高逐渐下降的现象。

② YC/T 159—2002 方法的目标物是在强碱性、85℃条件下进行测试，因此YC/T 159—2002方法采用0.5 mol·L^{-1}的氢氧化钠溶液来保证测试环境的强碱性，但是如氢氧化钠溶液浓度过高，其腐蚀性增强，易使85℃加热槽使用寿命缩短。通过实验研究，发现YC/T 159—2002方法采用的氢氧化钠浓度可适当降低，进而延长85℃加热槽的使用寿命。

③ 连续流动方法对流入检测器溶液的温度要求是室温左右，由于还原糖测试主要反应是在85℃条件下进行的，因此ISO 15154：2003的38号标准方法在85℃加热槽后采用冷却器和30匝混合圈来达到这个要求；YC/T 159—2002方法中样品在85℃加热槽后至进入检测器之前设置了20匝混合圈。在实际测定过程中发现进入检测器的溶液温度并不能有效降到室温，而检测器是一个密闭的空间，随着样品量的增加，检测器温度会逐步升高，灵敏度下降，从而影响检测结果的准确性，使数据的可比性下降。

针对以上原因，国内烟草机构在2018年开展YC/T 159—2002的标准修订工作，形成了YC/T 159—2019《烟草及烟草制品 水溶性糖的测定 连续流动法》并于2019年12月27日完成标准的发布。这也是国内烟草行业目前普遍使用的检测方法。

二、标准方法的介绍

烟草及烟草制品水溶性糖的检测目前主要使用《烟草及烟草制品 水溶性糖的测定 连续流动法》（YC/T 159—2019），其具体内容如下：

1. 原理

用5%醋酸水溶液萃取样品，萃取液中的糖与对羟基苯甲酸酰肼反应，在

85℃的碱性介质中产生黄色的偶氮化合物，其最大吸收波长为 410 nm，用比色计测定。

2. 试剂

除特别要求以外，均应使用分析纯级试剂。水应符合 GB/T 6682—2008 中一级水的规定。

（1）聚乙氧基月桂醚溶液（Brij35 溶液）

聚乙氧基月桂醚又称为 Brij35，是表面活性剂，起润滑管路的作用，具体配制方法为：将 250 g Brij35 加入 1 L 水中，加热搅拌直至溶解。

（2）0.4 mol·L^{-1}氢氧化钠溶液

将 16 g 氢氧化钠加入 800 mL 水中，持续搅拌并放置冷却。溶解后加入 0.5 mL Brij35 溶液，用水稀释至 1 L。选择片状氢氧化钠效果更佳。

（3）0.008 mol·L^{-1}氯化钙溶液

将 1.75 g 氯化钙（CaCl$_2$·6H$_2$O）溶于水中，加入 0.5 mL Brij35 溶液，用水稀释至 1 L。若溶液中有沉淀，使用前先用快速定性滤纸过滤。

（4）萃取液（5%醋酸溶液）

取 50 mL 冰醋酸，用水稀释至 1 L，用于样品萃取或工作标准溶液的配制。

（5）冲洗液（活化的 5%醋酸溶液）

取 1 L 5%醋酸溶液，加入 0.5 mL Brij35 溶液，用于连续流动分析仪管路冲洗。

（6）0.2 mol·L^{-1}盐酸溶液

在通风橱中，将 16.8 mL 发烟盐酸（质量分数为 37%）缓慢加入 500 mL 水中，加入 0.5 mL Brij35 溶液，用水稀释至 1 L。

（7）0.5 mol·L^{-1}盐酸溶液

在通风橱中，将 42 mL 发烟盐酸（质量分数为 37%）缓慢加入 500 mL 水中，用水稀释至 1 L。

（8）1.0 mol·L^{-1}盐酸溶液

在通风橱中，将 84 mL 发烟盐酸（质量分数为 37%）缓慢加入 500 mL 水中，加入 0.5 mL 聚乙氧基月桂醚溶液，用水稀释至 1 L。

（9）对羟基苯甲酸酰肼（HOC$_6$H$_4$CONHNH$_2$，PAHBAH）

质量分数应大于 97%。如果有杂质，将会在管路中形成沉淀，可用水重结晶进行纯化。如有下列情形则表明对羟基苯甲酸酰肼不纯：

① 白色的对羟基苯甲酸酰肼结晶中有黑色颗粒；

② 5%对羟基苯甲酸酰肼溶液呈黄色；

③ 对羟基苯甲酸酰肼在 0.5 mol·L^{-1}氢氧化钠溶液中溶解困难；

④ 溶液中有悬浮颗粒；

⑤ 基线呈波浪形。

如发现有不纯现象，则应立即更换试剂，不可再用。

5%对羟基苯甲酸酰肼溶液制备：

方法一：将 250 mL 0.5 mol·L^{-1}盐酸溶液加入烧杯中，加入 25 g 对羟基苯甲酸酰肼，使其溶解。加入 10.5 g 柠檬酸［HOC(CH$_2$COOH)$_2$COOH·H$_2$O］，溶解后转移至 500 mL 容量瓶中，用 0.5 mol·L^{-1} 的盐酸溶液稀释至刻度，置于 5℃贮存。

方法二：向烧杯中加入 250 mL 0.5 mol·L^{-1}盐酸溶液，加热至 45℃，持续搅拌下加入对羟基苯甲酸酰肼和柠檬酸，冷却后转入容量瓶，用 0.5 mol·L^{-1}盐酸溶液稀释至刻度，置于 5℃贮存。用这种方法制备的对羟基苯甲酸酰肼溶液可避免在管路中形成沉淀。

（10）D-葡萄糖（纯度≥99.5%）

标准储备液：称取干燥的 20.0 g D-葡萄糖于烧杯中，精确至 0.0001 g，用水溶解后转入 500 mL 容量瓶中并定容至刻度。该标准储备液在 0～4℃冰箱中保存，有效期为 1 个月。

葡萄糖的干燥方法：含有结晶水的葡萄糖应在 80℃条件下烘干 2 h；不含结晶水的葡萄糖应在 100℃条件下烘干 2 h。

系列标准工作溶液：由储备液用 5%乙酸溶液制备至少 5 个标准工作液，其浓度范围应覆盖预计检测到的样品含量。该标准工作溶液在 0～4℃冰箱中保存，有效期为 2 周。

3. 仪器及材料

① 连续流动分析仪。由下述各部分组成：取样器、比例泵、渗析器、加热槽、螺旋管、比色计（配 410 nm 滤光片）、数据处理装置、散热装置（散热片或等同效果的降温装置）。

② 天平，感量 0.0001 g。

③ 振荡器。

④ 定量加液器或移液管。

⑤ 50 mL 具塞三角瓶。

⑥ 快速定性滤纸。

4. 分析步骤

① 试样制备：按 YC/T 31—1996 制备试样，并测定其水分含量。

② 样品处理：称取 0.25 g 试样于 50 mL 具塞三角瓶，精确至 0.0001 g，加入 25 mL 5%醋酸溶液，盖上塞子，在振荡器上振荡（转速>150 r·min^{-1}）萃取 30 min。用快速定性滤纸过滤萃取液，弃去前面 2～3 mL 滤液，收集后续滤液作分析用。

③ 仪器分析：上机运行系列标准工作溶液和样品处理后续滤液，分析流程图见图 6-1 和图 6-2。如样品浓度超出标准工作溶液浓度范围，则应稀释后再测定。

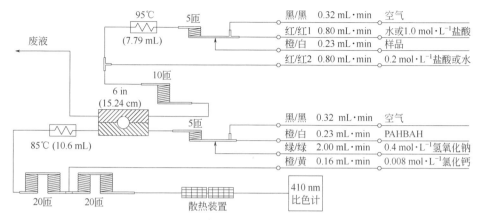

注：测定总糖含量时，红/红 1 管路为 1.0 mol·L⁻¹ 盐酸，红/红 2 管路为活化水，95℃加热槽打开；测定还原糖时，红/红 1 管路为活化水，红/红 2 管路为 0.2 mol·L⁻¹ 盐酸，95℃加热槽关闭

图 6-1　水溶性总（还原）糖的连续流动法分析流程图（大流量）

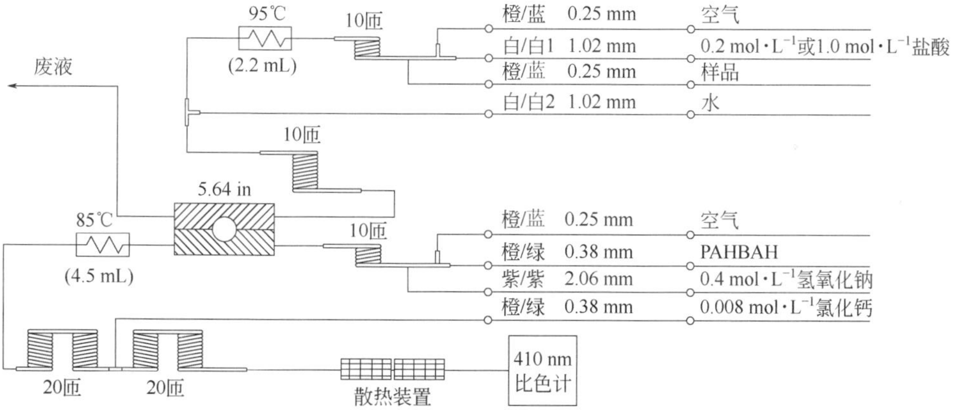

注：测定总糖时，白/白 1 管路为 1.0 mol·L⁻¹ 盐酸，95℃加热槽打开；测定还原糖时，白/白 1 管路为 0.2 mol·L⁻¹ 盐酸，95℃加热槽关闭

图 6-2　水溶性总（还原）糖的连续流动法分析流程图（小流量）

5. 结果计算与表述

（1）水溶性糖的计算

水溶性总（还原）糖含量由下式得出：

$$水溶性总（还原）糖含量 = \frac{ncV}{m(1-w) \times 1000} \times 100\%$$

式中　n——稀释倍数；

$\qquad c$——萃取液水溶性总（还原）糖的仪器观测值，$mg \cdot mL^{-1}$；

$\qquad V$——萃取液的体积，mL；

$\qquad m$——试样的质量，g；

$\qquad w$——试样水分含量，以质量分数计。

（2）结果表述

以两次平行测定结果的平均值作为测定结果，若测得的水溶性糖含量大于或等于 10.0%，结果精确至 0.1%；若小于 10.0%，结果精确至 0.01%。两次平行测定结果绝对值之差不应大于 0.50%。

第二节　葡萄糖纯度标定方法

使用连续流动分析仪测定烟草及烟草制品水溶性糖时，标准溶液是由葡萄糖配制得到的，因此就需要对葡萄糖进行标定以获得葡萄糖的纯度。葡萄糖纯度的测定方法很多，根据测定方法分，有重量法、容量法、比色法、色谱法等；根据反应原理分，有还原法、缩合法等。目前使用最广的方法是容量法和比色法，色谱法在个别糖的测定中使用较多，而重量法测糖已基本不再使用。还原法是根据单糖有还原性这一特点，利用氧化剂与其反应。所用氧化剂都为氧化性不很强的氧化剂，如斐林试剂中的高铜、铁氰盐中的高铁，以及碘、2,5-二硝基水杨酸和苦味酸等。因而根据所用之氧化剂又可将还原法分为铜系还原法（简称铜系法）、铁系还原法（简称铁系法）、碘量法、2,5-二硝基水杨酸法（DNS法）等。目前使用最广的还原法是铜系法和铁系法，烟草行业在标定葡萄糖纯度时通常使用的 YC/T 32—1996《烟草及烟草制品　水溶性糖的测定　芒森·沃克法》属于铜系法。

1. 原理

葡萄糖与斐林试剂在一定条件下反应，产生氧化亚铜沉淀。用三价铁溶解氧化亚铜沉淀，产生的二价铁用高锰酸钾滴定求出氧化亚铜中铜的量。根据铜的量查附录 5 汉蒙表得出相应的葡萄糖的量。

芒森·沃克法所使用的氧化剂是斐林试剂，斐林试剂是由两种溶液组成，一是硫酸铜溶液，另一是碱性酒石酸钾钠溶液。二者混合时生成酒石酸钾钠铜，其反应式可表示如下：

$$2\,NaOH + CuSO_4 \Longrightarrow Na_2SO_4 + Cu(OH)_2$$

$$Cu(OH)_2 + \begin{array}{l} HO-CH-COONa \\ \quad\quad | \\ HO-CH-COOK \end{array} \longrightarrow Cu \begin{array}{l} O-CH-COONa \\ \quad\quad | \\ O-CH-COOK \end{array} + 2\,H_2O$$

在碱性介质中，酒石酸钾钠铜中的高铜可将还原糖氧化，反应式可表示如下：

$$\begin{array}{l} CHO \\ | \\ (CHOH)_4 \\ | \\ CH_2OH \end{array} + 2\,Cu \begin{array}{l} O-CH-COONa \\ \quad\quad | \\ O-CH-COOK \end{array} + 2\,H_2O \longrightarrow$$

$$\begin{array}{l} COOH \\ | \\ (CHOH)_4 \\ | \\ CH_2OH \end{array} + \begin{array}{l} HO-CH-COONa \\ \quad\quad | \\ HO-CH-COOK \end{array} + Cu_2O\downarrow$$

糖的还原能力虽与反应条件（如温度、碱度、时间等）有关，但在一定条件下，生成亚铜的量与还原糖的量严格相当，成正比关系，即一定浓度的 1 mL 斐林试剂氧化葡萄糖的量是一定的。

芒森·沃克法利用滴定的方法，测定生成的亚铜量，从而可得知糖的量。测定亚铜的基本原理是，在酸性介质中，用硫酸高铁将氧化亚铜沉淀氧化溶解，亚铜被氧化成高铜，而高铁则被定量地还原成亚铁。然后用标准高锰酸钾溶液滴定亚铁，用邻菲啰啉作指示剂。

生成的亚铜在酸性溶液中与高铁的反应可表示如下：

$$2\,H^+ + Cu_2O + 2\,Fe^{3+} \Longrightarrow 2\,Cu^{2+} + 2\,Fe^{2+} + H_2O$$

亚铁与高锰酸根的反应可表示如下：

$$5\,Fe^{2+} + MnO_4^- + 8\,H^+ \Longrightarrow 5\,Fe^{3+} + Mn^{2+} + 4\,H_2O$$

根据高锰酸钾的用量可以计算出铜的量（1 mL 0.02 mol·L^{-1} 的 KMnO$_4$ 溶液，相当于 6.36 mg 铜），再根据附录 5 汉蒙表查出与铜量相当的糖量，从而可计算出葡萄糖的量。

2. 试剂

使用分析纯试剂，水为蒸馏水或同等纯度的水。

① 草酸钾（K$_2$C$_2$O$_4$·H$_2$O）。

② 斐林试剂。

溶液 A：称取硫酸铜（CuSO$_4$·5H$_2$O）34.7 g 溶于水中，稀释至 500 mL。

溶液 B：称取酒石酸钾钠（KNaC₄H₄O₆·4H₂O）173.0 g 及氢氧化钠 50 g 溶于水中，稀释至 500 mL。

斐林溶液：将溶液 A 和溶液 B 等体积混合。此液只在使用前配制。

③ 盐酸溶液（3 mol·L⁻¹）。

④ 醋酸铅溶液：中性醋酸铅[Pb(CH₃COO)₂·3H₂O]溶于水制成饱和溶液。

⑤ 氢氧化钠溶液（10%）。

⑥ 硫酸铁溶液：溶解铁铵矾[FeNH₄(SO₄)₂·12H₂O] 125 g 或硫酸铁 55 g 于水中，稀释至 500 mL。

⑦ 硫酸溶液（2 mol·L⁻¹）。

⑧ 草酸钾溶液（20%）。

⑨ 高锰酸钾标准滴定溶液。

⑩ 草酸钠，工作基准试剂。

⑪ 硫酸溶液：8 份硫酸加入 92 份水中。

⑫ 邻菲啰啉指示剂：溶解 0.7425 g 邻菲啰啉于 25 mL 浓度为 0.025 mol·L⁻¹ 硫酸亚铁溶液中。

⑬ 甲基红指示剂（0.1%）。

3. 仪器设备

常用实验仪器如下所述：

① 烧杯，400 mL、2000 mL。

② 抽滤装置。

③ 棕色试剂瓶，2500 mL。

④ 三角瓶，250 mL。

⑤ 棕色滴定管，25 mL。

⑥ 单刻度移液管，25 mL。

⑦ 容量瓶，250 mL。

⑧ 漏斗，直径约 90 mm。

⑨ 水浴锅。

⑩ 烧结玻璃坩埚，G4 型。

⑪ 定性滤纸，快速。

4. 分析步骤

（1）高锰酸钾标准滴定溶液的配制

① 高锰酸钾标准滴定溶液的配制：称取约 3.3 g 高锰酸钾，溶于 1050 mL 水中，缓缓煮沸 15 min，冷却后置于暗处保存 2 周。以 G4 烧结玻璃坩埚过滤于干燥

的棕色试剂瓶中。

注意：过滤高锰酸钾溶液所使用的 G4 烧结玻璃坩埚应预先以同样的高锰酸钾溶液缓缓煮沸 5 min，收集瓶也要用此高锰酸钾溶液洗涤 2～3 次。

② 高锰酸钾标准滴定溶液的标定：称取 0.2 g 于 105～110℃烘至恒重的工作基准试剂草酸钠至 250 mL 三角瓶中，精确至 0.0001 g，溶于 100 mL 硫酸溶液（8份硫酸＋92 份水）中，用配制好的高锰酸钾溶液（$c_{1/5KMnO_4}$ = 0.1 mol·L^{-1}）滴定。近终点时加热至 65℃，继续滴定至溶液呈粉红色保持 30 s。同时做空白实验。

③ 高锰酸钾标准滴定溶液浓度的计算

高锰酸钾标准滴定溶液的浓度由下式计算：

$$T = \frac{127.1m}{134.0(V_1 - V_2) \times 1000}$$

式中　T——高锰酸钾标准滴定溶液滴定度，mg·mL^{-1}；

　　　m——草酸钠的质量，g；

　　　V_1——滴定消耗高锰酸钾标准滴定溶液的体积，mL；

　　　V_2——空白实验消耗高锰酸钾标准滴定溶液的体积，mL；

127.1——2×铜的分子量；

134.0——草酸钠的分子量。

④ 标定的精密度。浓度值精确至 0.0001 mg·mL^{-1}。

平行实验不得少于八次，两人各做四次平行实验，每人四次平行测定结果的极差与平均值之比不得大于 0.2%；两人测定结果平均值之差与总平均值之比不得大于 0.2%。结果取平均值。

⑤ 标定值有效期。标定值有效期为 2 个月。

（2）葡萄糖的测定

① 糖液制备：称取葡萄糖适量于 250 mL 三角瓶中，精确至 0.0001 g，加入100 mL 80℃水，振荡溶解，冷却至室温。将溶液转入 250 mL 容量瓶中，沿容量瓶壁小心加入醋酸铅溶液 15 mL，用水定容至刻度，盖上瓶盖，充分振荡，静置 15 min。然后将溶液过滤于内有 2 g 草酸钾的三角瓶中，待滤液约 200 mL 时，充分摇动三角瓶使草酸钾溶解，静置。将一滴草酸钾溶液滴入上层清液应无沉淀产生。将溶液过滤于三角瓶中。此即为制备好的糖液。

注意：制备好的糖液应马上进行后续测定。

② 斐林反应：用 25 mL 单刻度移液管移取 25 mL 制备好的糖液于 400 mL 烧杯中，加入盐酸溶液 3 mL，盖上表面皿，放在沸腾的水浴锅上水解，并准确控制水解时间 15 min，然后将溶液迅速冷却至室温。加甲基红指示剂两滴，用氢氧化钠溶液调节溶液至中性，氢氧化钠不可过量。立刻移取斐林溶液（溶液 A 和溶液 B各 25 mL 混合）于烧杯内，加水 17.5 mL。

盖上表面皿，给烧杯加热，使之在 4 min 内沸腾并保持沸腾 2 min。立即将氧化亚铜沉淀抽滤于烧结玻璃坩埚中，以 60～80℃水充分洗涤烧杯和烧结玻璃坩埚，将烧结玻璃坩埚放入原烧杯中。

③ 高锰酸钾滴定：向装有烧结玻璃坩埚的烧杯中加入硫酸铁溶液 50 mL，搅动使氧化亚铜沉淀完全溶解，然后加入硫酸溶液 20 mL，立即用高锰酸钾标准滴定溶液滴定，近终点时加入 1 滴邻菲啰啉指示剂，滴定至溶液由棕黄色变为绿色即为终点。同时做空白实验并加以校正。空白实验有效期为 2 个月。

5. 结果的计算

（1）铜量的计算

生成的铜量 Z 由下式计算：

$$Z = T(V_2 - V_1)$$

式中　Z——生成的铜量，mg；

T——高锰酸钾标准滴定溶液的滴定度，mg·mL^{-1}；

V_1——空白实验耗用高锰酸钾标准滴定溶液的体积，mL；

V_2——滴定耗用高锰酸钾标准滴定溶液的体积，mL。

（2）葡萄糖纯度的计算

葡萄糖纯度由下式计算：

$$葡萄糖纯度 = \frac{10N}{m(1-w) \times 1000} \times 100\%$$

式中　N——从汉蒙表查得的铜量 Z 相当的葡萄糖量，mg；

m——葡萄糖质量，g；

w——葡萄糖的含水率。

（3）精密度

两次平行测定结果绝对值之差不应大于 0.30%。

第七章

烟草中含氮化合物的测定

第一节　烟草中总氮的测定

一、烟草中总氮测定方法简介

  烟草中总氮的测定就是将烟草中各种含氮化合物中的总氮含量检测出来。总氮的测定常用的方法主要有两类：一是消化后测氨，二是燃烧后测氮，其代表方法为凯氏法和杜马法。凯氏法测定总氮的基本过程是把烟样先消化，使其中各种形态的氮都转变成氨态氮，然后进行定量测定。这种方法测定总氮是最准确和稳定可靠的，但步骤较为繁琐，测定效率较低。针对这种情况，在连续流动理论出现以后，1995年烟草行业开始进行用连续流动法测定烟草中总氮含量的方法标准的制定工作，该方法于 2002 年发布并实施，其消化步骤采用经典的凯氏法。

  无论经典的凯氏法测定总氮还是连续流动法测定总氮都要先对样品进行消化。消化的目的是将样品中各种形态的氮，完全无损地全部转变成氨，并留在消化液中。处理的方法是用强酸和氧化剂将烟样组织完全破坏，使其全部溶解。凯氏消化的主要过程是将烟样与浓硫酸一起加热。因为碳水化合物遇浓硫酸可发生脱水炭化反应，特别是二者在一起加热时，烟叶会很快炭化变黑。新生成的炭能将硫酸中的硫还原为 SO_2，而炭被氧化成 CO_2。新生成的 SO_2 有还原性，在有机物炭化生成氢的加速下，将氮还原成氨。生成的氨与硫酸结合而留在消化液中。其反应式大体可表示如下：

$$C_6H_{12}O_6 + 12\,H_2SO_4 =\!=\!= 6\,CO_2 + 18\,H_2O + 12\,SO_2$$
$$CH_2NH_2COOH + 3\,H_2SO_4 =\!=\!= NH_3 + 2\,CO_2 + 3\,SO_2 + 4\,H_2O$$
$$2\,NH_3 + 3\,H_2SO_4 =\!=\!= (NH_4)_2SO_4$$

  连续流动法测定总氮消化时使用硫酸钾（K_2SO_4），它的作用是提高消化液的沸点，并维持较稳定的硫酸浓度，其作用可用化学式表示如下：

$$K_2SO_4 + H_2SO_4 =\!=\!= 2\,KHSO_4$$
$$2\,KHSO_4 =\!=\!= K_2SO_4 + H_2O + SO_3$$

  在消化过程初期，大量 $KHSO_4$ 存在使溶液沸点升高。随着硫酸的分解、水分蒸发，硫酸会减少。但随 $KHSO_4$ 分解，硫酸的量又得到补充，保持了一定的稳定，这样既保证了硫酸的浓度又提高了溶液的沸点，使消化加快。在 K_2SO_4 使用时应当注意 K_2SO_4 与 H_2SO_4 的用量比不宜过大，因溶液温度过高、生成的硫酸铵也会分解，放出氨。K_2SO_4 用量过大时，消化停止，消化液冷却后易凝固。当每毫升硫酸含硫酸钾的量大于 0.8 g 时，用凯氏法进行消化所得消化液通常就会凝固，这给以后的操作带来不便。所以一般控制每毫升硫酸含 0.2~0.5 g 硫酸钾，这样，在消化高温阶段(NH₄)HSO₄ 不会分解，也不会使消化液冷却后凝固。

连续流动法测定总氮消化时使用到了催化剂（氧化汞）。可以加速反应的催化剂有硫酸铜、氧化汞、汞、硒粉、硫酸铁、硫酸镍等。从催化效果讲，硒 > 汞 > 铜 > 镍 > 铁。氧化汞是良好的催化剂，其作用机理如下：

$$HgO + H_2SO_4 \Longrightarrow HgSO_4 + H_2O$$

在有还原性物质共存时：

$$2\ HgSO_4 \Longrightarrow Hg_2SO_4 + SO_3 + [O]$$

烟草及烟草制品总氮的检测目前主要使用 YC/T 161—2002《烟草及烟草制品总氮的测定 连续流动法》，其具体内容如下：

1. 原理

有机含氮物质在浓硫酸及催化剂的作用下，经过强热消化分解，其中的氮被转化为氨。在碱性条件下，氨被次氯酸钠氧化为氯化氨，进而与水杨酸钠反应产生一靛蓝染料，在 660 nm 比色测定。

2. 试剂

实验使用试剂均为分析纯级试剂，水为蒸馏水或同等纯度的水。

（1）聚乙氧基月桂醚溶液

聚乙氧基月桂醚又称为 Brij35，是一种表面活性剂，起润滑管路的作用。具体配制方法为：将 250 g Brij35 加入 1 L 水中，加热搅拌直至溶解。

（2）次氯酸钠溶液

次氯酸钠为氧化剂，其具体配制方法为：移取 6 mL 次氯酸钠（有效氯含量≥5%）于 100 mL 的容量瓶中，用水稀释至刻度，加 2 滴 Brij35 溶液，混匀。

次氯酸钠的有效氯含量应≥5%，否则会对检测方法的灵敏度和标准曲线的线性造成影响。由于次氯酸钠见光易分解，因此应在 4~6℃的条件下避光保存。

（3）氯化钠-硫酸溶液

为了保证渗析时整个反应体系的酸碱环境和渗析效率，可在流经渗析槽上、下部的液体中加入氯化钠-硫酸溶液。具体配制方法为：称取 10.0 g 氯化钠于烧杯中，用水溶解；加入 7.5 mL 浓硫酸，转入 1000 mL 的容量瓶中，用水定容至刻度；加入 1 mL Brij35 溶液，混匀。为了保证样品的渗析效果，渗析器上、下部分均通入了酸溶液。

（4）水杨酸钠-亚硝基铁氰化钠溶液

水杨酸钠-亚硝基铁氰化钠溶液为显色剂，具体配制方法为：称取 75.0 g 水杨酸钠，亚硝基铁氰化钠［$Na_2Fe(CN)_5NO \cdot 2H_2O$］0.15 g 于烧杯中，用水溶解，转入 500 mL 容量瓶中，用水定容至刻度，加入 0.5 mL Brij35 溶液，混匀。

吸取水杨酸钠-亚硝基铁氰化钠溶液的管路应最后放入试剂瓶，且与其他试剂管路放入试剂瓶的时间应有 5~10 min 的间隔。这是因为水杨酸钠在酸性水溶液中会生成水杨酸沉淀，在碱性水溶液中不会生成沉淀。如果水杨酸钠-亚硝基铁氰化钠溶液过早进入反应体系，此时反应体系为酸性环境，必然会产生絮状沉淀，堵塞管路。因此为了保证检测的正常进行，要求在缓冲溶液进入反应体系一定时间后，水杨酸钠再进入反应体系参与反应。

（5）缓冲溶液

为了保证渗析后整个反应体系的酸碱环境，在流经渗析槽后的液体中加入缓冲溶液。具体配制方法为：称取酒石酸钾钠（$NaKC_4H_4O_6 \cdot 4H_2O$）25.0 g、磷酸氢二钠（$Na_2HPO_4 \cdot 12H_2O$）17.9 g、氢氧化钠 27.0 g，用水溶解，转入 500 mL 容量瓶中，加入 0.5 mL Brij35 溶液，混匀。在连续流动法测定总氮方法的建立过程中发现，流入检测器溶液的最佳 pH 为 12.8~13.1，是碱性溶液。

（6）进样器清洗液

进样器清洗液用于清洗进样针，具体配制方法为：移取 40 mL 浓硫酸（H_2SO_4）于 1000 mL 容量瓶中，缓慢加水，定容至刻度。

（7）氧化汞

氧化汞为红色，是消化样品时加速反应的催化剂。

（8）硫酸钾

硫酸钾的作用是提高消化液的沸点并维持较稳定的硫酸浓度，为增温剂。

（9）标准溶液

标准储备液：称取干燥的硫酸铵 0.943 g 于烧杯中，精确至 0.0001 g，用水溶解，转入 100 mL 容量瓶中，用水定容至刻度。此溶液氮含量为 2 mg · mL^{-1}。

工作标准液：根据预计检测到的样品的总氮含量，制备至少 5 个工作标准液。制备方法是：分别移取不同量的储备液，按照与样品消化相同的量加入氧化汞、硫酸钾、硫酸。

工作标准溶液、空白（零）标准溶液应与待测样品同批次进行消化，以保证测试数据的可比性，并可以通过空白（零）标准溶液图谱是否平直，判定是否存在污染。

3. 分析步骤

称取 0.1 g 试料于消化管中，精确至 0.0001 g，加入氧化汞 0.1 g，硫酸钾 1.0 g，浓硫酸 5.0 mL。将消化管置于消化器上消化。消化器工作参数为：150℃ 1 h，250℃ 2 h，350℃ 2 h。消化后稍冷，加入少量水，冷却至室温，用水定容至刻度，摇匀，此溶液为样品的消化液。上机运行工作标准溶液和样品的消化液。如样品的消化液浓度超出工作标准溶液的浓度范围，则应稀释后重新测定。

4. 结果的计算

（1）总氮含量的计算

以干基计的总氮的含量由下式得出：

$$总氮含量 = \frac{cV}{m(1-w) \times 1000} \times 100\%$$

式中　c——样品液总氮的仪器观测值，$mg \cdot mL^{-1}$；

　　　V——消化液的体积，mL；

　　　m——试料的质量，g；

　　　w——试样的含水率，%。

（2）结果的表述

以两次测定的平均值作为测定结果，结果精确至 0.01%。

（3）精密度

两次平行测定结果绝对值之差不应大于 0.05%。

5. 测定管路图

总氮的测定管路见图 7-1。

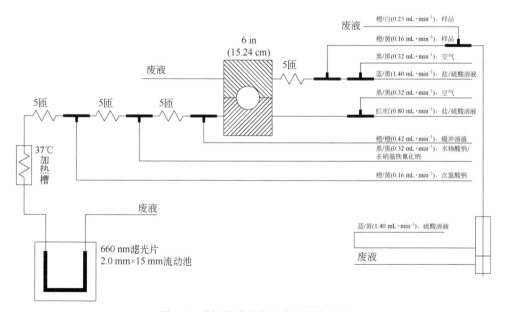

图 7-1　总氮的连续流动法分析流程图

二、硫酸铵纯度的标定

使用连续流动分析仪测定烟草及烟草制品总氮时，标准溶液是由硫酸铵配制得到的，因此就需要对硫酸铵进行标定以获得硫酸铵的纯度。烟草行业通常采用凯氏法（又称为克达尔法）测定硫酸铵的纯度。目前该方法是测定总氮最准确、稳定可靠的方法，是我国烟草行业检测烤烟总氮含量的经典手工方法，即《烟草及烟草制品　总氮的测定　克达尔法》（YC/T 33—1996），其具体内容如下：

1. 原理

有机含氮物质、蛋白质及其近似物质中的氮，在浓硫酸及催化剂作用下，经过强热、消化分解，全部氮以氨的状态被分解出来，并与溶液中过量的硫酸作用生成硫酸铵，保存在溶液中。向消化后的溶液中加入浓碱进行中和并使之碱化，释放出氨。通过蒸馏装置将蒸出的氨通入给定浓度和容量的稀硫酸溶液中，并反滴定溶液的剩余 H^+，以用去的碱液量计算出样品中的含氮量。

消化作用的反应方程式如下：

$$NH_2CH_2COOH + 3\ H_2SO_4 \longrightarrow 2\ CO_2\uparrow + 3\ SO_2\uparrow + NH_3\uparrow + 4\ H_2O$$
$$2\ NH_3 + H_2SO_4 \longrightarrow (NH_4)_2SO_4$$
$$(NH_4)_2SO_4 + 2\ NaOH \longrightarrow Na_2SO_4 + 2\ NH_3\uparrow + 2\ H_2O$$

2. 试剂

（1）氢氧化钠-硫代硫酸钠溶液
将 500 g 氢氧化钠和 40 g 硫代硫酸钠（$Na_2S_2O_3 \cdot 5H_2O$）溶于水，稀释至 1 L。
（2）硫酸（95%～98%）
（3）硫酸标准溶液 $c\left(\frac{1}{2}H_2SO_4\right)$ = 0.1 mol·mL^{-1}。

① 配制
量取 6 mL 95%硫酸，缓缓注入 2000 mL 水中，冷却，摇匀。
② 标定
移取 25 mL 配制好的硫酸溶液于 50 mL 煮沸放冷的蒸馏水中，加两滴酚酞指示剂（10 g·L^{-1}），用 0.1 mol·mL^{-1} 氢氧化钠标准溶液滴定至溶液呈粉红色。
③ 计算
硫酸标准滴定溶液的浓度由下式得出：

$$c(\frac{1}{2}H_2SO_4) = \frac{V_1 c_1}{V_2}$$

式中 $c\left(\dfrac{1}{2}H_2SO_4\right)$——硫酸标准滴定溶液的浓度，mol·L^{-1}；

V_1——氢氧化钠标准滴定溶液的用量，mL；

V_2——硫酸标准滴定溶液的用量，mL；

c_1——氢氧化钠标准滴定溶液的浓度，mol·L^{-1}。

④ 精密度

a. 浓度应精确至 0.0001 mol·L^{-1}。

b. 平行实验不得少于八次，两人各做四次平行实验，每人四次平行测定结果的极差与平均值之比不得大于 0.2%；两人测定结果平均值之差与总平均值之比不得大于 0.2%。

c. 标定值有效期：标定值有效期为 2 个月。

（4）氢氧化钠标准溶液（0.1 mol·L^{-1}）

① 配制：称取 50 g 氢氧化钠溶于 50 mL 水中，摇匀，注入密闭容器，放置至溶液清亮。用塑料吸管吸取 10 mL 上层清液，注入 2000 mL 煮沸放冷的蒸馏水中，摇匀。

② 标定：称取约 0.6 g 于 105～110℃烘至恒重的基准邻苯二甲酸氢钾，精确至 0.0001 g，溶于 50 mL 煮沸放冷的蒸馏水中，加两滴酚酞指示剂（10 g·L^{-1}），用配制好的氢氧化钠溶液滴定至溶液呈粉红色。同时做空白实验。

③ 计算：氢氧化钠标准滴定溶液的浓度由下式得出：

$$c(NaOH) = \dfrac{m}{0.2042(V_1 - V_2)}$$

式中 $c(NaOH)$——氢氧化钠标准滴定溶液的浓度，mol·L^{-1}；

m——邻苯二甲酸氢钾的质量，g；

V_1——氢氧化钠标准滴定溶液的体积，mL；

V_2——空白实验氢氧化钠标准滴定溶液的体积，mL；

0.2042——与 1.00 mL 1.000 mol·L^{-1}氢氧化钠标准滴定溶液相当的以克表示的邻苯二甲酸氢钾的质量。

④ 精密度

a. 浓度应精确至 0.0001 mol·L^{-1}。

b. 平行实验不得少于八次，两人各做四次平行实验，每人四次平行测定结果的极差与平均值之比不得大于 0.2%；两人测定结果平均值之差与总平均值之比不得大于 0.2%。

c. 标定有效期。标定值有效期为 2 个月。

（5）硫酸钾

（6）红色氧化汞

（7）锌粒

（8）甲基红指示剂（0.1%）

称取 0.1 g 甲基红，溶于 95%乙醇，用 95% 乙醇稀释至 100 mL。

3. 分析步骤

（1）消化

精确称取烟末样品 1 g 于 500 mL 的凯氏瓶中，加入氧化汞 0.7 g、硫酸钾 10 g 及硫酸 25 mL。将瓶斜置于定氮架上（或通风橱中）缓缓加热，至泡沫停止、溶液澄清后，继续加热 1～1.5 h，冷却至室温。

（2）蒸馏

在凯氏瓶中加入蒸馏水 200 mL、锌粒 2～3 粒。将烧瓶倾斜，沿瓶壁缓缓加入氢氧化钠-硫代硫酸钠溶液 100 mL，不要摇动，立即将瓶与蒸馏装置连接。向 25 mL 吸收液（0.1 mol·L^{-1} 硫酸标准溶液）中加甲基红指示剂 4～5 滴，将冷凝管末端浸在 250 mL 三角瓶中液面下。以上装置连接妥善后，再开始摇动烧瓶，使内容物充分混合，然后加热蒸馏，待溶液蒸出 150 mL，即可停止。蒸出液勿超过 150 mL，否则结果偏高，发生误差。

（3）滴定

蒸馏完毕将冷凝管末端从液面下取出后，用少量蒸馏水冲洗冷凝管末端，蒸出液用 0.1 mol·L^{-1} 氢氧化钠标准溶液滴定，溶液由红色变为无色即为终点。在蒸馏过程中，三角瓶的馏出液应始终保持酸性。如红色消失，表示硫酸标准溶液用量不足，必须减少样品质量或增加硫酸标准溶液用量，重做实验。

每次换用新配试剂时应做空白实验，除不加烟草样品外，其余试剂用量及操作方法均与上述相同。计算时应将空白实验所耗用硫酸标准溶液体积从加入的给定量硫酸标准溶液中扣除，进行校正。

4. 结果的计算

（1）计算

总氮的质量分数由下式得出：

$$总氮含量 = \frac{14[c_1(V_1 - V_0) - V_2 c_2]}{1000m(1-w)} \times 100\%$$

式中　V_1——加入标准硫酸溶液的体积，mL；

　　　V_0——空白实验耗用的硫酸溶液体积，mL；

　　　V_2——滴定时所用的氢氧化钠溶液体积，mL；

　　　c_1——标准的硫酸溶液浓度，mol·L^{-1}；

　　　c_2——标准的氢氧化钠溶液浓度，mol·L^{-1}；

　　　m——试样质量，g；

w——试样的含水率，%。

（2）结果的表述

以两次测定的平均值作为测定结果，精确至 0.01%。

（3）精密度

两次平行测定结果之差不应大于 0.05%。

第二节　烟草中蛋白质的测定

一、烟草中蛋白质测定方法

蛋白质含有一定比例的氮，这是一个很重要的特点。不同蛋白质平均含氮量约为 16%，也就是说蛋白质的质量是其中含氮量的 6.25 倍。因而可以利用测定样品中蛋白质含氮量的方法粗略确定蛋白质的含量，即用下式计算出蛋白质含量。

蛋白质含量（%）= 每克样品中蛋白质氮的质量×6.25×100%

目前烟草中蛋白质含量的测定主要有醋酸抽提法、三氯乙酸抽提法和硫酸铜沉聚法。

（一）醋酸抽提法

该法测定原理是：蛋白质是两性且易变性的化合物。它受热和遇到某些化合物容易凝结，发生沉聚，特别是在 pH = 4 时，它的溶解度最小。利用这些性质在 pH = 4 的 HAc 介质中进行加热抽提，可使蛋白质以沉淀的形式留在残渣中，故称其为不溶性氮；而其他的含氮化合物都转入溶液中，称其为可溶性氮。过滤分离后，剩余的残渣用凯氏法消化后定氮，便可求得蛋白质氮，进而可计算出蛋白质含量。

（二）三氯乙酸抽提法

该法测定原理是：三氯乙酸是一种酸性较强的有机酸，它也可使蛋白质发生变性，凝结沉聚。将烟样用三氯乙酸溶液处理后，可溶性含氮化合物转入溶液，而蛋白质为不溶性氮，留在沉淀中。通过过滤使可溶性含氮化合物与蛋白质分离，然后用凯氏法消化，测定氮含量可计算得到蛋白质含量。

（三）硫酸铜沉聚法

该法测定原理是：用水作可溶性氮的提取剂，用 $CuSO_4$ 作蛋白质的沉淀剂，将二者过滤分离后，对残渣用凯氏法消化后定氮，计算出蛋白质含量。

目前烟草中蛋白质含量的测定主要是根据烟草行业标准 YC/T 249—2008《烟草及烟草制品　蛋白质的测定　连续流动法》，该标准采用的是醋酸抽提法对烟草中的蛋白质进行固化，固化后对溶液进行抽滤，将抽滤后的滤纸和残渣洗涤后再进行消化和用连续流动分析仪测定。

二、连续流动标准方法

YC/T 249—2008《烟草及烟草制品　蛋白质的测定　连续流动法》具体的内容如下。

1. 原理

用乙酸溶液沉淀样品中的蛋白质氮。样品经消化后，在碱性条件下（pH 为 12.8～13.1）与试剂溶液在线反应生成一靛蓝化合物，在 660 nm 波长下对该靛蓝化合物进行比色测定。

2. 试剂

实验使用试剂均为分析纯级试剂，水为蒸馏水或同等纯度的水。

（1）乙酸溶液

体积分数为 0.5%。

（2）Brij35 溶液（聚乙氧基月桂醚）

将 250 g Brij35 加入 1000 mL 水中，加热搅拌直至溶解。

（3）浓硫酸

（4）氧化汞（HgO），红色

（5）硫酸钾（K_2SO_4）

（6）次氯酸钠溶液

移取 6 mL 次氯酸钠（有效氯含量应不低于 5%）于 100 mL 的容量瓶中，用水定容至刻度，加入 2 滴 Brij35 溶液。

（7）氯化钠-硫酸溶液

称取 10.0 g 氯化钠于烧杯中，用水溶解，加入 7.5 mL 浓硫酸，转移至 1000 mL 的容量瓶中，用水定容至刻度，加入 1 mL Brij35 溶液。

（8）水杨酸钠-亚硝基铁氰化钠溶液

称取 75.0 g 水杨酸钠（$Na_2C_7H_5O_3$）、0.15 g 亚硝基铁氰化钠 [$Na_2Fe(CN)_5NO \cdot 2H_2O$] 于烧杯中，用水溶解，转移至 500 mL 容量瓶中，用水定容至刻度，加入 0.5 mL Brij35 溶液。

（9）缓冲溶液

称取 25.0 g 酒石酸钾钠（$NaKC_4H_4O_6 \cdot 4H_2O$）、17.9 g 磷酸氢二钠（$Na_2HPO_4 \cdot$

12H$_2$O）、27.0 g 氢氧化钠（NaOH），用水溶解，转移至 500 mL 容量瓶中，用水定容至刻度，加入 0.5 mL Brij35 溶液。

（10）进样器清洗液

移取 40 mL 浓硫酸于 1000 mL 容量瓶中，缓慢加水定容至刻度。

（11）标准溶液

标准储备液：称取 0.943 g 硫酸铵于烧杯中，精确至 0.0001 g，用水溶解，转移至 100 mL 容量瓶中，用水定容至刻度。此溶液氮含量为 2 mg·mL^{-1}。

工作标准溶液：分别移取不同量的标准储备液，按照与样品消化相同的量加入氧化汞、硫酸钾、浓硫酸，并与样品一同消化。根据预计检测到的溶液的总氮含量，制备至少 5 个工作标准溶液。

3. 分析步骤

称取约 0.5 g 试样于 100 mL 锥形瓶中，精确至 0.0001 g。加入 25 mL 乙酸溶液，缓慢加热，保持沸腾 15 min，迅速用定量滤纸在真空抽滤装置内进行抽滤，并用乙酸溶液冲洗锥形瓶和沉淀物至滤液无色。转移滤纸和沉淀于消化管中，然后加入氧化汞 0.1 g，硫酸钾 1.0 g，浓硫酸 5.0 mL。将消化管置于消化器上消化。消化器工作参数为：150℃ 1 h，250℃ 2 h，350℃ 2 h。消化后稍冷，加入少量水，冷却至室温，用水定容至刻度，摇匀，此溶液为样品的消化液。上机运行工作标准溶液和样品的消化液。如样品的消化液浓度超出工作标准溶液的浓度范围，则应稀释后重新测定。

4. 结果的计算

（1）蛋白质含量的计算

以干基计的蛋白质含量由下式得出：

$$蛋白质含量 = \frac{6.25cV}{1000m(1-w)} \times 100\%$$

式中　c——样品液总氮的仪器观测值，mg·mL^{-1}；

　　　V——消化液的体积，mL

　　　m——试样的质量，g；

　　　w——试样的含水率，%；

　　　6.25——蛋白质与总氮之间的转换系数。

（2）结果的表述

以两次平行测定结果的平均值作为测定结果，结果精确至 0.01%。

（3）精密度

两次平行测定结果绝对值之差不应大于 0.20%。

5. 测定管路图

蛋白质的测定管路图见图 7-2。

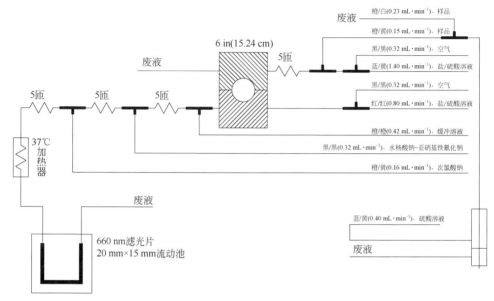

图 7-2　蛋白质测定管路图

第三节　烟草中氨的测定

烟草中氨的测定方法主要有连续流动（CFA）法、高效液相色谱（HPLC）法、离子色谱（IC）法等。CORESTA 化学常规分学组于 2004 年开始进行烟草中氨的测定共同实验。2006 年国家烟草质量监督检验中心开始进行《烟草及烟草制品　氨的测定　连续流动法》标准的制定工作，该标准采用 CORESTA 共同实验的方法对烟草中的氨进行检测，目前已形成 YC/T 245—2008《烟草及烟草制品　氨的测定　连续流动法》，并于 2008 年 4 月 14 日实施。

在 YC/T 245—2008 制定过程中，对 7 个烟末样品分别采用连续流动法和高效液相色谱法进行测定，每个样品测定 3 次，测定结果如表 7-1。取其平均值，采用 t 检验比较两种方法测定结果的差异性，见表 7-2。t 临界值为 1.94，查 t 分布表 $t_{0.05;6} = 2.45$，由于 $t < t_{0.05;6}$，可以判断两种方法之间无显著性差异。

表 7-1　CFA 与 HPLC 对氨含量的测定结果比较

样品	CFA/%			HPLC/%		
	1	2	3	1	2	3
1	0.165	0.165	0.166	0.140	0.140	0.150
2	0.360	0.360	0.360	0.370	0.360	0.360
3	0.390	0.380	0.380	0.380	0.370	0.370
4	0.550	0.560	0.560	0.550	0.550	0.550
5	0.750	0.750	0.760	0.800	0.810	0.810
6	0.280	0.280	0.290	0.260	0.280	0.280
7	0.165	0.165	0.166	0.140	0.140	0.150

表 7-2　CFA 与 HPLC 氨含量测定平均值比较

方　法	样品氨含量的测定平均值/%							t 临界值
	1	2	3	4	5	6	7	
CFA	0.165	0.283	0.283	0.360	0.383	0.557	0.753	1.94
HPLC	0.143	0.260	0.273	0.363	0.373	0.550	0.807	

在 YC/T 245—2008 制定过程中，对 6 个烟末样品分别采用连续流动法和离子色谱法进行测定，每个样品测定 3 次取其平均值，采用 t 检验比较两种方法测定结果的差异性，见表 7-3。t 临界值为 2.02，查 t 分布表 $t_{0.05;5} = 2.57$，由于 $t < t_{0.05;5}$，可以判断两种方法之间无显著性差异。

表 7-3　CFA 与 IC 对氨含量测定平均值比较

方　法	样品氨含量的测定平均值/%						t 临界值
	1	2	3	4	5	6	
CFA	0.010	0.012	0.016	0.089	0.099	0.465	2.02
IC	0.006	0.008	0.013	0.087	0.108	0.451	

由以上三种方法的比较可以发现：连续流动法、高效液相色谱法和离子色谱法无显著性差异。由于连续流动法操作较为简便，测试时间相对较短，因此大多数实验室采用 YC/T 245—2008 进行烟草中氨的测定。YC/T 245—2008《烟草及烟草制品　氨的测定　连续流动法》具体的分析方法如下：

1. 原理

样品经水提取后，在碱性缓冲溶液中与水杨酸和次氯酸反应，亚硝基铁氰化钠为反应中的催化剂，反应生成物在 660 nm 处进行比色测定。

2. 试剂

实验使用试剂均为分析纯级试剂，水应为蒸馏水或同等纯度的水。

（1）清洗溶液

将 1 mL 30%的 Brij35（聚乙氧基月桂醚或其他等同物质）加入至 1000 mL 水中，混合均匀。

（2）氢氧化钠溶液，20%

称取 200 g 片状氢氧化钠（NaOH）加入 800 mL 水中，搅拌，放置冷却，用水稀释至 1 L。

（3）酒石酸钾钠溶液，20%

称取约 200 g 酒石酸钾钠（$NaKC_4H_4O_6$），溶解于 800 mL 水中，放置冷却至室温后，转移至 1000 mL 容量瓶中，用水定容至刻度。

（4）缓冲溶液

称取约 71 g 磷酸氢二钠（Na_2HPO_4）、20 g 氢氧化钠（NaOH），用水溶解后转移至 1000 mL 容量瓶中，放置冷却至室温后，用水定容至刻度。常温下其 pH 约为 12.2。

（5）工作缓冲溶液

量取 250 mL 酒石酸钾钠溶液加入 200 mL 缓冲溶液中，搅拌并同时加入 250 mL 氢氧化钠溶液。将混合液转移至 1000 mL 容量瓶中，冷却至室温后用水定容至刻度，使用时加入数滴 30%的 Brij35 溶液。常温下其 pH 约为 13.7。

（6）氯化钠-硫酸溶液

称取约 100 g 氯化钠（NaCl）溶解于 600 mL 水中，再加入 7.5 mL 浓硫酸，搅拌后转移至 1000 mL 容量瓶中，用水定容至刻度。使用时加入数滴 30%的 Brij35 溶液。

（7）水杨酸钠-亚硝基铁氰化钠溶液

称取约 150 g 水杨酸钠（$Na_2C_7H_5O_3$）溶解于 600 mL 水中，再加入 0.3 g 亚硝基铁氰化钠 [$Na_2Fe(CN)_5NO$]，搅拌溶解后转移至 1000 mL 容量瓶中，用水定容至刻度。使用时加入数滴 30%的 Brij35 溶液。

（8）次氯酸钠溶液

将 6 mL 次氯酸钠（有效氯含量应不低于 5%）溶解于水中，转移至 100 mL 容量瓶中，用水定容至刻度，即配即用。使用时加入 1 滴 30% Brij35 溶液。

（9）标准溶液

标准储备液（100 mg·L^{-1}，以 NH_3 计）：称取 0.3898 g 干燥的硫酸铵[$(NH_4)_2SO_4$，纯度应不低于 99%]，用水溶解后转移至 1000 mL 容量瓶中，用水定容至刻度。混合均匀后储存于冰箱中。

工作标准溶液：用移液管准确移取一定体积的标准储备液至 100 mL 容量瓶中，

用水定容至刻度，混合均匀。该溶液在常规实验条件下至少可以稳定 3 个月。表 7-4 列出了移取液体积与其换算浓度。

表 7-4　标准溶液浓度的换算

标准储备液体积/mL	换算为 NH₃ 的浓度/（mg·L⁻¹）
2.0	2.0
5.0	5.0
10.0	10.0
20.0	20.0
30.0	30.0
40.0	40.0

3. 分析步骤

称取约 0.3 g 试样于 50 mL 具塞三角瓶中，精确至 0.0001 g，加入 25 mL 水，盖上塞子，在振荡器上振荡萃取 30～40 min。用快速定性滤纸过滤萃取液，弃去前段滤液，收集后续滤液作分析用。暂不用于分析的滤液，可储存于冰箱中过夜。上机运行工作标准溶液和滤液。如滤液浓度超出工作标准溶液的浓度范围，则应稀释后重新测定。

4. 结果的计算

（1）氨含量的计算

以干基试样计的氨含量，由下式计算得出：

$$\text{氨含量} = \frac{ncV}{1000m(1-w)} \times 100\%$$

式中　c——样品液中氨含量的仪器示值，mg·L⁻¹；

　　　V——萃取液的体积，mL；

　　　n——稀释倍数；

　　　m——试料的质量，g；

　　　w——试样的含水率，%。

（2）结果的表述

以两次平行测定结果的平均值作为测定结果，结果精确至 0.01%。

（3）精密度

13 个实验室参加该国际共同实验。采用本方法对 7 个烟末样品进行氨含量的测定。实验室间的共同实验数据表明在测定范围内结果具有可接受的重复性平均标准偏差（S_r）和再现性平均标准偏差（S_R）。数据分析结果见表 7-5。

表 7-5　数据分析结果

平均值/%	重复性平均标准偏差 S_r/%	再现性平均标准偏差 S_R/%
0.191	0.0038	0.0141
0.309	0.0057	0.0163
0.311	0.0077	0.0160
0.386	0.0089	0.0184
0.410	0.0052	0.0276
0.587	0.0125	0.0218
0.820	0.0144	0.0298

5. 测定管路图

氨的测定管路图见图 7-3 和图 7-4。

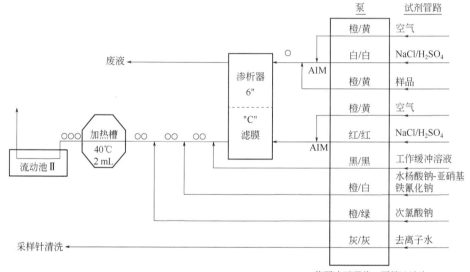

测定范围: 0.2~4.0 mg/100 mL
连续流动模式: μL·min^{-1}

○ = 5 圈螺旋管
○○ = 10 圈螺旋管
○○○ = 15 圈螺旋管
AIM = 空气模块

(若泵速可调节, 泵管流速为 45 μL·min^{-1})

比色参数
滤光片: 660 nm
流动池: 10 mm
衰减: 2.0

采样参数
分析速率: 90 h^{-1}
采样时间: 20 s
清洗时间: 20 s

泵管流速
橙/黄: 118 μL·min^{-1}
白/白: 385 μL·min^{-1}
红/红: 482 μL·min^{-1}
黑/黑: 226 μL·min^{-1}
橙/白: 166 μL·min^{-1}
橙/绿: 74 μL·min^{-1}
灰/灰: 568 μL·min^{-1}

图 7-3　氨的连续流动法分析流程图（小流量）

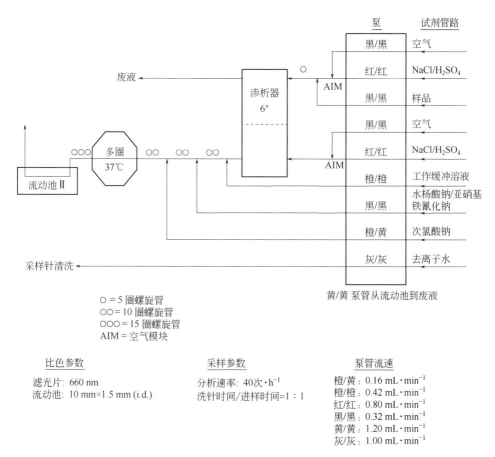

泵	试剂管路
黑/黑	空气
红/红	NaCl/H_2SO_4
黑/黑	样品
黑/黑	空气
红/红	NaCl/H_2SO_4
橙/橙	工作缓冲溶液
黑/黑	水杨酸钠/亚硝基铁氰化钠
橙/黄	次氯酸钠
灰/灰	去离子水

○ = 5 圈螺旋管
○○ = 10 圈螺旋管
○○○ = 15 圈螺旋管
AIM = 空气模块

黄/黄 泵管从流动池到废液

比色参数
滤光片：660 nm
流动池：10 mm×1.5 mm (i.d.)

采样参数
分析速率：40次·h⁻¹
洗针时间/进样时间=1：1

泵管流速
橙/黄：0.16 mL·min⁻¹
橙/橙：0.42 mL·min⁻¹
红/红：0.80 mL·min⁻¹
黑/黑：0.32 mL·min⁻¹
黄/黄：1.20 mL·min⁻¹
灰/灰：1.00 mL·min⁻¹

图 7-4　氨的连续流动法分析流程图（大流量）

第四节　烟草中硝酸盐的测定

　　烟草中硝酸盐的含量对烟叶和卷烟质量都有一定影响，目前国内外硝酸盐含量的检测主要采用连续流动法和离子色谱法。CORESTA 于 1994 年发布的第 36 号推荐方法为连续流动法测定烟草中硝酸盐的含量，ISO 以 CORESTA 第 36 号推荐方法为蓝本，于 2003 年发布了国际标准 ISO 15517：2003，以连续流动法测定烟草中硝酸盐的含量；由于行业内已广泛使用连续流动分析法分析烟草中的多项成分，因此国家烟草专卖局 2000 年立项开展相关标准的制定工作，并于 2009 年 5 月 1 日开始实施 YC/T 296—2009《烟草及烟草制品 硝酸盐的测定 连续流动法》，其具体的内容如下。

1. 原理

用水萃取试样，萃取液中的硝酸盐在碱性条件下与硫酸肼-硫酸铜溶液反应生成亚硝酸盐。亚硝酸盐与对氨基苯磺酰胺反应生成重氮化合物，在酸性条件下，重氮化合物与 N-(1-萘基)-乙二胺二盐酸发生偶合反应生成一种紫红色配合物，其最大吸收波长为 520 nm，用比色计测定。

若萃取液中含有亚硝酸盐，将同时被检测。

亦可使用 5%醋酸作为萃取液。洗针液应与样品萃取液保持一致。

2. 试剂

实验使用试剂均为分析纯级试剂，水为蒸馏水或同等纯度的水。

（1）Brij35 溶液

将约 250 g Brij35（聚乙氧基月桂醚）加入 1000 mL 水中，加热搅拌直至溶解。

（2）活化水

每 1000 mL 水中加入 1 mL Brij35 溶液，搅拌均匀。

（3）氢氧化钠溶液

称取约 8.0 g 氢氧化钠，溶于 800 mL 水中，加入 1 mL Brij35 溶液后稀释至 1000 mL。

（4）硫酸铜溶液

称取约 1.20 g 硫酸铜（$CuSO_4 \cdot 5H_2O$），溶于 100 mL 水中。

（5）硫酸肼-硫酸铜溶液

应选择最适宜的硫酸肼浓度。根据选择的硫酸肼浓度，称取相应量的硫酸肼（$N_2H_6O_4$），溶于 800 mL 水中，加入 1.5 mL 硫酸铜溶液，稀释至 1000 mL，储存于棕色瓶中。此溶液应每月配制一次。

硫酸肼溶液最佳浓度的选择是 YC/T 296—2009 使用过程的关键环节，该项工作应在连续流动分析仪安装调试后及在购买新的硫酸肼试剂时进行。硫酸肼溶液最佳浓度的选择通常按 ISO 15517: 2003（方法 A）方法或加拿大官方方法 T-308（方法 B）进行。

方法 A 的具体操作如下述所示。

① 亚硝酸盐标准溶液

a. 标准储备液：称取 0.900 g 亚硝酸钠（$NaNO_2$），溶于 800 mL 水中，用水定容至 1000 mL。该储备液中亚硝酸根离子的浓度为 0.6 mg·mL^{-1}。

b. 工作标准溶液：移取 25 mL 上述标准储备液，用水定容至 100 mL，该工作溶液中亚硝酸根离子的浓度为 150 μg·mL^{-1}。

② 硫酸肼溶液最佳浓度的选择

a. 移取 0.75 mL 硫酸铜溶液，用水定容至 1000 mL。

b. 称取 0.5 g 硫酸肼，溶于 50 mL 水中，定容至 100 mL。

c. 移取 1.0 mL、2.0 mL、3.0 mL、…、10.0 mL 上述硫酸肼溶液，分别用水定容至 25 mL。这些溶液浓度为每 1000 mL 含有 0.2 g、0.4 g、0.6 g、…、2.0 g 硫酸肼。

d. 将图 7-5 中硫酸肼-硫酸铜试剂管路连接到进样针上，水的管路放入硫酸铜溶液储液瓶，样品的管路放入亚硝酸钠标准工作溶液储液瓶（①中 b）。

e. 打开比例泵，用正常方式走试剂。

f. 把硫酸肼溶液（②中 c）倒入样品杯中，按浓度由小到大的顺序放到进样器上。

g. 当反应颜色到达流动池时，调节记录仪响应至满刻度的 90%，开始进样。

h. 当所有硫酸肼溶液进样完毕后，记下由于亚硝酸根离子被还原为氮，而使溶液颜色变浅的硫酸肼溶液的浓度（c_1）。

i. 配制浓度为 150 μg·mL^{-1} 的硝酸盐溶液，代替亚硝酸盐工作溶液（①中 b）。基线回零后，将硫酸肼溶液重新进样，记录下硝酸盐响应值最大时硫酸肼溶液浓度（c_2）。

j. 得出硫酸肼溶液最佳浓度 c，$c_2<c<c_1$。

保证硝酸根离子完全还原为亚硝酸根离子，而亚硝酸离子不被还原为氮。

方法 B 的具体操作如下述所示。

① 配制相同浓度的亚硝酸盐溶液和硝酸盐溶液。

② 同时运行亚硝酸盐溶液和硝酸盐溶液，如果后者的响应值比前者低很多，增加硫酸肼溶液的浓度重新进样，直到二者响应值相等。

（6）对氨基苯磺酰胺溶液

移取 25 mL 浓磷酸，加入至 175 mL 水中，然后加入约 2.5 g 对氨基苯磺酰胺（$C_6H_8N_2O_2S$）和 0.125 g N-(1-萘基)-乙二胺二盐酸（$C_{12}H_{14}N_2·2HCl$），搅拌溶解，用水定容至 250 mL，过滤后转移至棕色瓶中。配好的溶液应呈无色，若为粉红色说明有 NO_2 干扰，应重新配制。该溶液应即配即用。

（7）氯化钠-硫酸溶液

称取 10.0 g 氯化钠于烧杯中，用水溶解，加入 7.5 mL 浓硫酸，转移至 1000 mL 的容量瓶中，用水定容至刻度，加入 1 mL Brij35 溶液。

（8）标准溶液

标准储备液：准确称取 3.3 g 硝酸钾，精确至 0.0001 g，用水溶解后转移至 1000 mL 容量瓶中，用水定容至刻度，混匀后存放于冰箱中。此溶液应每月配制一次。

工作标准溶液：由标准储备液用水或 5%醋酸溶液制备至少五个工作标准溶液，其浓度范围应覆盖预计检测到的试样中硝酸盐的含量。工作标准溶液应贮存于 0～4℃条件下，每两周配制一次。工作标准溶液配置所使用溶液应与样品萃取液保持一致。

3. 分析步骤

称取试样约 0.25 g，精确至 0.0001 g，移至 50 mL 具塞三角瓶中，加入 25 mL 水，具塞后置于振荡器上，振荡萃取 30 min。用快速定性滤纸过滤萃取液，弃去前段滤液，收集后续滤液作分析用。上机运行工作标准溶液和滤液。如样品的滤液浓度超出工作标准溶液的浓度范围，则应稀释后重新测定。

4. 结果的计算

（1）硝酸盐含量的计算

以干基计的硝酸盐含量由下式得出：

$$硝酸盐含量 = \frac{ncV}{1000m(1-w)} \times 100\%$$

式中　　c——样品溶液硝酸盐的仪器观测值，$mg \cdot mL^{-1}$；

　　　　V——萃取液体积，mL；

　　　　w——试样的含水率，%；

　　　　n——稀释倍数；

　　　　m——试料的质量，g。

（2）结果的表述

以两次平行测定结果的平均值作为测定结果，结果精确至 0.01%。

（3）精密度

两次平行测定结果绝对值之差应不大于 0.05%。

5. 测定管路图

硝酸盐的测定管路图见图 7-5。

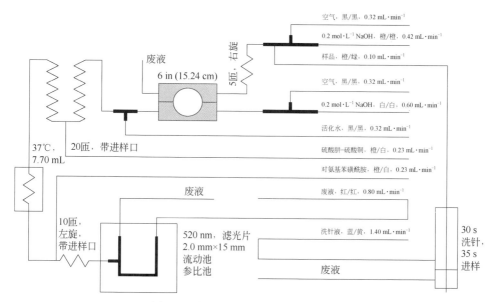

图 7-5　硝酸盐的连续流动法分析流程图

第八章

烟草中无机元素及无机阴离子的测定

第一节　烟草中氯的测定

一、标准方法的背景及演变

对于烟叶中氯的含量检测，国内外已经有很多报道，测定微量氯的经典光度分析法有硫氰酸汞光度法和 AgCl 溶胶比浊法。此外，近来报道的还有摩尔法、离子色谱法、近红外建模测定法等。AgCl 溶胶比浊法测定烟草中的微量氯，操作简便、快速，但稳定性差，受环境温度及光照因素影响大；摩尔法采用滴定进行操作，结果因人而异；离子色谱法可以进行多种离子的同时分析，但是前处理较为麻烦，还需要进行离心和微膜过滤，比较繁琐；近红外建模测定法适用性有限，定性可以，定量结果不尽人意。

Cl^- 的常规测定方法通常是利用 K_4CrO_4 作指示剂，用硝酸银标准溶液滴定。在等当点附近时形成红色的铬酸银沉淀，同时溶液由黄变红，但颜色突变不是很明显，因而由肉眼判断可能会造成很大的人为误差，并且此法不能适用于浑浊或有色样品的测定。离子色谱法作为最新也是最先进的检测手段在检测痕量 Cl^- 中是不可替代的。但其对于常规浓度的样品，则需要经过逐级稀释，成本较高，很难普及应用。用电位滴定法来测定溶液中的 Cl^- 在一定程度上也有它的优势：仪器价格便宜，操作简单，耗用的试剂也较单一，很长时间和很大范围内还会继续存在。电位滴定法主要是利用银离子选择性电极作响应电极，用硝酸银滴定水溶液中的 Cl^-，对反应终点的计算以及各种干扰因子对终点的影响做了比较深入的研究，将测量方法的精度提高到了化学检测的极限。

目前烟草行业内关于烟草中氯的测定有三个标准，分别为 YC/T 48—2008《烟草及烟草制品　无机阴离子的测定　离子色谱法》和 YC/T 162—2011《烟草及烟草制品　氯的测定　连续流动法》（YC/T 162—2002 版本的修订版）。这两个版本的检测方法大部分起源于方法 GB 13580.9—1992。YC/T 162—2011 与 YC/T 162—2002 版本方法相比，前者测定烟草中氯含量时对影响 CFA 法的各种因素进行了考察，并进行了优化与改进：

① 增加了渗析处理；
② 测定波长由 480 nm 改为 490 nm；
③ 用 10 mm 不除泡流通比色池取代 15 mm 普通流通比色池；
④ 确定了最佳显色反应时间（约 665 s）；

⑤ 调整了仪器的流程设计。

结果表明，改进后的方法消除了烟草萃取液底色的干扰，并将检测周期由原来的 160 s 缩短为 90 s，且其检测结果与莫尔法、电位滴定法、离子色谱法等的检测结果高度一致。因此，改进法可用于烟草中氯含量的快速分析。

另外，还有比较经典的 YC/T 153—2001《烟草及烟草制品　氯含量的测定　电位滴定法》。电位滴定法是在用标准溶液滴定待测离子过程中，用指示电极的电位变化代替指示剂的颜色变化指示滴定终点的到达，是把电位测定与滴定分析互相结合起来的一种测试方法。它虽然没有指示剂确定终点那样方便，但它可以用在浑浊、有色溶液以及找不到合适指示剂的滴定分析中。电位滴定的一个很大用途是可以连续滴定和自动滴定。滴定反应为：

$$Ag^+ + Cl^- \rightleftharpoons AgCl\downarrow \qquad K_{sp} = 1.8 \times 10^{-10}$$

化学计量点时，$[Ag^+] = [Cl^-]$，可由 K_{sp}（AgCl）求出 Ag^+ 的浓度，并由此计算出 Ag 电极的电位。根据滴定终点（自动电位滴定）所消耗的 $AgNO_3$ 溶液体积计算试液中 Cl^- 的质量浓度（$mg \cdot L^{-1}$）。

行业标准中用连续流动法来测定烟叶中的氯，方法依据是硫氰酸汞光度法。基本原理是通过氯与硫氰酸汞反应释放出硫氰酸根，进而与三价铁离子络合显色，由光度计测定——这其实就是一种分光光度测定法。前处理时采用水或 5% 醋酸来进行样品的提取。因为烟草中的氯多以离子状态存在，用酸或水能把它提取出来。氯离子与硫氰酸汞反应生成可溶而不解离的氯化汞及硫氰酸根离子，该离子与硝酸铁中铁离子结合生成橙红色的硫氰酸铁，其颜色的深浅与氯的含量成正比。硫氰酸铁在 480 nm 处有最大吸收峰，故反应所采用的波长为 480 nm。反应应在酸性环境下进行。

$$2 Cl^- + Hg(SCN)_2 \rightleftharpoons HgCl_2 + 2 SCN^-$$

$$n SCN^- + Fe^{3+} \rightleftharpoons Fe(SCN)_n^{3-n}$$

因 Fe^{3+} 与 SCN^- 可生成一系列配位数不同的络合物［即 $Fe(SCN)^{2+} \sim Fe(SCN)_6^{3-}$］，所以当氯的含量较高时，氯离子与硫氰酸汞的反应为二次反应，反应的标准曲线采用二次曲线；氯的含量较低时，反应为一次反应，采用一次曲线作标准。

在实际烟草检测工作中，连续流动法与其他氯含量光度检测法有较大的差异，更重要的是对于烟草中氯含量的检测，连续流动分析法与经典分析方法（莫尔法、电位滴定法、离子色谱法）的检测结果有较大的差异，为了更能准确真实掌握烟草中氯离子含量，行业推荐连续流动法检测烟草中氯离子含量。

我国烟草行业于 2002 年正式发布了《烟草及烟草制品　氯的测定　连续流动法》（YC/T 162—2002）行业标准，并于 2011 年发布了修订版本，修订的原因主要有：

① 烟草中含有的少量色素和单宁类物质都是水溶性的，且在氯的测定波长下

有一定程度的吸收。连续流动法前处理过程使用水萃取，此类物质也溶解在萃取液中，如果不对萃取液进行净化，测定结果会存在偏差。

② 早期生产的烟叶氯的含量普遍较高（>1%），使用现行标准测定，偏差不大。随着农业生产技术水平的提高，现在烟叶氯含量普遍较低，测定偏差已经不容忽视。

鉴于此，主要通过以下技术手段完成标准的修订：

① 在连续流动分析仪的反应模块上添加透析槽。透析槽上安装有透析膜，其作用是使大分子物质的通过率小于小分子物质的通过率。这样，烟草萃取液经过透析膜后，待测的小分子物质通过，而干扰测定的大分子物质则通过废液排走，使样品得到了净化。

② 修改 480 nm 波长的滤光片为 460 nm 滤光片。YC/T 162—2002 规定的测定波长为 480 nm，通过实验发现 480 nm 及其附近并没有最大吸收值（图 8-1）。由此推断，烟草萃取液中存在干扰物，使反应产物扫描图谱发生了变形，影响了仪器测定的信噪比。最大吸收波长应在 460 nm 左右。

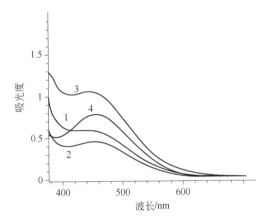

图 8-1　添加透析前后的吸光谱图
1—称样量 0.25 g，不加透析；2—称样量 0.25 g，加透析；
3—称样量 0.5 g，不加透析；4—称样量 0.5 g，加透析

③ 改变了显色剂的配制方法。分析管路中添加透析槽后，烟草萃取液经过透析，与显色剂反应的量比实际进样量小，如果仍沿用 YC/T162—2002 采用的进样量 0.1 mL·min^{-1}，会对氯含量较低的样品测定结果产生影响。AA Ⅲ连续流动分析仪使用说明书推荐常用进样管流量有 0.10 mL·min^{-1}、0.23 mL·min^{-1}、0.32 mL·min^{-1}，故选择流量 0.23 mL·min^{-1} 或 0.32 mL·min^{-1} 的进样管进行实验。同时通过改变显色剂（等体积的 202 mg·mL^{-1} 硝酸铁溶液和 4.2 mg·mL^{-1} 硫氰酸汞溶液混合，定容至 250 mL）硝酸铁溶液和硫氰酸汞溶液的移取体积考察显色剂浓度的改变对标

准曲线的影响。标准曲线采用 100 mg·L^{-1}、80 mg·L^{-1}、40 mg·L^{-1}、20 mg·L^{-1}、4 mg·L^{-1} 的氯离子标准工作溶液进行操作，此浓度范围基本可以涵盖目前大部分烟草中氯的含量。表 8-1 列出了进样管流量为 0.23 mL·min^{-1} 和 0.32 mL·min^{-1}时，使用不同浓度的显色剂，AAⅢ连续流动分析仪测定氯标准曲线，由标准曲线一次曲线和二次曲线拟合得到的相关系数（r）。

表 8-1　不同显色剂浓度与进样管配比

移取的体积/mL			标准曲线相关系数 r	
202 mg·mL^{-1}硝酸铁溶液	4.2 mg·mL^{-1}硫氰酸汞溶液	进样管流量(mL·min^{-1})	一次曲线	二次曲线
25	25	0.23	0.9825	0.9991
30	30	0.23	0.9953	0.9993
35	35	0.23	0.9986	0.9995
40	40	0.23	0.9988	0.9998
45	45	0.23	0.9995	0.9999
50	50	0.23	0.9999	1.0000
60	60	0.23	1.0000	1.0000
60	60	0.32	0.9999	0.9999

④ 增加稀硝酸的配制方法。改进后的测定方法在透析槽上部采用硝酸和样品进行混合。硝酸的作用主要是调节样品的 pH，阻止样品液中不可溶的离子在透析膜上富集，提高测定的灵敏度。在硝酸流量不变的条件下，硝酸的浓度应与进样量有一定比例关系。表 8-2 列出了 ISO 15682：2000 与改进后方法管路中进样流量与硝酸流量的对比。由表 8-2 可知，硝酸流量同为 0.8 mL·min^{-1}，与 ISO 15682：2000 相比，改进后管路进样管流量增大了一倍多，那么对应的硝酸浓度也应当增加一倍左右。因此参照 ISO 15682：2000，选择硝酸浓度约为 0.22 mol·L^{-1}。

表 8-2　ISO 15682：2000 与改进后方法管路中进样流量与透析流量对比

方法	进样管流量/mL·min^{-1}	透析液管流量/mL·min^{-1}	透析液浓度/mol·L^{-1}
ISO 15682：2000	0.10	0.80	0.09
改进后管路	0.23	0.80	0.22

ISO 15682：2000 中透析槽下部也加入了硝酸。为了考察改进后管路透析槽下部硝酸对于测定灵敏度的影响，固定透析槽上部硝酸的量，在透析槽下部采用 0.05～0.30 mol·L^{-1} 的硝酸，按照改进后方法管路进行测定。表 8-3 列出了透析槽下部硝酸浓度的改变所引起的仪器的基线和增益的变化。

表 8-3　透析槽下部硝酸浓度对测定的影响

稀硝酸浓度/ (mol·L^{-1})	标准曲线 r	基线	增益
0.05	0.9995	−22215	36
0.10	0.9986	−21210	35
0.15	0.9972	−19861	32
0.20	0.9991	−17682	32
0.22	0.9998	−16698	30
0.30	0.9998	−16537	30

由表 8-3 可知，随着透析槽下部硝酸浓度的增大，标准曲线的线性程度也变得更好，而基线在逐渐提高，增益在逐渐降低。这说明，透析槽下部硝酸浓度的增大也可以提高此反应的灵敏度。但是，当透析槽下部硝酸浓度增大到 0.22 mol·L^{-1} 以上时，灵敏度的提高已经非常有限。因此，选择透析槽下部硝酸的浓度为 0.22 mol·L^{-1}。

二、标准方法的介绍

目前我国烟草行业大部分实验室都在用连续流动法测定烟草及烟草制品中氯的含量，但是由于某些客观原因，极少部分也在沿用电位滴定法，所以，本部分在这里就这两种方法做一个介绍。

（一）连续流动法

1. 方法原理

用水萃取样品中的氯，氯与硫氰酸汞反应，释放出硫氰酸根，进而与三价铁离子反应形成络合物，反应产物在 460 nm 处进行比色测定。反应方程式如下：

$$2\,Cl^- + Hg(SCN)_2 \rightleftharpoons HgCl_2 + 2\,SCN^-$$
$$n\,SCN^- + Fe^{3+} \rightleftharpoons Fe(SCN)_n^{3-n}$$

用 5%乙酸水溶液作为萃取液亦可得到相同的结果。

2. 试剂与材料

除特别要求以外，均应使用分析纯试剂，水应符合 GB/T 6682—2008 中一级水的规定。

① 硫氰酸汞，纯度＞99.0%。

② 硝酸铁，九水合硝酸铁 [$Fe(NO_3)_3·9H_2O$]，纯度＞99.0%。

③ 浓硝酸，浓度为 65%～68%（质量分数）。

④ 氯化钠标准物质［GBW(E)060024c］。

⑤ Brij35 溶液（聚乙氧基月桂醚）：称取 250 g Brij35 于 3000 mL 烧杯中，精确至 1 g，用量筒量取 1000 mL 水，加入烧杯中，混合均匀。

⑥ 硫氰酸汞溶液：称取 2.1 g 硫氰酸汞于烧杯中，精确至 0.1 g，加入甲醇溶解，转移至 500 mL 容量瓶中，用甲醇定容至刻度。该溶液在常温下避光保存，有效期为 90 天。

⑦ 硝酸铁溶液：称取 101.0 g 硝酸铁于烧杯中，精确至 0.1 g，用量筒量取 200 mL 水，加入烧杯中溶解。后用量筒量取 15.8 mL 浓硝酸，加入溶液中，混合均匀，将混合溶液转移至 500 mL 容量瓶中，用水定容至刻度。该溶液在常温下保存，有效期为 90 天。

⑧ 显色剂：用量筒分别量取硫氰酸汞溶液和硝酸铁溶液各 60 mL 于同一 250 mL 容量瓶中，用水定容至刻度，加入 0.5 mL Brij35 溶液。显色剂应在常温下避光保存，有效期为 2 天，一般在实验当天进行配置。

⑨ 硝酸溶液（0.22 mol·L^{-1}）：用量筒量取 16 mL 浓硝酸，用水稀释后，转入 1000 mL 容量瓶中，用水定容至刻度。

⑩ 氯标准溶液

a. 标准储备液（1000 mol·L^{-1}，以 Cl 计）：称取 1.648 g 干燥后的氯化钠标准物质于烧杯中，精确至 0.1 mg，用水溶解，转移至 1000 mL 容量瓶中，用水定容至刻度。

国家标准物质中心的氯标准溶液［1000 mg·L^{-1}，GBW(E)080268］亦可作为标准储备液。

b. 标准工作溶液：由标准储备液制备至少 5 个工作标准液，其浓度范围应覆盖预计检测到的样品含量。

3. 仪器

50 mL 具塞三角瓶、定量加液器或移液管、快速定性滤纸、分析天平（感量 0.1 mg）、振荡器、连续流动分析仪。

4. 分析步骤

（1）试样制备

按 YC/T 31—1996 制备试样，并测定其水分含量。

（2）试样制备

称取 0.25 g 试样于 50 mL 具塞三角瓶中，精确至 0.1 mg，加入 25 mL 水，盖上塞子，在振荡器上振荡（转速>150 r·min^{-1}）萃取 30 min。用快速定性滤纸过滤萃取液，弃去前 2～3 mL 滤液，收集后续滤液作分析之用。

（3）仪器分析

上机运行标准工作溶液和滤液，分析流程图参见图 8-2。如样品浓度超出工作标准溶液的浓度范围，则应稀释后再测定。

5. 结果的计算与表述

（1）氯含量的计算

以干基计的氯的含量，由下式计算：

$$氯含量 = \frac{cV}{1000m(1-w)} \times 100\%$$

式中　c——萃取液氯含量的仪器观测值，$g \cdot mL^{-1}$；

　　　V——萃取液的体积，mL；

　　　m——试样的质量，g；

　　　w——试样含水率，%。

（2）结果的表述

以两次平行测定结果的平均值作为测定结果，结果精确至 0.01%。两次平行测定结果绝对值之差不应大于 0.05%。计算结果见表 8-4～表 8-6。

表 8-4　测定精密度（$n = 5$）

项目	相对标准偏差（RSD）/%	
	日内	日间
烤烟	4.00	1.84
香料烟	3.56	1.31
白肋烟	1.29	1.11

表 8-5　低、中、高加标回收率（$n = 6$）

组分	回收率/%		
	低	中	高
氯	99.9	101.0	99.7

表 8-6　不同含量样品加标回收率（$n = 6$）

组分	回收率/%		
	低含量样品（烤烟）	中含量样品（香料烟）	高含量样品（白肋烟）
氯	99.0	105.2	101.2

6. 氯的连续流动分析流程图

氯的连续流动分析流程图见图 8-2。

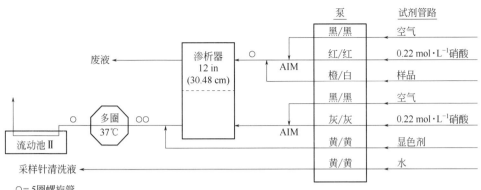

○ = 5圈螺旋管
○○ = 10圈螺旋管
AIM = 空气模块

比色参数	采样参数	泵管流速
滤光片：460 nm	分析速率：40 次·h^{-1}	黑/黑：0.32 mL·min^{-1}
流动池：10 mm×1.5 mm (i.d.)	洗针时间/进样时间=1：1	红/红：0.80 mL·min^{-1}
		橙/白：0.23 mL·min^{-1}
		灰/灰：1.00 mL·min^{-1}
		黄/黄：1.20 mL·min^{-1}

图 8-2 氯的连续流动分析流程图

（二）电位滴定法

1. 方法原理

用萃取剂萃取烟草中的氯离子，用硝酸银标准溶液电位滴定法滴定，测出氯的含量。

2. 方法试剂

使用分析纯试剂，所用水应符合 GB/T 6682—2008 中三级水的规格。

试剂为：硝酸；氯化钠；硝酸银标准溶液 $[c(AgNO_3) = 0.1\ mol·L^{-1}]$。

3. 仪器设备

一般实验仪器包括下述各项：

① 分析天平：感量 0.0001 g。

② 电位计：应有 ±2 mV 的精确度。

③ 电极：包括指示电极和参比电极（银电极和饱和甘汞电极）。

④ 搅拌器。

4. 抽样

按 GB/T 5606.1—2004《卷烟　第 1 部分：抽样》抽取实验室样品。

5. 分析步骤

① 试样的制备：按 YC/T 31—1996 制备试样。

② 水分含量的测定：按 YC/T 31—1996 测定试样的水分含量。

③ 氯含量的测定：称取 2 g 试料（精确至 0.0001 g）于滴定杯中，加入 50 mL 稀硝酸。用搅拌器搅拌 5 min，使试料与溶液充分混合、完全萃取。银电极作指示电极，饱和甘汞电极作参比电极。用硝酸银标准溶液滴定至终点（本法允许执行全自动滴定）。

每次滴定结束后，用水充分洗涤电极以便完全洗去沉淀物。

6. 结果的计算与表述

（1）计算

氯含量由下式得出：

$$氯含量 = \frac{35.45cV}{1000m(1-w)} \times 100\%$$

式中　　V——硝酸银标准溶液的用量，mL；

　　　　c——硝酸银标准溶液的浓度，$mol \cdot L^{-1}$；

　　　　w——试样的含水率，%；

　　　　m——试料质量，g；

　　35.45——与 1 L 硝酸银标准溶液 $[c(AgNO_3) = 1.000 \ mol \cdot L^{-1}]$ 相当的以克为单位的氯的质量。

（2）结果的表述

以两次平行测定结果的平均值作为测定结果，精确至 0.01%。

硝酸银标准溶液的标定

硝酸银标准溶液 $c(AgNO_3) = 0.1 \ mol/L$。

（1）配制

称取 17.5 g 硝酸银，溶于 1000 mL 水中，摇匀，保存于棕色瓶中。

（2）标定

① 测定方法。称取一定量的基准氯化钠，精确至 0.0001 g，溶于 50 mL 水中。银电极作指示电极，饱和甘汞电极作参比电极。用配制好的硝酸银标准溶液滴定至终点。

注意：不同型号电位滴定仪所需氯化钠的量可能有所不同。

② 计算

硝酸银标准溶液浓度按下式进行计算：

$$c(AgNO_3) = \frac{m}{0.05844V}$$

式中　$c(AgNO_3)$——硝酸银标准溶液的浓度，$mol·L^{-1}$；

m——氯化钠的质量，g；

V——硝酸银溶液的用量，mL；

0.05844——与 1.00 mL AgNO₃ [$c(AgNO_3)$ = 1.000 $mol·L^{-1}$] 相当的以克为单位的氯化钠的质量。

（3）规定

① 平行实验不得少于八次，两人各平行测定四次。每人四次平行测定结果的极差与平均值之比不得大于 0.2%。两人平行测定结果的差值与平均值之比不得大于 0.2%。结果取两人测定结果的平均值。浓度值取四位有效数字。

② 硝酸银标准溶液在常温（15～25℃）下保存时间不能超过两个月。

③ 硝酸银标准溶液标定间隔期为两周。

三、标准品的标定

使用连续流动分析仪测定烟草及烟草制品中氯含量时，标准溶液是由氯化钠配制得到的。实验室购买的氯化钠有两种情况，一种是有证书试剂（如基准氯化钠，有标准物质证书），证书上有氯含量的信息，可直接引用；另一种是无证书试剂，试剂标签上只给出该物质的大致含量（如分析纯级氯化钠，试剂标签上给出了氯化钠纯度不低于 99.5%），因此就需要对氯化钠进行标定以获得氯化钠的纯度。目前烟草行业常用的测定方法主要有两种，分别是佛尔哈德法和电位滴定法。氯化钠中氯的含量参照佛尔哈德法进行测定，下面介绍佛尔哈德法的具体内容。

1. 原理

用硝酸消化样品，样品中的氯与预先定量加入的经标定的硝酸银溶液相结合成为氯化银沉淀。过量的硝酸银溶液在铁铵矾存在下，用标定的硫氰酸铵溶液反滴定，从耗用的硫氰酸铵溶液毫升数计算含氯量，过量的硫氰酸铵在指示剂硫酸铁铵存在下呈现棕色。

$$AgNO_3 + NaCl \Longrightarrow AgCl\downarrow + NaNO_3$$
$$AgNO_3 + NH_4SCN \Longrightarrow AgSCN + NH_4NO_3$$
$$3\ NH_4SCN + NH_4Fe(SO_4)_2 \Longrightarrow Fe(SCN)_3 + (NH_4)_2SO_4$$

测定剩余 Ag^+ 量的方法很多。本法是用标准浓度的 SCN^- 滴定，用 Fe^{3+} 作指示剂，当 SCN^- 与 Ag^+ 定量反应后，SCN^- 便与 Fe^{3+} 反应生成红色的络合物（在浓度稀时为肉色)，表示到达终点。此方法要求在酸性溶液中进行（HSCN 为中强酸，$pK_a = 0.85$)，不可在中性和碱性溶液中滴定，因为 Fe^{3+} 在中性和碱性溶液中会生成 $Fe(OH)_3$ 沉淀。

由于 AgCl 和 AgSCN 沉淀都吸附 Ag^+，所以在临近滴定终点时要剧烈振荡溶液，以减少被吸附的 Ag^+。但到终点时，要轻轻摇动，因为 AgSCN 的溶解度比 AgCl 小，剧烈摇动又会使 AgCl 与红色的 $Fe(SCN)_3$ 反应，使红色消失而引入误差。

$$3\,AgCl + Fe(SCN)_3 \Longrightarrow 3\,AgSCN + 3\,Cl^- + Fe^{3+}$$

2. 试剂

使用分析纯级试剂，水为蒸馏水或同等纯度的水。

① 浓硝酸。

② 高锰酸钾饱和溶液。

③ 硫酸铁铵 [$NH_4Fe(SO_4)_2 \cdot 12H_2O$] 饱和溶液：称取 50 g 硫酸铁铵溶于 100 mL 水中，如有沉淀须过滤。

④ 硫氰酸铵标准溶液：称取 7.7 g 硫氰酸铵溶于 1000 mL 水中，摇匀。

a. 标定

称取 1.5 g 于硫酸干燥器中干燥至恒重的基准硝酸银，精确至 0.0001 g，溶于 100 mL 水中，加 2 mL 80 $g \cdot L^{-1}$ 的硫酸铁铵指示液（称取 8 g 铁铵矾 [$NH_4Fe(SO_4)_2 \cdot 12H_2O$]，溶于 50 mL 含几滴硫酸的水，稀释至 100 mL）及 10 mL 25% 的硝酸溶液，在摇动下用配制好的硫氰酸铵溶液（$c_{NH_4SCN} = 0.1\ mol \cdot L^{-1}$）滴定。终点前摇动溶液至完全清亮后，继续滴定至溶液所呈浅棕红色保持 30 s。

b. 计算：硫氰酸铵标准溶液的浓度 c，以 $mol \cdot L^{-1}$ 表示，由下式得出：

$$c = \frac{m}{0.1699V}$$

式中　m——硝酸银质量，g；

　　　V——硫氰酸铵溶液的用量，mL；

0.1699——与 1.00 mL 硫氰酸铵标准溶液（$c_{NH_4SCN} = 1.000\ mol \cdot L^{-1}$）相当的以克为单位的硝酸银的质量。

c. 结果的表述：浓度值应精确至 0.0001 $mol \cdot L^{-1}$。

d. 精密度：平行实验不得少于八次，两人各做四次平行实验，每人四次平行测定结果的极差与平均值之比不得大于 0.2%，两人测定结果之差与总平均值之比不得大于 0.2%。结果取平均值。

e. 有效期：标定应每两个月进行一次。

⑤ 硝酸银标准溶液：称取硝酸银 17.5 g，溶于 1000 mL 水中，摇匀。溶液保存于棕色瓶中。

a. 标定：移取 30～35 mL 硝酸银溶液，加 70 mL 水，1 mL 80 $g \cdot L^{-1}$ 的硫酸铁铵指示液（称取 8 g 铁铵矾 [$NH_4Fe(SO_4)_2 \cdot 12H_2O$]，溶于 50 mL 含几滴硫酸的水中，稀释至 100 mL）及 10 mL 25% 的硝酸溶液，在摇动下用硫氰酸铵标准溶液

滴定，滴定终点前摇动溶液至完全清亮后，继续滴定至溶液所呈浅棕色保持 30 s。

b．计算：硝酸银标准溶液的浓度 c，以 $mol \cdot L^{-1}$ 表示，由下式得出：

$$c = \frac{V_1 c_1}{V}$$

式中　V_1——硫氰酸铵标准溶液的用量，mL；

　　　c_1——硫氰酸铵标准溶液的浓度，$mol \cdot L^{-1}$；

　　　V——硝酸银标准溶液的用量，mL。

c．结果的表述：浓度值应精确至 $0.0001 \; mol \cdot L^{-1}$。

d．精密度：平行实验不得少于八次，两人各做四次平行实验，每人四次平行测定结果的极差与平均值之比不得大于 0.2%，两人测定结果之差与总平均值之比不得大于 0.2%。结果取平均值。

e．有效期：标定应每两个月进行一次。

⑥ 氯化钠溶液（1%）。

3. 分析步骤

称取试料 1～2 g 于 250 mL 三角瓶内。用单刻度移液管移取 10 mL 硝酸银标准溶液于三角瓶内（样品多或氯含量高时可移取 15 mL），加入浓硝酸 30 mL，饱和高锰酸钾溶液 5 mL。在通风橱内，将三角瓶置于电炉上，连接回流冷凝装置，加热消化 30 min。然后用水冲洗冷凝管内壁及末端，取下三角瓶，将消化液过滤于烧杯中，用水充分洗涤沉淀，取少量洗涤液用氯化钠溶液检查硝酸银是否已被完全洗脱。向烧杯中加入 5 mL 硫酸铁铵溶液，用硫氰酸铵标准溶液滴定至溶液呈微棕色。

4. 结果的计算与表述

（1）计算

氯含量由下式求出：

$$氯含量 = \frac{35.5 \, (M_1 V_1 - M_2 V_2)}{1000 m (1-w)} \times 100\%$$

式中　M_1——硝酸银标准溶液的浓度，$mol \cdot L^{-1}$；

　　　M_2——硫氰酸铵标准溶液的浓度，$mol \cdot L^{-1}$；

　　　V_1——加入三角瓶中的硝酸银标准溶液的体积，mL；

　　　V_2——硫氰酸铵标准溶液的用量，mL；

　　　m——样品质量，g；

　　　w——样品的含水率，%。

（2）表述

结果以平行测定的平均值报出，精确至 0.01%。

（3）精密度

平行测定的两个数据之间的相对偏差应为：

氯含量	最大相对偏差
≥1%	2%
<1%	3%

第二节　烟草中钾的测定

一、标准方法的背景及演变

烤烟中钾测定的经典方法是化学分析法，如亚硝酸钴钠法、四苯硼钠法等。现在常用仪器分析法有连续流动法、原子发射光谱法、离子色谱法、原子吸收光谱法、近红外光谱法等。

（一）原子发射光谱法

原子发射光谱法是利用物质在热激发或电激发下，每种元素的原子或离子发射特征光谱来判断物质的组成、进行元素的定性与定量分析的方法。它具有快速、灵敏和选择性好等优点。吴玉萍等研究了用 ICP-AES 法测定 K、Ca 等元素含量的方法，回收率在98.2%～112.3%之间，结果较为满意。此方法快速安全、试剂用量少、污染小、操作简便，适合烟草样品中钾、钙等元素的快速检测。火焰光度法是以化学火焰作为激发光源的原子发射光谱法，利用火焰作为激发辐射的能源，并用光电系统来检测被激发元素辐射强度。基本原理与发射光谱分析相同。元素被激发后，发射出的谱线强度随着该元素含量的增加而增加。谱线强度 I 与浓度 c 之间的关系可用下列经验公式表示：

$$I = abc$$

式中，a 是一个与元素的激发电位、激发温度和试样组分等有关的参数；b 表示自吸情况，由于用火焰作激发辐射能源时燃烧稳定，试样制成溶液，引入火焰后分散度较好，参数 a 是一个常数，并且试液的浓度一般很低，自吸现象可以忽略不计，$b = 1$，于是 $I = Kc$，这样谱线强度与浓度成正比，类似于比色定律的关系式。

一些易激发的元素如碱金属、碱土金属在火焰中被激发而发射出特定波长的光谱，其谱线强度与各物质的含量成正比，是烟草中常用的测定钾含量的方法。陈伟华等用 HNO_3-H_2O_2 微波消解液消解烟草样品，以连续流动火焰光度法测定烤烟中的钾含量，回收率在 99.47%～100.08%之间，相对标准偏差小于 2%，与标准值的相对误差为 1.19%，具有操作步骤少、速度快、精密度和准确度高等特点。韩富根等研究了用 0.5 mol·L^{-1} 盐酸提取，用火焰光度法测定烟草中的钾，结果表明，此方法是一种既快速又准确的方法，测 1 个样品只需 40 min，实际工作中可提高工作效率 6 倍以上。测定钾含量的变异系数小于 2%，回收率在 95.3%～102.7%。郝春玲用火焰光度法测定了烟草中钾的含量，分别用干灰化、湿灰化、浸提及微波消解等方法进行预处理。结果表明：烟草样品分别经四种预处理方法处理后，测得的钾含量数值重复性好、精密度高，方法间无显著差异。

由于用火焰作为激发能源，激发能量和激发温度都较低，所以火焰光度分析一般只适用于易激发的碱金属和碱土金属元素的分析，特别是 K、Na、Ca 等元素的测定。这一方法灵敏度和准确度比较高，是一种灵敏、准确而快速的分析方法。

（二）离子色谱法

离子色谱法是利用离子交换原理和液相色谱技术测定溶液中离子的一种分析方法。离子色谱法测定离子具有快速、灵敏、选择性好等优点，它可以同时检测多种离子。夏炳乐等采用稀硝酸浸提、离子色谱法快速分析烟草中的钾及游离态氨。该方法具有制样简便、测定快速，标准曲线线性关系良好等优点。钾的最低检测浓度为 0.05 mg·L^{-1}，回收率为 92.7%～106.7%。整个分析过程仅需 5 min，样品测试结果令人满意。胡静等研究了抑制型离子色谱法同时测定烟草中无机阳离子的方法。采用美国戴安公司 ICS-2500 离子色谱仪，以 20 mmol·L^{-1} 甲烷磺酸为流动相，一次进样同时测定烟草中钠、钾、镁及游离态氨含量。各种离子在检测条件下有很好的线性，相关系数大于 0.998，钾离子的检出限为 2.9 μg·L^{-1}。分析过程简便、快速，样品测试结果准确。

（三）原子吸收光谱法

原子吸收光谱法是基于试样蒸气相中被测元素的基态原子对有光源发出的该原子的特征性窄频辐射产生共振吸收，其吸光度在一定浓度范围内与蒸气相中被测元素的基态原子浓度成正比，以此测定试样中该元素含量的一种分析方法。多篇文献中采用了原子吸收法测定烤烟中的钾。杨忠乔等建立了用火焰原子吸收光谱法快速测定香烟烟丝中钾等 13 种金属离子含量的方法。方法回收率为 81%～106%，相对标准偏差为 1.7%～8.5%。该法简便、可靠、快速。卢红兵等将悬浮液进样技术和火焰原子吸收法联用，成功地测定了烟草中的钾。以琼脂为悬浮剂，将烟草样品均匀稳定地悬浮于琼脂溶胶中，然后直接喷入空气-乙炔火焰中，测量波长为766.5 nm 的单色光，用标准曲线和标准加入法分别测定了烟草试样中的钾含量。结果表明悬浮液进样-火焰原子吸收法用于测定烟中的钾含量，方法简单、快速，变异系数在 1.7%～2.6%之间，回收率在 97.10%～101.48%，测定结果准确。

（四）近红外光谱法

波长在 700～2500 nm 的光谱为近红外光谱。用近红外光谱进行定性或定量分析的方法称为近红外光谱法。刘岱松等用傅里叶变换近红外光谱仪测定烤烟样品的近红外光谱，并用常规化学分析法测定烤烟样品的含钾量。采用偏最小二乘法把测得的烤烟样品的光谱值与烤烟钾含量的数据拟合建立定标模型，经分析得出：预测模型分析烤烟钾含量的决定系数为 0.909，预测标准差为 0.119%。近红外法测定结果与常规化学分析法的结果具有良好的相关性，能够用于烤烟钾含量的快速诊断。

（五）其他方法

应用反射仪-K^+试纸法进行烟株钾素测定，具有时间短、简单快速、易操作等优点。反射仪测定 K^+ 的稳定线性范围是 0.30～0.9 g·L^{-1}，与原子吸收光谱法、ICP-AES 法测定结果进行比较，证明差异不显著。可用于烟株钾素的快速诊断。利用流动注射与光散射光谱法进行了烟草中钾含量的测定实验，结果表明，$KB(C_6H_5)_4$ 沉淀在碱性介质中产生的散射光强度比在酸性介质中大，测定波长为 420 nm 时，散射光强最大，在 10～60 µg·mL^{-1} 浓度范围内，散射光强与钾离子浓度成线性关系，此方法检出限为 0.547 µg·mL^{-1}，回收率大于 90.70%，CV 小于 3.17%。与原子吸收光谱法（AAS 法）作对比实验，发现该法的测定结果与 AAS 法无显著性差异，适合烟草中钾离子含量的快速分析。

二、钾离子测定标准方法介绍

烟草中钾的检测方法各有优缺点，其中应用最广泛的是原子发射光谱法。烟草中连续流动分析法测钾离子的火焰光度法也属于原子发射光谱的一种，其具有灵敏度高、选择性好、测定范围广等特点。离子色谱法测定钾离子具有快速、灵敏、选择性好等优点，近年来烟草行业内应用得较多。近红外光谱法是一种近年来应用于测定烟草中钾元素含量的方法，能用于钾的快速检测。但近红外检测有一个最大的特点，数据来源的基质背景需要相对稳定，而且建模数据需求量较大，基础数据的收集更多来源于化学连续流动分析仪，近红外光谱法在行业内应用有一定的局限性。所以在这里重点介绍一下烟草中常用的连续流动分析法。

1. 原理

用水萃取烟草样品，萃取液燃烧时，钾的外围电子吸收能量，由基态跃迁至激发态。电子在激发态不稳定，又释放出能量，返回基态，其释放出的能量被光电系统检测。当钾的浓度在一定范围内时，其辐射强度同浓度成正比。

2. 试剂与材料

水应为蒸馏水或同等纯度的水。

① 氯化钾，基准物质。

② 氯化钾标准溶液

a. 标准储备溶液：称取 1.91 g 氯化钾，精确至 0.0001 g，在 500℃条件下烘 4 h，用水溶解于烧杯中，转入 1000 mL 容量瓶中，用水定容至刻度。

b. 工作标准溶液：由储备溶液制备至少 5 个工作标准溶液，其浓度范围应覆盖检测到的样品含量。工作标准溶液应贮存于 0～4℃条件下，每两周配制一次。

3. 仪器

常用实验仪器包括下述各项：

① 连续流动分析仪，由下述各部分组成：取样器、比例泵、螺旋管、火焰光度计检测器、空气压缩机、液化气、记录仪或其他数据处理装置。

② 分析天平，精确至 0.1 mg。

③ 振荡器。

④ 磨口具塞三角瓶，50 mL。

4. 抽样

① 烟叶：按 GB/T 19616—2004 抽取烟叶作为实验样品。

② 卷烟：按 GB/T 5606.1—2004 抽取卷烟作为实验样品。

5. 分析步骤

（1）试样的制备

按 YC/T 31—1996 制备试样。

（2）测定

测定次数：每个试样应平行测定两次。

水分的测定：按照 YC/T 31—1996 测定试样的水分含量。

称样：称取 0.25 g 试料于 50 mL 具塞三角瓶中，精确至 0.0001 g。

钾的测定：将 25 mL 水加入 50 mL 具塞三角瓶中，加塞，在振荡器上震荡萃取 30 min。用定性滤纸过滤，弃去前段滤液，收集后续滤液作分析之用。

5%的醋酸溶液也可作为萃取溶液使用。

上机运行工作标准溶液和样品提取溶液。如样品提取溶液浓度超出工作标准溶液的浓度范围，则应稀释重新进样。

6. 结果的计算与表述

（1）结果的计算

以干基计的钾的含量由下式得出：

$$钾含量 = \frac{cV}{1000m(1-w)} \times 100\%$$

式中　c——萃取液钾的仪器观测值，$mg \cdot mL^{-1}$；

　　　V——萃取液的体积，mL；

　　　m——试样的质量，g；

　　　w——试样含水率，%。

（2）结果的表述

结果以两次平行测定的平均值表示，精确至 0.01%。

（3）精密度

两次平行测定结果绝对值之差不应大于 0.05%。

传统的经典分析方法——四苯硼钠重量法与化学连续流动分析方法对比，四苯硼钠重量法分析操作比较麻烦、用时较长，连续流动分析法准确度高、精密度好、简便快捷。

比较 6 个不同钾含量样品的相对标准偏差，可以看出两种方法的结果最大偏差小于 3%，不存在明显的差异。经典的四苯硼钠重量法较连续流动分析法结果基本一致，四苯硼钠重量法平均标准偏差为 1.11%，化学连续流动分析法平均标准偏差为 0.97%，如表 8-7 所示。

表 8-7　样品分析结果对照

烟草样品	连续流动分析法			四苯硼钠重量分析法		
	测定值	RSD	回收率/%	测定值	RSD	回收率/%
1 号样（C3F）	1.66	1.12	98	1.68	1.01	102
2 号样（B2F）	1.85	0.86	101	1.83	1.21	97
3 号样（C3F）	1.45	0.79	103	1.43	0.79	101
4 号样（B2F）	1.38	1.02	97	1.35	1.15	98
5 号样（C3F）	1.58	0.96	102	1.59	1.23	97
6 号样（B2F）	1.95	1.11	103	1.97	1.25	104

按 YC/T 217—2007 标准要求，采用烤烟样品进行了重复性实验。结果见表 8-8。

表 8-8　重复性实验结果

测定次数	1	2	3	4	5	6
测定值/%	2.27	2.28	2.30	2.29	2.28	2.27
平均值/%	2.28					
标准偏差/%	0.01					
变异系数/%	0.51					

该方法的变异系数为 0.51%，说明该方法具有良好的重复性。

按 YC/T 217—2007 标准要求，对烟草样品进行了添加回收率实验，结果见表 8-9。

表 8-9　添加回收率实验结果

样品	添加量/mg	样品＋添加/mg	样品含量/mg	回收率/%
1	1.0	6.6039	5.6153	98.9
2	1.0	6.6000	5.6026	99.7
3	1.0	6.6771	5.6848	99.2
4	3.0	8.4687	5.4945	99.1
5	3.0	8.5295	5.5349	99.8
6	3.0	8.0087	5.0219	99.6
平均回收率/%				99.4

由表 8-9 可以看出平均回收率为 99.4%，满足常规测定对回收率的要求。

按 YC/T 217—2007 标准要求，分别由国家烟草质检中心（实验室 1），郑州烟草研究院种植区划（实验室 2）和郑州烟草研究院烟草化学重点实验室（实验室 3），采用香料烟、白肋烟、烤烟和混合型卷烟样品进行了不同实验室对比实验，结果见表 8-10。

表 8-10　不同实验室对比实验

样品名称	不同实验室钾测定数据/%			极差
	实验室 1	实验室 2	实验室 3	
香料烟	1.35	1.36	1.32	0.04
混合型卷烟	2.65	2.62	2.69	0.07
白肋烟	3.22	3.24	3.19	0.05
烤烟	2.86	2.91	2.91	0.05

表 8-10 的数据标明，这 3 个实验室对相同样品进行测定，其结果的差值在 0.04～0.07 之间，结果令人满意。

7. 钾测定管路图

钾含量测定管路图如图 8-3 所示。

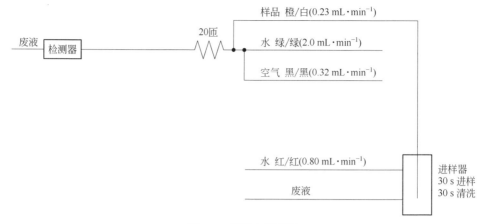

图 8-3　钾测定管路图

三、标准品的标定

使用连续流动分析仪测定烟草及烟草制品钾时,标准溶液是由氯化钾配制得到的。实验室购买的氯化钾有两种情况,一种是有证书试剂(如基准氯化钾,有标准物质证书),证书上有钾含量的信息,可直接引用;另一种是无证书试剂,试剂标签上只给出该物质的大致含量(如分析纯级氯化钾,试剂标签上给出了氯化钾纯度不低于 99.5%),因此就需要对氯化钾进行标定以获得氯化钾的纯度。溶液中钾的测定方法有很多种,四苯硼钠重量法、亚硝酸钴钠重量法、四苯硼钠容量法、火焰光度法、原子吸收法、离子选择电极法和比浊法等。目前烟草行业常用的测定方法主要有三种,分别是四苯硼钠重量法、火焰光度法和原子吸收法。下面介绍这三种方法的具体内容。

(一)四苯硼钠重量法

1. 原理

将样品在 500～550℃下灰化,残留的灰分用盐酸溶解,溶液中的钾离子与四苯硼钠作用,生成溶解度很小的白色四苯硼钾沉淀。沉淀经分离干燥后称重,根据其重量换算出 K_2O 或 K 的量。因本方法不必预先分离共存物质,是常用的方法。

四苯硼钠最初是在 1949 年前后由 Wittig 等人合成的,为水溶性的白色物质。溶液中四苯硼钠能与钾生成稳定而溶解度很小的四苯硼钾白色沉淀。

$$K^+ + NaB(C_6H_5)_4 \Longleftrightarrow KB(C_6H_5)_4\downarrow + Na^+$$

在室温下,稀盐酸溶液中进行沉淀时,干扰离子较少(通常只有铵离子干扰,但容易消除,130℃时,四苯硼铵升华),沉淀颗粒较粗,便于过滤,在室温下沉淀酸度以 0.1 mol·L^{-1} 为宜。四苯硼钾的白色沉淀在 130℃时烘干称重,即可测知钾的含量。

2. 试剂

① 1%盐酸溶液:移取 2.5 mL 浓盐酸,用水稀释至 100 mL。

② 6 mol·L^{-1} 盐酸溶液:浓盐酸与等体积水混合。

③ 10%的氢氧化钠溶液:称取 10 g NaOH 溶于水后,用水稀释至 100 mL。

④ 3%四苯硼钠沉淀剂:取 3 g 四苯硼钠溶于 80 mL 水中,加入 1 g 新鲜氢氧化铝,或加热用力搅动 1min,放置几分钟后用慢速滤纸过滤,必要时重新过滤,滤液用无钾的氢氧化钠溶液调至 pH = 8 左右,加水稀释至 100 mL 存于暗处。如果溶液放置时间过长会变浊,必须重新过滤。

⑤ 洗涤剂:将上述四苯硼钠沉淀剂用水稀释 30 倍。

⑥ 0.2% 2,6-二硝基酚指示剂:称取 0.2 g 2,6-二硝基酚溶于 100 mL 水中。

3. 分析步骤

① 精确称取样品 2～3 g,置于已知重量的容量为 25 mL 带盖瓷坩埚中,把盖盖好后放在可调温电炉上低温加热,使之初步灰化。灰化时必须慢慢进行(灰化过快,由于物质进行干馏,可能有一小部分样品被逸出的气体带出)。在灰化后干馏物质逸出停止时,才能升高温度,同时把盖半开,把坩埚倾斜放置,以增加空气的流通。初步灰化后,将坩埚移入马弗炉内烧灼(温度不超过 500～550℃),直到灰分呈白色或稍带灰色为止,如有碳粒即取出冷却,加入少许 10%硝酸铵溶液湿润,再置马弗炉中灰化。降温至 200℃后,取出置干燥器中冷却称重,再放置马弗炉中烧至恒重(前后两次重量之差不超过±0.2 mg)。

② 将灰分溶于水,过滤于 250 mL 容量瓶中,用水洗涤坩埚、漏斗,定容保存待测。吸取上述灰化的待测液 25 mL 于 100 mL 烧杯中,加 0.2% 2,6-二硝基酚指示剂 1 滴。先用 10%氢氧化钠溶液调节至淡黄色,然后用 1%盐酸调至无色,再加 6 mol·L^{-1} 盐酸 5 滴、3%四苯硼钠溶液 2.5 mL(逐滴加入,每秒 1～2 滴),不断搅动,放置 10～20 min。

③ 将四苯硼钾白色沉淀用洗涤剂洗入预先称至恒重的玻璃坩埚或滤器中,进行抽气过滤。用洗涤剂洗烧杯内壁、坩埚壁或漏斗壁及沉淀,仔细洗涤 3 次,每次 2～3 mL;再用蒸馏水洗 3 次,每次 2～3 mL。滤后在 130℃的烘箱中烘干,保持半小时,至恒重。

4. 结果的计算

$$氧化钾含量 = \frac{(W_1 - W_0) \times 0.109 \times 分取倍数 \times 1.205}{m(1-w)} \times 100\%$$

式中　W_1——坩埚加四苯硼钾重，g；

W_0——空坩埚重，g；

0.109——由四苯硼钾换算为钾的常数；

1.205——钾换算为氧化钾的常数；

w——试样的含水率，%；

m——试料的质量，g。

（二）火焰光度法

1. 原理

利用火焰作为激发辐射的能源，并用光电系统来检测被激发元素辐射强度的分析方法，称为火焰光度法。它属于发射光谱分析范围，基本原理与发射光谱分析相同。元素被激发后，发射出的谱线强度随着该元素含量的增加而增加。谱线强度 I 与浓度 c 之间的关系可用下列经验公式表示：

$$I = abc$$

式中，a 是一个与元素的激发电位、激发温度和试样组分等有关的参数；b 表示自吸情况。由于用火焰作激发辐射能源时燃烧稳定，试样制成溶液，引入火焰后试样分散度较好，参数 a 值是一个常数；并且试液的浓度一般很低，自吸现象可以忽略不计，$b = 1$，于是 $I = Kc$，这样，谱线强度与浓度成正比，类似于比色定律的关系式。

由于用火焰作为激发能源，激发能量和激发温度都较低，所以火焰光度分析一般只适用于易激发的碱金属和碱土金属元素的分析，特别是 K、Na、Ca 等元素的测定。这一方法灵敏度和准确度比较高，是一种灵敏、准确而快速的分析方法。

2. 试剂

所有试剂均应为分析纯级，水为蒸馏水或同等纯度的水。

钾标准液：将氯化钾在105℃干燥数小时后，准确称取 1.907 g，用水溶解后定容到 1 L。该溶液含钾 1000×10^{-6} mg·kg^{-1}。用该溶液配制 0 mg·kg^{-1}，2×10^{-6} mg·kg^{-1}，4×10^{-6} mg·kg^{-1}，6×10^{-6} mg·kg^{-1}，8×10^{-6} mg·kg^{-1}，10×10^{-6} mg·kg^{-1} 钾标准溶液。被测液无论是采用何种方法灰化，都必须往钾标准溶液中添加与被测液相同的酸或盐。

3. 分析步骤

① 精确称取样品 2～3 g，置于已知重量的容量为 25 mL 带盖瓷坩埚中，把盖盖好后放在可调温电炉上低温加热，使之初步灰化，灰化必须慢慢进行（灰化过快，

物质进行干馏，可能有一小部分样品被逸出的气体带出）。在灰化后干馏物质逸出停止时，才能升高温度，同时把盖半开，把坩埚倾斜放置，以增加空气的流通。初步灰化后，将坩埚移入马弗炉内烧灼（温度不超过 500～550℃）直到灰分呈白色或稍带灰色为止，如有炭粒即取出冷却，加入少许 10%硝酸铵溶液润湿，再置马弗炉中灰化。降温至 200℃后，取出置干燥器中冷却，称重，再放置马弗炉中烧至恒重（前后两次重量之差不超过±0.2 mg）。

② 将灰分溶于水，过滤于 250 mL 容量瓶中，用水洗涤坩埚、漏斗，定容保存待测。吸取该待测液 2～5 mL 于 100 mL 容量瓶中，用水定容后摇匀。在各测定条件下，先用火焰光度计测定标准溶液，然后再测待测液。根据钾标准溶液的读数做出校正曲线，再从待测液的读数求出待测液中钾的浓度。

4. 结果的计算

钾含量由下式得出：

$$\text{钾含量} = \frac{c_\text{p}VF \times 10^{-6}}{m(1-w)} \times 100\%$$

式中　c_p——样品液中钾的浓度，$10^{-6}\,\text{mg} \cdot \text{kg}^{-1}$；

　　　　V——样品原液的体积，mL；

　　　　F——稀释倍数；

　　　　m——试料质量，g；

　　　　w——样品的含水率，%。

（三）原子吸收法

1. 原理

取一定量的试料灰化，制成的溶液用原子吸收法测定。

每一种元素的原子，既能发射一系列特征谱线，又能吸收与发射波长相同的特征谱线。设频率为 γ、强度为 I_0 的某一特征波长的入射光通过厚度为 L 的原子蒸气时，被原子蒸气吸收后的透过光的强度为 I，则

$$I = I_0 e^{-K_r L}$$

式中，K_r 为吸光系数，与入射光的频率温度和压力、电磁场等有关。设 A 为吸光度，则上式改写为：

$$A = \lg(I_0/I) = K_r L \lg e = 0.4343 K_r L$$

当原子蒸气中欲测元素的基态原子数目为 N_0，则：

$$A = K_r L N_0$$

原子吸收光谱分析就是基于这个公式。

由于火焰温度一般低于 3000 K，火焰中激发态原子数不超过 1%，故蒸气中基态原子数目接近欲测元素的总原子数。

2. 试剂

所有试剂均应为分析纯级，水为蒸馏水或同等纯度的水。

钾标准液：将氯化钾在 105℃干燥数小时后，准确称取 1.907 g，用水溶解后定容到 1 L。该溶液含钾 1000×10^{-6} mg·kg^{-1}。用该溶液配制 0 mg·kg^{-1}、2×10^{-6} mg·kg^{-1}、4×10^{-6} mg·kg^{-1}、6×10^{-6} mg·kg^{-1}、8×10^{-6} mg·kg^{-1}、10×10^{-6} mg·kg^{-1} 钾标准溶液。被测液无论是采用何种方法灰化，都必须往钾标准溶液中添加与被测液相同的酸或盐。

3. 分析步骤

① 精确称取样品 2~3 g，置于已知重量的容量为 25 mL 带盖瓷坩埚中，把盖盖好后放在可调温电炉上低温加热，使之初步灰化，灰化必须慢慢进行（灰化过快，物质进行干馏，可能有一小部分样品被逸出的气体带出）。在灰化后干馏物质逸出停止时才能升高温度，同时把盖半开，把坩埚倾斜放置，以增加空气的流通。初步灰化后，将坩埚移入马弗炉内烧灼（温度不超过 500~550℃）直到灰分呈白色或稍带灰色为止，如有炭粒即取出冷却，加入少许 10%硝酸铵溶液润湿，再置于马弗炉中灰化。降温至 200℃后，取出置干燥器中冷却称重，再放置于马弗炉中烧至恒重（前后两次重量之差不超过±0.2 mg）。

② 将灰分溶于水，过滤于 250 mL 容量瓶中，用水洗涤坩埚、漏斗，定容保存待测。吸取该待测液 2 mL 于 100 mL 容量瓶中，用水定容后摇匀。将钾标准溶液用原子吸收光谱仪分析，然后分析样品液。如果样品液浓度超出标准溶液的浓度范围，则用水稀释。由标准溶液的读数做出标准曲线，再从样品液的读数求出样品液钾的浓度。

4. 结果的计算

钾含量由下式得出：

$$钾含量 = \frac{c_p V F \times 10^{-6}}{m(1-w)} \times 100\%$$

式中　c_p——样品液中钾的浓度，10^{-6} mg·kg^{-1}；

　　　V——样品原液的体积，mL；

　　　F——稀释倍数；

　　　m——试料质量，g；

　　　w——样品的含水率，%。

第三节　烟草中硫酸盐的测定

一、标准方法的背景及演变

　　烟草中的硫是以可溶性硫酸盐被烟草吸收的。在国外，硫酸盐含量已经是经常测定的项目，根据硫酸盐以及其他物质的含量，通过公式的换算，得到有机钾的含量，用有机钾来考察烟草和烟草制品的燃烧性，因而烟草中硫酸盐含量是经常要进行测定的项目之一。国内对烟草中硫酸盐含量的仪器检测方法的研究起步较晚，考虑到目前烟草大部分化学常量指标都采用连续流动法进行测定，且连续流动法检测效率高，因此国家烟草专卖局 2004 年立项开展烟草中硫酸盐含量检测标准的研究，并于 2008 年发布实施了《烟草及烟草制品　硫酸盐的测定　连续流动法》（YC/T 269—2008）烟草行业标准。

二、硫酸盐测定标准方法介绍

1. 原理

　　用去离子水萃取样品，萃取液经过阳离子交换柱除去具有干扰性的阳离子。净化后的萃取液在 pH 为 12.5～13.0 条件下与氯化钡和甲基百里酚蓝反应，生成灰色络合物。甲基百里酚蓝在未发生络合反应时呈蓝色，该物质在 620 nm 有最大吸收峰，利用反化学原理，测定反应过程中蓝色物质的减少量，可计算得出硫酸盐的含量。

2. 试剂与材料

　　水应为蒸馏水或同等纯度的水。

　　（1）氯化钡溶液，$0.006\ mol \cdot L^{-1}$

　　称取约 1.53 g 氯化钡（$BaCl_2 \cdot 2H_2O$）于烧杯中，精确至 0.01 g，用去离子水溶解，转移至 1000 mL 容量瓶中，用去离子水定容至刻度。

　　（2）盐酸溶液，$1\ mol \cdot L^{-1}$

　　在通风橱中，将约 84 mL 盐酸（37%）缓慢加入 500 mL 去离子水中，用去离子水稀释至 1000 mL。

（3）甲基百里酚蓝（MTB）溶液

称取约 0.12 g 甲基百里酚蓝于烧杯中，精确至 0.01 g，分别加入 25 mL 氯化钡溶液和 4 mL 盐酸溶液，再加入 71 mL 去离子水，溶解后，转移至 500 mL 容量瓶中，用无水乙醇定容至刻度。溶液应存放于棕色瓶中，该溶液应即配即用。

（4）氢氧化钠溶液，0.18 mol·L^{-1}

称取约 7.20 g 氢氧化钠于烧杯中，精确至 0.01 g，用去离子水溶解，转移至 1000 mL 容量瓶中，用去离子水定容至刻度。

（5）缓冲溶液，pH = 10.0

称取约 6.75 g 氯化铵于烧杯中，精确至 0.01 g，溶解于 500 mL 去离子水中，加入 57 mL 氢氧化钠溶液，转移至 1000 mL 容量瓶中，用去离子水定容至刻度。

（6）乙二胺四乙酸（EDTA）溶液

称取约 40 g EDTA，溶解于缓冲溶液中，并用缓冲溶液稀释至 1000 mL。该溶液应存放于棕色聚乙烯瓶中。

（7）阳离子柱

① 装填阳离子柱所需材料：聚乙烯管，内径 0.110 英寸❶，柱长约 18 cm；N6 聚乙烯螺纹接头；阳离子交换树脂（钠型），20～50 目，约 10 g；聚乙烯传输管，内径 0.110 in（2.794 mm），长度应不少于 10 cm；一次性塑料注射器（尖部锥形），10 mL；玻璃棉。

② 注射器和传输管的准备：把聚乙烯传输管的端部固定套在一次性塑料注射器圆锥部分。

③ 阳离子柱的准备：切一段 18 cm 长的聚乙烯管，其两端分别为 C4 和 C3。在其 C4 端塞入玻璃棉，并插入 N6 聚乙烯螺纹接头。

④ 阳离子交换树脂的准备：将阳离子交换树脂转移入 100 mL 烧杯中，至少应高于 1 cm。加入约 75 mL 去离子水后充分混合。静置片刻，倒出悬浮物。重复多次直至去离子水变澄清且无悬浮物。去离子水应始终浸没树脂。

⑤ 填充阳离子柱

a. 将准备好的注射器与聚乙烯螺纹接头连接。吸入去离子水后，将注射器头向上排出注射器、柱子和连接管中的空气。

b. 将阳离子柱的 C3 端插入烧杯内的阳离子交换树脂中，用注射器吸入直到完全填充阳离子柱，且不含气泡。

c. 沿着柱壁轻轻敲打柱子，使树脂尽可能均匀地充满柱子。

d. 整个过程应保持柱子的 C3 端在阳离子交换树脂层中。在将柱子从烧杯内的树脂中取出前，用管钳夹住注射器和柱子之间的聚乙烯传输管。然后取出

---

❶ 1 英寸=2.54cm

柱子，塞入少量玻璃棉，并插入另一个 N6 聚乙烯螺纹接头，以确保柱内树脂不会流失。

⑥ 连接阳离子柱

a. 确认进样针在清洗池中、清洗针管在去离子水中、所有的试剂管端部在清洗液中。

b. 开启比例泵，使清洗池充满去离子水，并且系统中的气泡有规律。停止比例泵，把装填完的阳离子柱分别用聚乙烯传输管连到 C3、C4 处。整个过程不应使空气进入柱内。

⑦ 系统开启过程：打开比例泵，当系统平衡后，将稀释水泵管插入盐酸溶液，清洗 15 min 以活化阳离子交换柱。然后取出稀释水泵管放入去离子水中，清洗柱子 10 min。取样器清洗管放入无活化剂的去离子水中。

⑧ 系统的停止程序

a. 每次实验结束时，应用 EDTA 溶液清洗管路以去除硫酸钡沉淀。

b. 氢氧化钠和甲基百里酚蓝的泵管用去离子水清洗几分钟后，放入 EDTA 溶液清洗约 10 min，然后再用水清洗 15 min 后关机。

c. 用管夹夹紧空气管，应确保阳离子交换柱前的 5 匝螺旋管内无空气。

d. 从试剂瓶中取出甲基百里酚蓝溶液的泵管，放入系统清洗液中，清洗 2 min后，把氢氧化钠和甲基百里酚蓝的管子放入去离子水中，再清洗 2 min 后取出，然后停止比例泵，但不要拿下压盖。

（8）硫酸钠标准溶液

① 标准储备液 A：称取约 14.8 g 硫酸钠于烧杯中，精确至 0.0001 g，用去离子水溶解，转移至 1000 mL 容量瓶中，用去离子水定容至刻度。

② 标准储备液 B：移取 10 mL 标准储备液 A，于 100 mL 容量瓶中，用去离子水定容至刻度。

③ 工作标准溶液：由标准储备液 B 用去离子水制备至少 5 个浓度工作标准溶液，其浓度范围应覆盖检测到的样品含量。工作标准溶液应贮存于 0～4℃条件下，每两周配制一次。

3. 仪器

常用实验仪器包括下述各项：

① 连续流动分析仪，由取样器、比例泵、螺旋管、比色计（配 620 nm 滤光片）、记录仪和其他数据处理装置等组成。

② 分析天平，精确至 0.1 mg。

③ 振荡器。

④ 磨口具塞三角瓶，50 mL。

4. 抽样

① 烟叶：按 GB/T 19616—2004 抽取烟叶作为实验样品。
② 卷烟：按 GB/T 5606.1—2004 抽取卷烟作为实验样品。

5. 分析步骤

（1）试样的制备
按 YC/T 31—1996 制备试样。
（2）测定
① 测定次数：每个试样应平行测定两次。
② 水分的测定：按照 YC/T 31—1996 测定试样的水分含量。
③ 硫酸盐的测定：称取约 0.25 g 试样于 50 mL 具塞三角瓶中，精确至 0.1 mg。然后加入 25 mL 去离子水，加塞，在振荡器上振荡萃取 40 min。用定性滤纸过滤，弃去前段滤液，收集后续滤液用于分析。

上机运行工作标准溶液和样品萃取液。如样品萃取液浓度超出工作标准溶液的浓度范围，则应稀释重新进样。

6. 结果的计算与表述

（1）结果的计算
以干基计的硫酸盐的含量由下式得出：

$$硫酸盐含量 = \frac{cV}{1000m(1-w)} \times 100\%$$

式中　c——萃取液硫酸盐的仪器观测值，$mg \cdot mL^{-1}$；
　　V——萃取液的体积，mL；
　　m——试样的质量，g；
　　w——试样含水率，%。
（2）结果的表述
结果以两次平行测定的平均值表示，精确至 0.01%。
（3）精密度
两次平行测定结果绝对值之差不应大于 0.05%。

7. 硫酸盐测定管路图

硫酸盐含量测定管路图如图 8-4 所示。

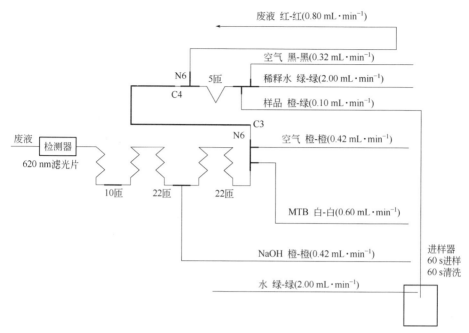

图 8-4　硫酸盐测定管路图

三、硫酸盐测定标准方法研制过程实验

（一）去除干扰实验

由于萃取液是由水萃取烟草得来的，因此烟草中的色素等物质也同时被萃取出来。通过实验发现烟草色素的吸收波长在 460 nm 附近，而标准方法的滤光片为 620 nm。采用反化学，反应产物的最大吸收波长为 620 nm，当检测系统单独加入烟草样品时，基线的波动不大于 0.2%，即通过滤光片可以把色素的干扰去除掉。

由于烟草中还含有硝酸盐等阴离子，这些物质是否对标准方法的测定带来干扰也是需要确认的，因此把浓度为 0.0807 mg·mL^{-1} 的硝酸钾溶液作为样品进行检测（此溶液相当于烟草中含有 0.9%的硝酸盐），基线的波动不超过 0.5%，而检测所用的化学分析仪要求基线波动不大于 1%即可进行检测。也就是说，在此浓度水平的硝酸盐对检测带来的干扰可以忽略。烤烟和烤烟型卷烟硝酸盐含量一般不会超过 0.2%，白肋烟和混合型卷烟硝酸盐含量一般不会超过 0.9%，因此可以认为烟草样品中硝酸盐的存在对检测带来的干扰可以忽略。

（二）重复性实验

按照确定的萃取时间，用烤烟样品进行了重复性实验。结果见表 8-11。

表 8-11　重复性实验

项目	1	2	3	4	5	6
测定值/%	1.37	1.36	1.37	1.36	1.32	1.33
平均值/%	1.35					
标准偏差/%	0.02					
变异系数/%	1.58					

该方法的变异系数为 1.58%，说明该方法具有良好的重复性。

（三）回收率实验

对烟草样品进行了添加回收率实验，结果见表 8-12。

表 8-12　添加回收率实验

样品	添加量/mg	样品+添加/mg	样品含量/mg	回收率/%
1	0.4951	2.0600	1.5698	99.0
2	0.4951	1.9675	1.4727	100.0
3	0.4951	1.9635	1.4636	101.0
4	0.9901	2.4336	1.4513	99.2
5	0.9901	2.4622	1.4598	101.2
6	0.9901	2.4934	1.4789	101.5
平均回收率/%				100.3

由表 8-12 可以看出平均回收率为 100.3%，满足常量测定对回收率的要求。

（四）不同实验室比对实验

分别由国内 3 家实验室采用薄片、白肋烟、烤烟和烤烟型卷烟样品进行了不同实验室比对实验，结果见表 8-13。

表 8-13　不同实验室比对实验

样品类型	不同实验室硫酸盐测定数据/%			极差
	实验室 1	实验室 2	实验室 3	
薄片	0.60	0.57	0.60	0.03
烤烟型卷烟	0.88	0.87	0.92	0.05
烤烟	1.30	1.28	1.34	0.06
白肋烟	1.31	1.29	1.35	0.06

表 8-13 的数据表明，这 3 个实验室对相同样品进行测定，其结果的差值在 0.03～0.06 之间，结果满足检测要求。

（五）不同方法比对实验

分别采用连续流动法和离子色谱法对烤烟型卷烟和混合型卷烟样品进行对比，结果见表 8-14。

表 8-14　不同方法比对实验

样品名称	不同方法硫酸盐测定数据/%		极差	相对标准偏差/%
	连续流动法	离子色谱法		
烤烟型卷烟 1	1.09	1.18	0.09	3.96
烤烟型卷烟 2	0.92	0.98	0.06	3.16
混合型卷烟	1.14	1.08	0.06	2.70
烤烟型卷烟 3	1.15	1.15	0.00	0.00
烤烟型卷烟 4	0.98	0.95	0.03	1.55

表 8-14 的数据标明，这两种方法对相同样品进行测定，其结果的差值在 0.00～0.09 之间，相对标准偏差在 3.96%以下，结果满足检测要求。

第四节　烟草中磷酸盐的测定

一、标准方法的背景及演变

烟草中磷酸盐的测定多采用分光光度法，虽然在显色剂和还原剂上有所不同，但是都属于手工方法，使用时过于依赖操作者的熟练程度，往往造成在不同的实验室中得到的结果差异明显。采用连续流动方法测定烟草中的磷酸盐，虽然同样采用光度分析法，但是由于连续流动分析的化学反应平衡态测定的原理，保证了样品的高度重现性，同时仪器分析得快速、准确，也为磷酸盐的经常性测定提供了基础。国家烟草专卖局于 2010 年发布实施了《烟草及烟草制品　磷酸盐的测定　连续流动法》（YC/T 343—2010）烟草行业标准。

二、磷酸盐测定标准方法介绍

1. 原理

用水萃取烟草试样，萃取液中磷酸盐与钼酸盐和抗坏血酸反应生成一种蓝色化合物，用酒石酸锑钾作催化剂，其最大吸收波长为 660 nm，用比色计测定。

2. 试剂与材料

水应为蒸馏水或同等纯度的水。

（1）活化水

每升水加入 0.3 g 十二烷基磺酸钠。

（2）钼酸铵溶液

称取 1.8 g 钼酸铵，溶于 700 mL 水中，然后边搅拌边加入 22.3 mL 硫酸、0.05 g 酒石酸钾锑、0.3 g 十二烷基磺酸钠，溶解后转入 1000 mL 容量瓶中，用水定容至刻度，混匀后贮存于塑料瓶中。配制后溶液应无色、澄清透明，若呈蓝色，应重新配制。

（3）抗坏血酸溶液

称取 15.0 g 抗坏血酸，溶于 600 mL 水中，稀释至 1000 mL，混匀后贮存于棕色瓶中，现配现用。

（4）硫酸溶液

量取 22.5 mL 硫酸，缓慢加入 600 mL 水中，冷却至室温后，加入 0.3 g 十二烷基磺酸钠，稀释至 1000 mL。

（5）标准储备液

准确称取约 4.39 g 磷酸二氢钾于烧杯中，精确至 0.0001 g，用水溶解后转移至 1000 mL 容量瓶中，用水定容至刻度，混匀后贮存于 0～4℃冰箱中。此溶液应每月配制一次。

（6）工作标准溶液

由标准储备液用水制备至少 5 个工作标准溶液，其浓度范围应覆盖预计检测到的试样含量。工作标准溶液应贮存于 0～4℃条件下，每两周配制一次。

3. 仪器

常用实验仪器包括下述各项：

① 连续流动分析仪由下述各部分组成：取样器、比例泵、螺旋管、渗析器、加热槽、比色计（配 660 nm 滤光片）、记录仪和其他数据处理装置。

② 分析天平，精确至 0.1 mg。

③ 振荡器。

④ 磨口具塞三角瓶，50 mL。

4. 抽样

① 烟叶：按 GB/T 19616—2004 抽取烟叶作为实验样品。

② 卷烟：按 GB/T 5606.1—2004 抽取卷烟作为实验样品。

5. 分析步骤

（1）试样的制备

按 YC/T31—1996 制备试样。

（2）测定

① 测定次数：每个试样应平行测定两次。

② 水分的测定：按照 YC/T31—1996 测定试样的水分含量。

③ 磷酸盐的测定：称取 0.25 g 试样，精确至 0.0001 g，置于 50 mL 具塞三角瓶中，加入 25 mL 水，塞紧后置于振荡器上，振荡萃取 30 min。用快速定性滤纸过滤萃取液，弃去前段滤液，收集后续滤液作分析用。

按图 8-5 所示的管路图上机运行系列工作标准溶液，标准曲线应为线性，相关系数应大于 0.999。

按图 8-5 所示的管路图，测定试样萃取液的过滤液，若其浓度超出工作标准溶液的浓度范围，则应稀释后重新测定。

6. 结果的计算与表述

（1）结果的计算

以干基计的磷酸盐的含量由下式得出：

$$磷酸盐含量 = \frac{cV}{1000m(1-w)} \times 100\%$$

式中　c——萃取液磷酸盐的仪器观测值，$mg \cdot mL^{-1}$；

　　　V——萃取液的体积，mL；

　　　m——试样的质量，g；

　　　w——试样含水率，%。

（2）结果的表述

结果以两次平行测定的平均值表示，精确至 0.01%。

（3）精密度

两次平行测定结果绝对值之差不应大于 0.05%。

7. 磷酸盐测定管路图

磷酸盐测定管路图如图 8-5 所示。

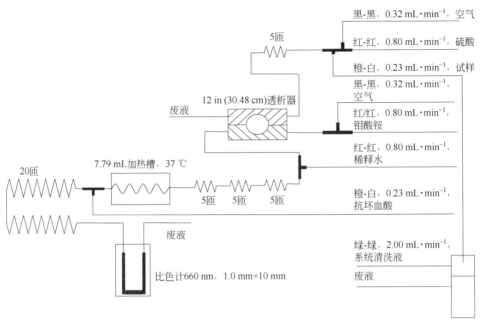

黑-黑，0.32 mL·min⁻¹，空气

红-红，0.80 mL·min⁻¹，硫酸

橙-白，0.23 mL·min⁻¹，试样

黑-黑，0.32 mL·min⁻¹，空气

红/红，0.80 mL·min⁻¹，钼酸铵

红-红，0.80 mL·min⁻¹，稀释水

橙-白，0.23 mL·min⁻¹，抗坏血酸

绿-绿，2.00 mL·min⁻¹，系统清洗液

5匝

12 in (30.48 cm)透析器

废液

7.79 mL加热槽，37 ℃

20匝

5匝 5匝 5匝

废液

比色计660 nm，1.0 mm×10 mm

废液

图 8-5　磷酸盐测定管路图

三、磷酸盐测定标准方法研制过程实验

（一）显色时间对测定结果的影响

试剂配制：取 2.3 mL 25 mg·L⁻¹ 的磷酸二氢钾标准溶液、8 mL 钼酸氨溶液、2.3 mL 抗坏血酸溶液，用 50 mL 的容量瓶定容至 50 mL。以不加样品溶液的空白为参比，测定其在 660 nm 波长的吸光度。

如图 8-6 所示，15 min 时的吸光度为 0.494，此时显色反应的灵敏度已经完全可以达到测量的要求。同时，对于 CFA 测定体系来说，管路长度、试剂流速和反应温度都是一定的，结果具有高度的重现性，出于快速检测的考虑，选用 12 min 显色即可。

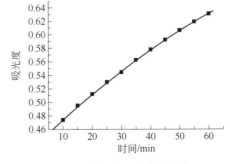

图 8-6　时间对吸光度的影响

（二）钼酸铵浓度对测定结果的影响

试剂配制：取 2.3 mL 25 mg·L⁻¹ 的磷酸二氢钾标准溶液，2.3 mL 抗坏血酸溶液，仅改变钼酸铵的浓度测吸光度，调 pH 达到预定值后定容至 50 mL。以不加样

品溶液的空白为参比，测定其在 660 nm 波长内的吸光度，见表 8-15。

表 8-15　钼酸铵用量的选择

编号	1	2	3	4	5	6	7	8
浓度/（×10⁻⁴ mol·L⁻¹）	0.73	1.46	2.33	3.20	4.66	6.99	8.09	9.71
吸光度	0.120	0.313	0.504	0.426	0.361	0.234	0.186	0.175

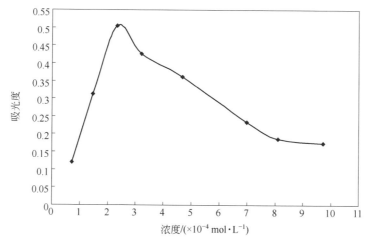

图 8-7　钼酸铵浓度对吸光度的影响

图 8-7 结果表明，钼酸铵用量在 $1.46×10^{-4}$～$4.56×10^{-4}$ mol·L⁻¹ 区间内吸光度都超过 0.3，均可以满足测定的需要，其中钼酸铵用量为 $2.33×10^{-4}$ mol·L⁻¹ 时，存在着极大值，故本法选择钼酸铵的浓度为 $2.33×10^{-4}$ mol·L⁻¹。

（三）抗坏血酸浓度对测定结果的影响

试剂配制：取 2.3 mL 的 25 mol·L⁻¹ 磷酸二氢钾标准溶液，8.0 mL 钼酸铵溶液，仅改变抗坏血酸的浓度测吸光度，调 pH 值达到预定值后定容至 50 mL。不加样品的试剂为参比试剂。测定其 660 nm 波长范围内的吸光度。

用抗坏血酸作为磷钼杂多酸的还原剂具有稳定性好、易配制、易保存等优点。由图 8-8 和表 8-16 可知，当抗坏血酸的浓度为 0.0341 mol·L⁻¹ 时，具有最大吸光度。故本方法选择抗坏血酸的浓度为 0.0341 mol·L⁻¹。

表 8-16　抗坏血酸用量的选择

编号	1	2	3	4	5	6
浓度/（×10⁻³ mol·L⁻¹）	3.92	8.52	17.0	25.6	34.1	42.6
吸光度	0.487	0.516	0.604	0.634	0.658	0.595

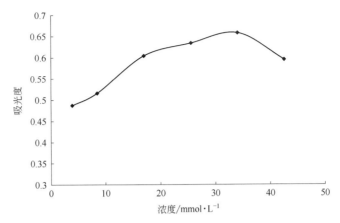

图 8-8　抗坏血酸浓度对吸光度的影响

（四）pH 值对测定结果的影响

试剂配制：取 2.3 mL 的 25 mg·L^{-1} 的磷酸二氢钾标准溶液，8 mL 钼酸氨溶液，2.3 mL 抗坏血酸溶液，稀释到 40 mL 左右，调 pH 值，达到预定值后定容至 50 mL。以不加样品溶液的空白为参比，测定其在 660 nm 波长内的吸光度，见表 8-17。

表 8-17　pH 值对测定结果的影响

编号	1	2	3	4	5	6	7
pH 值	0.50	0.89	1.00	1.12	1.25	1.34	2.00
吸光度	0.434	0.649	0.696	0.715	0.714	0.668	0.321

由实验结果可知，pH 值对显色反应的影响较大，pH 值在 0.5～1.34 范围内，灵敏度较好；在 0.89～1.34 范围内出现一个较好的平台，宽松的 pH 范围降低了对检测条件的要求，有利于测定。如图 8-9 所示，在 1.10 附近存在极大值，因此标准方法的测定 pH 条件选择为 1.1。

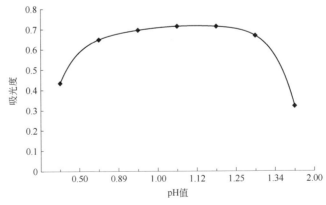

图 8-9　pH 值对吸光度的影响

（五）干扰及消除

有色物质、浑浊颗粒会形成干扰，可以采用透析膜去除，硫化物含量大于 2 mg·L⁻¹ 时有干扰，六价铬大于 50 mg·L⁻¹ 时有干扰，大量的丹宁酸有干扰，但干扰的程度不超过结果的 5%；铜离子少于 10 mg·L⁻¹ 时不干扰，氟化物小于 70 mg·L⁻¹ 时不干扰；铁离子浓度为 20 mg·L⁻¹ 时，使结果降低 5%，但烟草萃取液中的铁含量远低于 20 mg·L⁻¹，因此可忽略；Brij35 极易与钼酸铵结合显现蓝色，因此表面活性剂可采用十二烷基硫酸钠（SDS），硅酸盐弱酸性条件下与钼酸铵络合成蓝色的钼酸硅，可以在强酸条件下进行显色，排除干扰。

（六）萃取方式和萃取时间的选择

萃取方式为振荡萃取。萃取液分别为水和 pH = 3.5 的盐酸-氟化铵混合溶液，振荡萃取时间分别为 10 min、20 min、30 min、40 min、50 min、60 min。具体实验结果见表 8-18 和表 8-19。由表 8-18 和表 8-19 可以看出，选择水和 pH = 3.5 的盐酸-氟化铵混合溶液时均在振荡 30 min 时达到萃取完全的效果。不同萃取液对萃取效果无明显影响，因此本方法最终选择水作为萃取液。

表 8-18 萃取液为水时萃取时间对萃取率的影响

时间/min	10	20	30	40	50	60
烤烟/%	0.406	0.416	0.417	0.418	0.417	0.415
白肋烟/%	0.503	0.521	0.536	0.534	0.538	0.537
香料烟/%	0.411	0.429	0.435	0.436	0.435	0.434
烤烟型卷烟/%	0.456	0.468	0.473	0.474	0.472	0.473
混合型卷烟/%	0.478	0.492	0.497	0.497	0.496	0.497

表 8-19 萃取液为 pH = 3.5 的盐酸-氟化铵混合溶液时萃取时间对萃取率的影响

时间/min	10	20	30	40	50	60
烤烟/%	0.402	0.417	0.418	0.418	0.417	0.416
白肋烟/%	0.506	0.525	0.535	0.535	0.537	0.538
香料烟/%	0.413	0.427	0.434	0.435	0.435	0.435
烤烟型卷烟/%	0.454	0.469	0.474	0.474	0.473	0.473
混合型卷烟/%	0.476	0.494	0.496	0.496	0.498	0.497

（七）精密度实验

测定烤烟、白肋烟、香料烟、烤烟型卷烟和混合型卷烟五个品种的样品，各样品均平行测定 10 次。结果见表 8-20。

表 8-20　精密度实验

项目	烤烟		白肋烟		香料烟		烤烟型卷烟		混合型卷烟	
实测值/%	0.410、	0.410	0.527、	0.539	0.435、	0.426	0.473、	0.466	0.501、	0.499
	0.401、	0.397	0.555、	0.550	0.442、	0.439	0.473、	0.485	0.506、	0.481
	0.389、	0.390	0.546、	0.545	0.419、	0.448	0.461、	0.465	0.495、	0.506
	0.397、	0.394	0.555、	0.549	0.436、	0.431	0.482、	0.478	0.494、	0.485
	0.389、	0.389	0.563、	0.563	0.446、	0.439	0.469、	0.488	0.507、	0.497
平均值/%	0.396		0.549		0.436		0.474		0.497	
变异系数/%	2.1		2.0		2.0		1.9		1.8	

由实验结果可知，不同烟草样品的相对标准偏差在 1.8%～2.1%之间，说明标准方法具有良好的重复性。

（八）回收率实验

进行了添加回收率实验，结果见表 8-21。

表 8-21　添加回收率实验结果

样品	样品含量/mg	添加量/mg	测定值/mg	回收率/%
烤烟	1.0082	1.00	1.9914	98.3
白肋烟	1.3838	1.40	2.8006	101.2
香料烟	1.1275	1.10	2.2243	99.7
烤烟型卷烟	1.2144	1.20	2.4051	99.2
混合型卷烟	1.2654	1.30	2.5711	100.4

从回收率的测定结果可见：标准方法的回收率均较好，在 98.3%～101.2%之间。

（九）检出限实验

以萃取剂作为样品分别测试十次，计算本方法的检出限及定量限，结果见表 8-22。从表 8-22 的数据可以看出，标准方法的检出限和定量限可以满足检测的要求。

表 8-22　方法的检出限与定量限实验结果

项目	样品编号									
	1	2	3	4	5	6	7	8	9	10
磷酸盐含量测定值 /%	0.0405	0.0398	0.0381	0.0409	0.0479	0.0382	0.0444	0.0464	0.0383	0.0457
噪声/%	0.0037									
检出限/%	0.0112									
定量限/%	0.0373									

（十）不同实验室比对实验

分别由 7 家实验室，采用烤烟、白肋烟、香料烟、烤烟型卷烟、混合型卷烟样品进行了不同实验室比对实验，结果见表 8-23。从表 8-23 可知，标准方法具有良好的重现性。

表 8-23　实验室比对实验

样品类型	实验室 1	实验室 2	实验室 3	实验室 4	实验室 5	实验室 6	实验室 7	极差
烤烟型卷烟/%	0.465	0.476	0.460	0.472	0.463	0.472	0.473	0.016
混合型卷烟/%	0.511	0.509	0.504	0.518	0.506	0.516	0.521	0.017
白肋烟/%	0.641	0.637	0.646	0.637	0.653	0.649	0.652	0.016
烤烟/%	0.379	0.375	0.375	0.371	0.386	0.384	0.383	0.015
香料烟/%	0.501	0.508	0.498	0.493	0.496	0.503	0.509	0.016

.

第九章

烟草中淀粉的测定

第一节　非烟介质中淀粉的测定方法

关于植物中淀粉含量的测定，一般有三类方法：酶水解法、酸水解法和碘比色法。酶水解法和酸水解法操作步骤多、分析效率低，而且酸水解法也能将淀粉之外的多糖水解而得到偏高的结果；碘比色法操作简便，分析效率高，较适合于常规分析。目前，应用于食品行业的淀粉测定方法有国标法《食品中淀粉的测定》（GB 5009.9—2016）、比色法、双波长法和多波长法、碘亲和力测定法、近红外光谱分析法、体积排阻色谱分析法、差示扫描量热法、伴刀豆球蛋白法等八种方法。在烟草行业中则有行业标准《烟草及烟草制品中淀粉的测定》（YC/T 216—2013），下面一一介绍这些方法。

一、国标法

1. 酸水解法

原理：样品用乙醚除去脂肪及可溶性糖类（其中淀粉用酸水解成具有还原性的单糖），测定还原糖含量，折算成淀粉的量。用酸水解法不易去除还原糖，同时酸易使高分子碳水化合物（如半纤维素）水解，造成较大的干扰，使结果往往偏高。

2. 酶水解法

原理：样品用乙醚除去脂肪及可溶性糖类，其中淀粉用淀粉酶水解成双糖，再用盐酸将双糖水解成单糖，最后按还原糖测定，并折算成淀粉的量。酶水解法不易去除还原糖，同时酶的种类多且作用专一，难以使淀粉完全水解。

二、比色法

1. 碘显色光度法

原理：直链淀粉与碘生成纯蓝色，其检测的最大吸收波长为 620 nm；支链淀粉与碘生成紫红色，其检测的最大吸收波长为 540 nm。根据碘与直链淀粉与支链淀粉作用呈现不同程度的蓝紫色，可用比色法分别测出样品中两种组分的含量，也可以同时检测作为总淀粉的值。研究表明，在检测烟草样品时，碘显色光度法的重复性较好；但因支链淀粉与碘形成的络合物在直链淀粉-碘络合物最大吸收波长处也会吸收波长，导致测得的直链淀粉含量偏高，使得总淀粉的检测不准确。

2. 蒽酮比色法

原理：用乙醇溶液去除样品中的可溶性糖，再用高氯酸溶解残留物中的淀粉，达到对淀粉的提取。在浓硫酸的作用下，蒽酮与淀粉反应生成蓝绿色的化合物，用分光光度计在 640 nm 下测定吸光度。研究表明，蒽酮比色法与酶水解法有很强的相关性，具有测定结果误差较小，操作步骤快捷简便的优点；但因高氯酸是具有强氧化性的强酸，可破坏纤维素和木质素等碳水化合物成分，产生葡萄糖类似物，造成最终检测结果有较大的误差。

三、双波长法和多波长法

由于比色法运用的单波长检测存在直、支链淀粉-碘复合物的吸收峰的重叠及其他背景吸收峰的干扰，其结果的准确性依赖于直、支链淀粉含量和比例、链组成及其分布，且只能测定直链淀粉含量，因此增加检测波长加以改进，便有了双波长、多波长的方法。

双波长比色法原理：如果溶液中某溶质在两个波长处均有吸收，则两个波长的吸光度差值与溶质浓度成正比。用与待测样品相应的标准品配制的直链淀粉和支链淀粉的标准溶液分别与碘反应，然后在同一个坐标系里进行扫描（400～960 nm）或作吸收曲线，作图确定直链淀粉的测定波长和参比波长、支链淀粉的测定波长和参比波长。再将待测样品与碘显色，在选定的波长做 4 次比色，然后利用直链淀粉和支链淀粉标准曲线即可分别求出样品中两类淀粉的含量。因测定的是试样在两波长处的吸光度差值，扣除了两类淀粉吸收背景的相互影响，故可提高测定的灵敏度和选择性。

国内外研究人员都对单波长法、双波长、多波长法进行了实验。随着波长增多，检测的精度也在不断提高，但测量也随之变得复杂，计算变得烦琐，因此应用不多。

四、碘亲和力测定法（包括电流滴定法和电位滴定法）

当淀粉溶液用碘进行电位滴定时，在碘与淀粉形成络合物期间没有电学性质（电流、电压）变化，但一旦有游离碘存在，立即产生电位（或电流），就可看到电位（或电流）的变化，而后可从电位（或电流）滴定曲线求出形成络合物的碘量，计算相当于碘结合量的淀粉量。具体测定方法有电位滴定法和电流滴定法。这两种方法都要先用纯直链淀粉和支链淀粉，绘制出电位（或电流）滴定曲线，然后用样品滴定，最后根据滴定数值求出样品中直链淀粉和支链淀粉的含量。碘亲和力会随着淀粉的来源不同而不同，因此每一种淀粉都有其特定的碘亲和力值，其值的大小主要取决于淀粉中直链淀粉的含量。直链淀粉含量越高，碘亲和力值也越大，所以常用碘亲和力来确定淀粉中直链淀粉的含量。研究表明，碘亲和力测定法与比色法相比，更加科学合理、精确可靠，而且其直线回归方程相关系数更加接近，测得的结果更稳定、重复性更高，且方法简便、快速、准确，适合对大批量样品（如育种、品种普查等）的测定。然而由于支链淀粉也可以与碘形成络合物，因此在测定中会降低游离碘的浓度，导致直链淀粉检测的误差。该方法不适于测定不同植物来源的淀粉样品。

五、近红外光谱分析法

近红外光谱分析法（NIRS）是近年来发展起来的一种新的定量分析技术，具有快速、简便、准确的特点，不消耗化学试剂，不污染环境，不破坏样品，可以一次扫描进行多项检测。近红外光谱分析法利用有机化合物在近红外区具有特征吸收，从而对样品中的有机化学成分进行快速定量分析。研究表明，比较简单的混合样品测得的直链淀粉含量与供应商所提供的数据有较好的相关性，结果是准确可靠的，且其快速、微量、无损性检测很适合大批量育种分析，具有常规化学分析方法无可比拟的优越性。然而此方法有其局限性：首先，近红外光谱仪器价格昂贵，不利于广泛推广；其次，近红外光谱分析结果的准确性与定标模型建立的质量和模型的合理使用有很大关系，要使其准确就需要扩大检测范围，这需要收集尽可能多的样品，要消耗很大的人力物力；最后，近红外模型难以对淀粉含量做精确的测定，对于特殊的材料（直链淀粉含量很低或很高的材料）也不能做出精准的评价，不适合作为样品和所测项目经常变化的分散性样品检测的手段。

六、体积排阻色谱分析法

体积排阻色谱法又称尺寸排阻色谱法或凝胶渗透色谱法，原理比较特殊，类似于分子筛。待分离组分在进入凝胶色谱后，会依据分子质量的不同，分为能进入和不能进入固定相凝胶的孔隙中两部分，不能进入的（如支链淀粉分子）会很快随流动相被洗脱，而能够进入的（如直链淀粉以及介于直链和支链间的多糖分子）则需要更长时间的冲洗才能够流出固定相，从而实现了根据分子质量的差异对各组分的分离。天然淀粉中直链淀粉的分子量最小，一般在几万到几百万之间；支链淀粉的分子量最大，约在几百万到几亿之间；存在于两者间的中间级分是介于直链淀粉和支链淀粉之间的多糖。将淀粉样品通过凝胶排阻色谱，得到的排阻色谱图可能具有

1～3 个峰，代表直链淀粉、中间级分和支链淀粉，根据分子排阻色谱图可计算出淀粉样品中直链淀粉的含量。研究表明，该方法测定直链淀粉含量不仅准确、节省时间，而且安全性高。此外，因为该方法采用蒸馏水作为流动相，而不需要其他腐蚀性或致癌性溶液来溶解淀粉和作为流动相，因此操作更为简单和环保。

七、差示扫描量热法

溶血磷脂酰胆碱极性端基团与淀粉的螺旋形结构可相互作用产生络合物，并且该络合物所形成的放热曲线与淀粉中直链淀粉含量成比例关系。研究表明，差示扫描量热法（DSC）步骤比较简单，目前许多 DSC 设备都配置有自动取样装置，可进行自动分析。

八、伴刀豆球蛋白法

伴刀豆球蛋白（ConA）能够与多个非还原性末端基团上的 α-D-吡喃葡萄糖基或 α-D-吡喃甘露糖基单位特异性结合，由于多分支的支链淀粉链中有大量非还原性端基的 α-D-葡萄糖残基，因此 ConA 可在指定的 pH 值、温度和离子强度下，与淀粉中的支链淀粉成分特定地结合并生成沉淀，但是不能与以线性为主的直链淀粉成分结合。研究表明，伴刀豆球蛋白法没有水解过度和络合物的吸收重叠等影响因素，就不存在不确定性问题，测定结果准确性高，可适用于不同植物来源的淀粉样品，不需要使用直链淀粉、支链淀粉校准曲线，同时还可测出总淀粉含量。

第二节　烟草中淀粉的测定方法

在烟草行业标准《烟草及烟草制品　淀粉的测定　连续流动法》（YC/T 216—2013）发布之前，国内一些企业参照《食品中淀粉的测定方法　酶-比色法》（GB/T 16287—1996）测定烟草中淀粉的含量。也有一些配备连续流动分析仪的实验室采用仪器供应商提供的方法，基本上是碘比色法。但这些方法原本不是用于烟草淀粉含量测定的，如稻谷中淀粉含量的测定方法，由于烟草中存在植物色素和醌类等有颜色的物质，会干扰碘-淀粉的比色测定，得到偏高的不真实结果，因此也不适于烟草中淀粉含量的测定。

基于这种情况，烟草行业经过科研攻关，制定了《烟草及烟草制品　淀粉的测

定　连续流动法》行业标准（YC/T 216—2013），并保证了测定结果的准确性、可比性。《烟草及烟草制品　淀粉的测定　连续流动法》（YC/T 216—2013）采用具有较高分析效率的碘比色法，并将比色法转化为连续流动分析法，方法具有良好的准确性和重复性。

1. 原理

用 80%乙醇-饱和氯化钠溶液在 85℃的水浴中去除烟草样品中的色素，抽滤后用高氯酸提取烟草中的淀粉，淀粉在酸性的条件下与碘发生显色反应，在 570 nm 下比色测定。

2. 仪器设备

主要有 50 mL 试管、G4 烧结玻璃坩埚、G2 烧结玻璃漏斗、烧杯（400 mL）、容量瓶(包括 500 mL、250 mL、100 mL 和 50 mL 等规格)、电子天平(感量 0.0001 g)、振荡器、连续流动分析仪［由下述各部分组成：取样器、比例泵、渗析器、螺旋管、比色计（配 570 nm 滤光片）］、分光光度计等。

3. 试剂

（1）高氯酸溶液（72%）
（2）高氯酸溶液（40%）
移取 300 mL 高氯酸溶液，溶解于 224 mL 水中。
（3）高氯酸溶液（15%）
移取 52 mL 高氯酸溶液，溶解于 198 mL 水中。
（4）碘-碘化钾溶液
称取 5.0 g 碘化钾和 0.5 g 碘于 400 mL 烧杯中，用玻棒研磨粉碎并混合均匀，加入少量水溶解，待完全溶解后，转入 250 mL 容量瓶中，用水定容至刻度。
（5）80%乙醇-饱和氯化钠溶液
称取 64 g 氯化钠，溶于 200 mL 水中，加入 800 mL 无水乙醇，溶解，静置，待溶液澄清后过滤。
（6）标准储备液
分别称取 0.15 g 直链淀粉和 0.60 g 支链淀粉于烧杯中，精确至 0.0001 g。直链淀粉加入 1.0 g 氢氧化钠后用水煮沸溶解，支链淀粉用水煮沸溶解。分别转入 500 mL 容量瓶中，用水定容至刻度。标准储备液应贮存于 0～4℃条件下，可至少稳定保存 1 个月。
（7）工作标准液
分别移取直链淀粉储备液 30 mL 和支链淀粉储备液 30 mL 于 100 mL 容量瓶中，

用水定容至刻度，得到储备液 A。分别移取不同体积的储备液 A 于不同的 50 mL 容量瓶（其浓度范围应覆盖检测到的样品含量），分别加入 2.5 mL 高氯酸萃取液于 50 mL 容量瓶中，用水定容至刻度。由储备液 A 至少制备 5 个工作标准液，即配即用。

4. 结果与讨论

（1）标准溶液中直链淀粉与支链淀粉的比例

烟草中的淀粉由直链淀粉和支链淀粉构成，一般认为二者的比例为 2∶8，不同的烟草类型和品种、部位等均会影响二者的比例。直链淀粉遇碘呈蓝色，最大吸收波长为 610 nm，支链淀粉遇碘呈紫红色，最大吸收为 550 nm。由不同比例的直链淀粉和支链淀粉配制标准溶液，所得溶液的最大吸收波长、标准曲线的斜率均不相同。因此，在实际样品的测定中，标准溶液中直链和支链淀粉的比例直接影响测定结果。根据参考文献报道，确定标准溶液中直链淀粉与支链淀粉的比例为 2∶8，此时最大吸收波长为 575 nm。

（2）提取实验

由于烟草中有植物色素和醌类等有颜色的物质，因此必须把它们除去或绝大部分除去才能消除对碘-淀粉显色物的比色测定干扰。所以，提取实际上包含了两个方面的目的，一是除去有色干扰物质，二是把淀粉提取出来。R.J.雷诺公司采用 80%甲醇-氯化钠饱和溶液在 72℃水浴中提取，一方面把有色物质有效地去除，另一方面较高的温度也把烟草组织中的淀粉颗粒膨胀散开。将提取液离心分离，用高氯酸溶液溶解残渣中的淀粉，再离心分离除去烟草残渣，溶液即可用于比色测定。

R.J. 雷诺公司的方法需要经过两次离心分离，操作烦琐且对操作者的要求比较高。研究人员将离心分离改为烧结玻璃坩埚过滤，简化了操作。实验表明，简化后淀粉提取得完全，干扰吸收也较小，满足检测的要求。

由于甲醇有害，因此用乙醇替代甲醇进行了考察，结果见表 9-1。

表 9-1　乙醇-氯化钠饱和溶液对淀粉的提取效果

项目		水浴时间/min				
		20	30	40	50	60
90%乙醇-氯化钠饱和溶液	溶液 A	0.0206183	0.01682	0.013839	0.014963	0.011424
	烤烟	2.20	2.30	2.29	2.20	2.00
80%乙醇-氯化钠饱和溶液	溶液 A	0.01346	0.012684	0.010443	0.011462	0.0079889
	烤烟	2.26	2.37	2.34	2.29	2.06
71%乙醇-氯化钠饱和溶液	溶液 A	0.018095	0.016027	0.011895	0.0093255	0.0084833
	烤烟	1.22	1.93	2.36	2.32	2.16

项目		水浴时间/min				
		20	30	40	50	60
64%乙醇-氯化钠饱和溶液	溶液 A	0.01911	0.012615	0.011798	0.0091603	0.010152
	烤烟	1.08	1.39	2.24	2.35	2.34
56%乙醇-氯化钠饱和溶液	溶液 A	0.025584	0.023273	0.022559	0.017511	0.013755
	烤烟	0.98	1.02	1.40	2.03	2.25
90%乙醇-氯化钠饱和溶液	溶液 A	0.022858	0.024522	0.029659	0.025056	0.020802
	白肋烟	0.76	0.89	0.86	0.74	0.67
80%乙醇-氯化钠饱和溶液	溶液 A	0.029378	0.023158	0.022149	0.020729	0.021415
	白肋烟	0.80	0.91	0.88	0.80	0.66
71%乙醇-氯化钠饱和溶液	溶液 A	0.070025	0.041499	0.01187	0.010878	0.0092122
	白肋烟	0.63	0.80	0.90	0.88	0.89
64%乙醇-氯化钠饱和溶液	溶液 A	0.026849	0.01978	0.010162	0.010942	0.012774
	白肋烟	0.62	0.75	0.84	0.82	0.77
56%乙醇-氯化钠饱和溶液	溶液 A	0.022904	0.036849	0.018911	0.022215	0.013165
	白肋烟	0.46	0.68	0.82	0.84	0.84

由表 9-1 可以看出，80%乙醇-氯化钠饱和溶液在 85℃、30 min 或 71%乙醇-氯化钠饱和溶液在 85℃、40 min 时淀粉的提取效果最好，干扰吸收也较小。项目组最终确定采用 80%乙醇-氯化钠饱和溶液在 85℃、30 min 的条件下提取。在此条件下，样品加标回收率为 98.91%、99.02% 和 98.25%，平均加标回收率 98.73%。

甲醇和乙醇提取对不同样品的对比实验结果见表 9-2。

表 9-2　甲醇提取和乙醇提取对不同样品的对比实验

样品	甲醇提取/%	乙醇提取/%	差值
烤烟	2.34	2.32	0.02
香料烟	0.66	0.65	0.01
白肋烟	0.39	0.37	0.02
薄片	0.96	0.98	−0.02
烤烟型卷烟	2.31	2.30	0.01
混合型卷烟	1.74	1.77	−0.03

从表 9-2 结果可以看出，甲醇和乙醇提取不同类型的烟草样品的测定结果差值最大为−0.03，相对偏差不超过 1%，因此可以认为两种提取方法的效果相同，可以用 80%乙醇-氯化钠饱和溶液代替 80%甲醇-氯化钠饱和溶液。提取方法最终确定为：称取试料于 50 mL 试管中，加入 25 mL 80%的乙醇-饱和氯化钠溶液，在 85℃的水浴中提取 30 min。提取液立即用 G4 烧结玻璃坩埚抽滤，试管和坩埚内残渣用少许

热的 80%的乙醇-饱和氯化钠溶液洗涤（用量不宜多）。将坩埚放入 400 mL 的烧杯中，向坩埚内残渣加入 10 mL 40%高氯酸萃取液，混合后静置 10 min。加入 10 mL 水于坩埚中，混合后用 G2 烧结玻璃漏斗过滤至 250 mL 容量瓶中，用少许水洗涤坩埚、烧杯和 G2 烧结玻璃漏斗，用水定容至 250 mL。

（3）不同类型烟草样品称样量实验

不同类型烟草的淀粉含量不同，一般来说烤烟淀粉含量高于白肋烟、香料烟。为获得适宜的吸光度值，不同烟草类型的称样量需作相应调整。实验结果见表 9-3。

表 9-3　不同类型烟草样品称样量实验

烟草类型	称样量/g	575 nm 处吸收值			淀粉含量/%
		溶液 A	溶液 B	溶液 A /溶液 B/%	
烤烟	0.4071	0.01439	0.51449	2.8	2.36
香料烟	1.0054	0.035293	0.36823	9.6	0.64
白肋烟	1.0274	0.024647	0.51628	4.8	0.92
薄片	1.0009	0.030832	0.54826	5.6	0.99
烤烟型卷烟	0.4029	0.010454	0.50057	2.1	2.34
混合型卷烟	0.5994	0.043507	0.59836	7.3	1.78

从表 9-3 可以看出，从样品溶液的吸光度值、干扰吸收与样品吸收的比值来衡量，上述各类样品的称样量是适宜的。因此确定样品称样量为烤烟和烤烟型卷烟 0.4 g，混合型卷烟 0.6 g，香料烟、白肋烟和薄片 1.0 g。

（4）分光光度法在连续流动分析仪上的应用

将前述建立的分光光度法应用于连续流动分析仪，结果见表 9-4。

表 9-4　分光光度法与连续流动分析仪结果比较

烟草类型	分光光度法/%	应用分光光度法后的连续流动分析法/%	两种方法差值
烤烟	2.32	2.29	−0.03
香料烟	0.65	0.71	0.06
白肋烟	0.37	0.39	0.02
薄片	0.98	0.96	−0.02
烤烟型卷烟	2.30	2.30	0
混合型卷烟	1.77	1.76	−0.01

由表 9-4 的数据可知，该方法可以应用于连续流动分析仪，结果令人满意。

（5）化学流动分析仪与酶解法的对比实验

为考查所建立方法的准确性，进行了酶解法与连续流动分析法的对比实验。酶解法是用淀粉酶把淀粉转化为葡萄糖，测定出葡萄糖的量之后再换算为淀粉含量。

对比实验结果见表 9-5。

表 9-5 连续流动分析法与酶解法对比实验

烟草类型	酶解法/%	连续流动法/%	差值	相对偏差/%
烤烟	2.34	2.29	0.05	1.1
香料烟	0.75	0.71	0.04	2.7
白肋烟	0.43	0.39	0.04	4.8
薄片	1.02	0.96	0.06	3.0
烤烟型卷烟	2.36	2.30	0.06	1.3
混合型卷烟	1.80	1.76	0.04	1.1

表 9-5 的数据表明，两种方法差值在 0.04～0.06 之间，相对偏差均小于 5%。两种方法测定香料烟和白肋烟相对偏差较高，一是由于它们是深色晾晒烟，有色干扰物质较多，对连续流动的测定形成一定的干扰，二是淀粉含量较低。总体衡量，两种方法所得结果比较吻合，结果较令人满意。

（6）重复性实验

按照建立的连续流动法，采用烤烟样品进行了重复性实验。结果见表 9-6。

表 9-6 重复性实验

项目	测定次数					
	1	2	3	4	5	6
测定值/%	2.14	2.16	2.26	2.32	2.34	2.22
平均值/%	2.24					
标准偏差/%	0.082					
变异系数/%	3.66					

该方法的变异系数为 3.66%，说明该方法具有良好的重复性。

（7）回收率实验

采用烤烟和白肋烟样品进行了添加回收率实验，结果见表 9-7。

表 9-7 添加回收率实验

样品	添加量/mg	样品＋添加/mg	样品含量/mg	回收率/%
烤烟	10.2	14.62	4.60	98.2
	10.3	14.79	4.77	97.3
	9.3	13.75	4.66	97.7
白肋烟	5.3	8.97	3.73	99.1
	7.9	11.43	3.72	97.6
	4.5	8.17	3.73	98.7
平均回收率/%				98.0

（8）不同实验室比对实验

分别由 3 家实验室采用香料烟、白肋烟、烤烟和混合型卷烟样品进行了不同实验室比对实验，结果见表 9-8。

表 9-8　不同实验室比对实验结果

样品名称	不同实验室淀粉测定数据/%			极差
	实验室 1	实验室 2	实验室 3	
香料烟	0.86	0.89	0.83	0.06
混合型卷烟	1.98	1.96	1.91	0.07
白肋烟	0.60	0.64	0.54	0.10
烤烟	2.99	2.97	2.96	0.03

表 9-8 的数据标明，这 3 家实验室对相同样品进行测定，其结果的极差在 0.03～0.10 之间，结果令人满意。

第十章

卷烟主流烟气中 HCN 的测定

第一节　概述

氰化氢（hydrogen cyanide）分子量27.03，沸点25.6℃，熔点-13.4℃，为无色或淡蓝色液体或气体，味微苦，具有杏仁样气味，易溶于水、乙醇，微溶于乙醚，其水溶液呈弱酸性，解离常数为$4.9×10^{-10}$。

氰化氢（HCN）是一种高挥发性剧毒物，氰化氢进入人体内后解离出氰根离子（CN^-），CN^-可抑制42种酶的活性，能与氧化型细胞色素氧化酶的铁元素结合，阻止氧化酶中Fe^{3+}的还原，使细胞色素失去传递电子的能力，使呼吸链中断，引起组织缺氧而中毒。CN^-可经呼吸道、消化道，甚至完整的皮肤吸收进入人体。

HCN是重要的环境污染物之一，其控制与检测一直受到高度重视。卷烟主流烟气和侧流烟气也含有氰化物，卷烟烟气中含量较高，被列入了烟气44种有害化学成分的"霍夫曼清单"。中国烟草总公司将氰化氢列为卷烟主流烟气中的必检化学指标，氰化氢是卷烟减害降焦的主要化学成分之一，是计算卷烟危害性指数依据的7种有害成分之一。因此，准确测定卷烟烟气中的氰化氢对于评价卷烟安全性具有重要意义，并为今后采用新技术降低其含量提供了必要的数据支持。

表10-1中的数据显示了国外市场部分卷烟中HCN的释放情况。数据表明，不同品牌HCN释放量的变化范围较大。Hoffmann记录了美国卷烟市场上HCN释放量的变化，1960年的均值为410 μg·cig^{-1}，至1980年降至200 μg·cig^{-1}。1983年，Jenkins对美国卷烟市场进行广泛调查，认为HCN的释放量均值为181 μg·cig^{-1}。1983年，Griest对美国32个品牌进行检测，HCN释放量为7～562 μg·cig^{-1}。1997年，对加拿大市场上的卷烟中HCN释放量的检测结果为53～550 μg·cig^{-1}。近年来，HCN释放量降低的趋势是明显的。该变化被认为与卷烟设计技术的进步有关，如填有活性炭及硅胶的咀棒能有效截留卷烟烟气的HCN达50%左右。

表10-1　卷烟主流烟气中HCN释放水平

卷烟品牌	释放量/(μg·cig^{-1})	调查时间/年
美国品牌	13～40 (μg·口$^{-1}$)	1970
	140～340	1972
	130～200	1980
	75～162	1980
	25～380	1980

卷烟品牌	释放量/（μg·cig⁻¹）	调查时间/年
美国品牌	4～269	1983
	137	1999
南斯拉夫烟	73～340	1970
	280～580	1973
	132～196	1980
加拿大烟	4～270	1980
	2～233	1990
日本烟	56	1983
英国烟	254～286	1975/1976
德国烟	150～350	1969
美国与法国烟	180～500	1977
美国烟	300	1965
各种卷烟	300～400	1968
烤烟	150～220	1970

第二节　卷烟烟气中氰化氢的来源与形成

卷烟烟气中氰主要以氢氰酸的形式存在，主要由氨基酸及相关化合物在700～1000℃裂解产生（如下所示反应式）。氰化氢主要来自烟草中的蛋白质、氨基酸、硝酸盐和含氮化合物在燃吸过程中的氧化分解产物，特别是甘氨酸、脯氨酸及氨基二羧酸的热解。

$$2\ H_2N-CH_2-COOH \longrightarrow \quad + \ 2\ H_2O$$

$$HCN \longleftarrow CH_2=NH$$

一、卷烟烟气中 HCN 的来源

烟气有害成分与烟叶中化学成分存在着密切关系，大部分的烟气有害成分是由烟叶中各种化学成分经高温裂解反应而形成的，一些有害成分由烟叶中相应的成分直接进入烟气而形成。

HCN 主要来源于氨基酸、蛋白质，但也有报道说含氮化合物都有可能产生HCN。氨基酸是 HCN 的重要前体物，许多研究者在氨基酸的裂解产物中检测到HCN。如甘氨酸、丙氨酸分别在 310℃和 340℃下裂解，可以产生 HCN；赖氨酸在850℃下的裂解产物中可检测到 HCN；采用 Py-GC 方法，不同结构的氨基酸和相关化合物在 700～1000℃下裂解。比较不同结构氨基酸生成 HCN 的量可以推断其形成机理，不同结构的氨基酸裂解后 HCN 的释放量是不同的，变化从 8%到 45%；对于直链和支链氨基酸，HCN 释放量为 $\gamma \gg \beta > \alpha$，环状氨基酸中脯氨酸和 4-羟脯氨酸的释放量最高；采用离线裂解方式，不同结构的氨基酸在 850℃下裂解生成不同的气体，结果表明氨基酸结构对气体的释放有显著影响，其中脯氨酸、谷氨酸、苯丙氨酸、色氨酸生成 HCN 的量较高；采用改造的热重分析仪对烟草中 5 种氨基酸的热失重行为及 HCN 的释放量进行分析，结果表明甘氨酸、丙氨酸、亮氨酸、异亮氨酸、脯氨酸在不同升温速率和裂解气氛下都可以产生 HCN；采用卷烟模拟燃吸装置考察烟草中主要含氮类化合物对烟气中 HCN 释放量的影响，该项研究认为烟草中的蛋白质、脯氨酸和天冬酰胺为烟气中 HCN 的主要前体成分；烟叶中游离态氨基酸与卷烟主流烟气中 HCN 有密切关系，结果显示碱性氨基酸和杂环氨基酸与 HCN 成显著正相关，酸性氨基酸与 HCN 没有呈现显著相关性。

有研究结果表明，蛋白质含量增加时，白肋烟中 HCN 的释放量显著增加；裂解聚亮氨酸构成的蛋白质可以产生大量的 HCN，证明了蛋白质也是 HCN 的前体物；烟草中 6 类不同含氮化合物与卷烟主流烟气 HCN 释放量也有密切联系，烤烟型和混合型卷烟中，蛋白质对 HCN 释放量影响程度是最大的。

烟气中的 HCN 与烟草硝酸盐之间也存在关联性，当在烟草中加入一定量的NaNO₃ 后，HCN 的释放量相应增加。对添加 ^{15}N 标记的硝酸盐烟气分析，能够在主流烟气中检测到相应的 HCN。通过分析不同硝酸盐含量烟草的主流和侧流烟气，得出当硝酸盐含量增加时，主流烟气气相中 HCN 含量增加，但主流烟气粒相和侧流烟气中的 HCN 含量与硝酸盐无相关性。

含氮杂环化合物也是 HCN 的一个来源，以往研究中，从单环的含氮化合物（如吡咯、四氢吡咯、吡啶、甲基吡啶），到多环含氮化合物（如喹啉）的裂解产物中都发现了 HCN。此外，研究表明烟草中的挥发碱也是 HCN 的来源之一，烟碱在570℃下裂解会产生 HCN。

二、卷烟烟气中 HCN 的主要形成机理

通过分析 19 种氨基酸在 600℃下的热裂解行为，总结出氨基酸裂解的 5 种初

级反应途径：脱羧生成胺；两分子氨基酸之间脱去两个水分子形成环状化合物 2,5-二酮哌嗪（DKP）；脂肪族侧链断裂；分子内脱水形成环状物质；脱氨生成羧酸。

经过一系列不同结构的氨基酸充分裂解后发现，环状氨基酸脯氨酸和 4-羟脯氨酸生成 HCN 的量最高，推测氨基酸在裂解过程中生成环状中间产物二酮哌嗪（DKP），易于进一步裂解形成 HCN。由此，进一步考察了一些结构相似的氮杂环化合物裂解生成 HCN 的产率，推测其形成途径。得出环的大小、不饱和度以及取代基都对 HCN 的生成有影响的结论。

将苯丙氨酸及其二聚体 3,6-二苯基-2,5-二酮哌嗪裂解，发现 3,6-二苯基-2,5-二酮哌嗪裂解产生大量 HCN，认为二酮哌嗪（DKP）是氨基酸裂解生成 HCN 的中间产物。

有研究认为氨基酸在低温下脱去两分子水形成的二酮哌嗪在 400℃ 已经挥发，HCN 是由二肽和多肽在高温下生成的二酮哌嗪裂解产生的，上述研究只是推测二酮哌嗪可能为氨基酸裂解生成 HCN 的中间产物，并没有在裂解产物中捕捉到二酮哌嗪。有研究者采用梯度裂解方法对甘氨酸生成 HCN 的机理进行了研究，并采用多种分析手段对裂解产物进行了鉴定，根据研究结果推测甘氨酸在低温和高温下生成 HCN 的途径不同。在低温下，甘氨酸脱羧生成甲胺，甲胺再脱氢生成 HCN。300℃ 以上时，DKP 为甘氨酸裂解生成 HCN 的中间产物，甘氨酸脱水生成 DKP，DKP 进一步分解生成 HCN。此外，采用 Py-GC/MS 方法研究了 ^{15}N 标记的天冬酰胺的裂解机理，分析了不同裂解条件对主要含氮裂解产物中氮来源的影响。结果表明，天冬酰胺在低温下主要发生分子内的脱水环化以及分子间的聚合环化反应，高温下主要发生单分子或聚合物的断裂分解反应以及裂解产物的二次反应而生成小分子产物；在 450℃ 时，约 40% 的 HCN 由酰胺基生成，高温下 HCN 中的氮原子主要由天冬酰胺分子中的氨基转变而来，推测其主要是通过多肽进一步分解生成。

有研究对聚亮氨酸蛋白质进行了裂解研究，结果表明 HCN、NH_3 和 HNCO 为主要含氮裂解产物，700℃ 时大约 58% 的氮转移到了 HCN，31% 的氮转移到了 NH_3。蛋白质中氨基酸的组成对其裂解产物有很大的影响，若组成蛋白质的氨基酸不含活性侧链，如聚亮氨酸蛋白质，推断其裂解时首先发生解聚反应，然后通过环化形成 DKP，进而进一步裂解形成 HCN；若含有活性侧链，则会阻碍蛋白质的解聚反应，蛋白质之间趋向于进一步交联，热裂解形成大量的碳。

三、卷烟烟气中 HCN 形成的主要影响因素

烟草在燃吸过程中，通过热解、合成、蒸馏、干馏各种反应而形成复杂的烟气。如前所述，烟支燃烧时分为燃烧区和裂解蒸馏区，两个区域温度和氧气含量不同，因此近年来很多研究者考察了裂解条件（如温度、裂解气氛、pH 等）对 HCN 形成的影响。有研究者采用卷烟模拟燃吸装置研究了燃吸温度、燃吸气氛含氧量及流速、

升温速率等条件对烟草中蛋白质、脯氨酸和天冬酰胺生成 HCN 的影响。结果表明燃吸温度、燃吸气氛含氧量和升温速率对蛋白质、脯氨酸和天冬酰胺生成 HCN 均有明显的影响。此外烟草中含有数千种化学成分，除了蛋白质、氨基酸等含氮化合物，烟草中的其他物质（如糖类化合物）也会与 HCN 的前体物发生反应，影响其形成过程。有研究通过分析不同硝酸盐含量烟草的主流和侧流烟气，得出侧流烟气和主流烟气中 HCN 的释放量之比小于 1，说明 HCN 的生成与温度相关。有研究分析了 650℃和 850℃氮气气氛下苯丙氨酸和它在低温下裂解中间产物 3,6-二苯基-2,5-二酮哌嗪和苯乙胺的裂解产物，根据裂解产物量的不同来推断反应过程。结果表明上述三种物质在 850℃下 HCN 的释放量均比 650℃时高，表明高温有利于 HCN 的形成。多名研究者的研究结果一致：随着温度升高，HCN 的生成量增加，裂解气氛是影响 HCN 形成的另一个重要因素。在高温下，气氛中加入氧气，化合物易发生吸热氧化反应，从而改变化合物的裂解途径。在 1000℃、20%氧气存在下，HCN 的生成量比纯氮气条件下的生成量低 65%左右。对 5 种氨基酸在 N_2、10% O_2 + 90% N_2、20% O_2 + 80% N_2 三种气氛下 HCN 的产率进行了研究，结果显示在有 O_2 存在的条件下，5 种氨基酸裂解生成 HCN 的产率显著降低。有研究者用非等温热重裂解和质谱分析了三种不同类型烟草样品在 He 气氛和 He-O_2 气氛下产物的差异，结果表明 HCN 的形成不仅和裂解气氛有关，还和烟草类型及品种相关。此外，烟草中的其他物质也会与 HCN 前体物相互反应而影响 HCN 的形成。对金属离子对 HCN 形成的影响也进行了研究，结果表明生物质本身含有的和添加的金属离子都会影响 HCN 的形成，无机成分（如钙、镁）能增加 HCN 的释放量，其原因是 HCN 的形成需要脱水和脱氢，而金属离子在烟草裂解脱水过程中可起到催化作用。此外，将纤维素、半纤维素、木质素与氨基酸混合裂解，发现纤维素、半纤维素和木质素对氨基酸裂解产生 HCN 都有影响。有学者研究了还原糖对甘氨酸裂解生成 HCN 的影响机理，结果显示在葡萄糖和果糖存在下，甘氨酸裂解生成 HCN 的量降低，这与 2,5-二酮哌嗪生成量降低及其他氮杂环化合物生成量增加有关。

第三节　卷烟烟气中HCN的检测方法（连续流动法）

一、方法由来

光度法是最常用的氰化氢的检测方法，其中应用较为广泛的是基于 Konig 反应

（戊烯二醛反应）的一类方法，反应原理见图 10-1。在微酸性介质中，氰根与氯胺 T 或溴氧化物反应生成 CNCl 或 CNBr，然后与含吡啶基团的化合物反应使吡啶环裂开产生戊烯二醛，戊烯二醛与芳胺或其他含氮的有机试剂反应生成亚甲基染料，然后进行光度分析。最初将联苯胺和吡啶一起用作显色试剂，但因联苯胺致癌、吡啶有恶臭，后分别以巴比妥酸和吡唑啉酮、异烟酸取代。异烟酸-吡唑啉酮法准确灵敏，使用试剂无害，回收率高，但异烟酸-吡唑啉酮法在显色时间和试剂稳定性方面不如异烟酸-巴比妥酸法。因此，异烟酸-巴比妥酸法成为环境中检测水中氰化物的 ISO 最新标准方法。

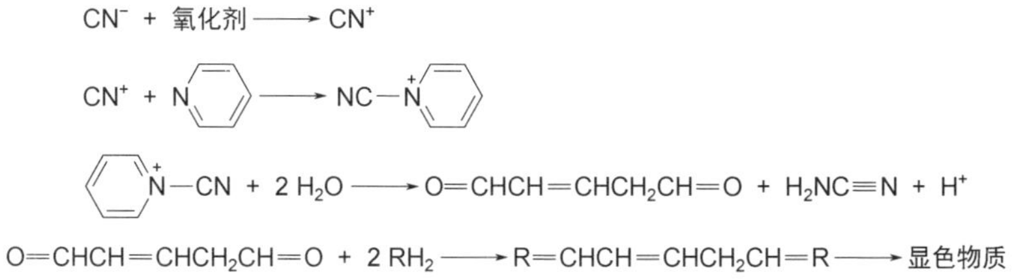

$$CN^- + 氧化剂 \longrightarrow CN^+$$

图 10-1　Konig 反应原理

除光度法以外，其他检测方法也有研究。有研究采用库仑法得到的二价汞离子检测氰根，发现精密度和重现性优于银离子滴定法。有研究者用气相色谱法检测 HCN，在气相色谱分析柱前加入一个用于衍生化的预柱，衍生化反应后的样品经分析柱到达电子捕获检测器检测。顶空-气相色谱-氮磷检测器法、离子色谱-荧光检测器法、离子色谱法被分别用来检测不同基质中的氰化物。氰离子选择性电极也用于食品、水和大气中氰化氢的检测。氰离子电极具有一个固态晶体膜，对水溶液中的氰根离子有选择性的响应，其测量线性范围一般在 $0.3 \sim 300 \ \mu g \cdot mL^{-1}$。虽然氰离子选择性电极灵敏度足够，但检测结果受 Ag^+、S^{2+}、I^-、Br^- 等离子的干扰严重，且对环境温度敏感，不适于烟气中氢氰酸的检测。

HCN 不稳定，在检测取样时，只有在 pH 值大于 12 时，才能保存 24 h。氰化物的水溶液在放置过程中，会逐渐分解生成甲酸盐及氨。在大气中，夏天约 10 min，冬天约 1 h，会在紫外线作用下氧化成氰酸，进而分解成氨和二氧化碳。

由于卷烟主流烟气成分复杂，HCN 又容易被氧化降解，如何准确测定卷烟主流烟气中的 HCN 含量一直都是富有挑战性的工作。早在 1858 年，就有对烟草烟气中的 HCN 进行检测的研究。有研究者用标准硝酸银溶液通过电位滴定法滴定了卷烟烟气中的氰和硫，发现氰和硫的滴定终点很接近，分别滴定有困难且费时。有研究采用气相色谱法检测，将 HCN 和氯胺 T 反应，得到氯化氰，通过气相色谱分离，由电子捕获检测器检测。该方法操作复杂，费时，不适于常规检测。傅里叶变换红外（FTIR）检测被用来检测每口烟气气相中的 HCN 含量。离子选择性电极和气质联用方法也有应用。有研究以调谐二极管激光（TDL）仪检测主流烟气中的 HCN，具有检测快速的优点，可以进行在线检测。另有研究者用 TDL 方法检测主流烟气和侧流烟气中 HCN 含量时发现侧流烟气中 HCN 全部分布于气相部分，而且含量比主流烟气中高。光度法是检测烟气中 HCN 含量的常用方法，采用吡啶-吡唑啉酮显色体系，基于光度分析的连续流动法测定卷烟主流烟气中 HCN，是被加拿大卫生部（Health Canada）等机构认可的标准方法。

表 10-2 为多种方法检测 Kentucky 1R4F 卷烟主流烟气中 HCN 含量的结果。

表 10-2　不同检测方法检测 Kentucky 1R4F 卷烟主流烟气中 HCN 的结果对比

文献作者	方法	检测结果/（μg·cig^{-1}）	RSD/%	检测日期
Parrish.M.E.	实时 TDL 光谱	97	13.00	1990
Parrish.M.E.	红外光谱法	101	14.50	1996
Battelle; Mcveety.B.D.	在线红外	98	9.90	1998
Philip Morris	连续流动	115	10.60	1998
Lorillard	连续流动	329.8（45 mL）	9.10	1999
Philip Morris USA	顶空-气相	105	7.30	2001
Inbifo	顶空-气相	109	7.10	2001
Ji-Zhou Dong	GC-MS	76	9.70	2001

连续流动法（YC/T 253—2008）基于异烟酸-1,3-二甲基巴比妥酸的 Konig 反应体系，在连续流动仪上检测卷烟主流烟气中 HCN 的释放量。

二、原理

连续流动法（YC/T 253—2008）利用异烟酸-1,3-二甲基巴比妥酸显色体系在连续流动分析仪上检测卷烟烟气中的 HCN 释放量，其化学反应单元发生的显色反应为：在微酸性条件下，CN^- 与氯胺 T 作用生成氯化氰 CNCl，氯化氰与异烟酸反应，经水解生成戊烯二醛，再与 1,3-二甲基巴比妥酸反应生成蓝色化合物，在 600 nm 处进行光度检测。连续流动仪管路设计如图 10-2，样品捕集后所有反应在连续流动仪上自动完成。为了简化样品的前处理流程，在连续流动仪流路设计中加入了二次进样在线稀释管路。

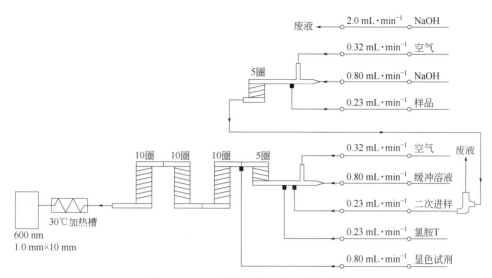

图 10-2　HCN 的连续流动法分析流程图

三、实验

1. 仪器和设备

① YC/T 29—1996 所规定的各项仪器设备；
② 分析天平，感量 0.0001 g；
③ 振荡器；
④ 连续流动分析仪；
⑤ 精密 pH 计。

2. 试剂

所有试剂均为分析纯级，水为蒸馏水。

① 反应溶液：磷酸盐缓冲液，邻苯二甲酸氢钾缓冲溶液，异烟酸-1,3-二甲基巴比妥酸溶液，饱和吡唑啉酮溶液，吡啶-吡唑啉酮溶液，氯胺 T 溶液，0.1 mol·L^{-1} 的 NaOH 溶液（标准用的基体溶液），NaOH 溶液清洗溶液（0.01 mol·L^{-1}）。

② 标准储备溶液：称取 0.25 g KCN 于烧杯中，精确至 0.0001 g，用 0.1 mol·L^{-1} 的氢氧化钠溶解后转入 100 mL 容量瓶中，用 0.1 mol·L^{-1} 的氢氧化钠溶液定容至刻度，混合均匀，用棕色瓶保存，储存于冰箱中。此溶液应每月制备一次。

③ 工作标准溶液：由储备液用 0.1 mol·L^{-1} 的氢氧化钠制备至少 5 个工作标准液，其浓度范围应覆盖预计检测到的样品含量。工作标准液应存储于冰箱中（2～5℃），每两天配制一次。

3. 样品制备和分析

（1）分析样品的制备

滤片样品：卷烟抽吸及 TPM 收集按 YC/T 29—1996 标准条件，抽吸 4 支卷烟后，取下截留主流烟气的剑桥滤片放入 125 mL 的锥形瓶中，用 50 mL 0.1 mol·L^{-1} 的 NaOH 水溶液浸泡，振荡器上振荡 30 min。用装有 5 μm 孔径过滤头的 5 mL 一次性针筒抽取滤液，将滤液直接注入标记好的样品瓶内进行连续流动分析。样品应在 6 h 内进行分析。

吸收瓶捕集样品：用 20 mL 0.1 mol·L^{-1} 的 NaOH 溶液在打孔吸收瓶中捕集卷烟主流烟气气相中的 HCN，并用 0.1 mol·L^{-1} 的 NaOH 溶液淋洗吸收瓶与主流烟气接触的部分。合并捕集液及淋洗液，定容至 50 mL，装入标记好的样品瓶内进行连续流动分析。应在样品制备好后 6 h 内进行分析。

（2）连续流动分析仪运行参数

进样速率为 40 个/h，样品清洗比为 1:1，出峰时间 11 min。

4. 结果的计算与表述

（1）标准工作曲线

以标准溶液的浓度和仪器测量峰高建立标准工作曲线。

（2）卷烟主流烟气 HCN 的含量

① 卷烟主流烟气粒相物中的氰化氢——剑桥滤片捕集部分的 HCN 含量由下式计算：

$$w_{HCN_1} = \frac{1.038 c_1 V_1}{m}$$

式中　　w_{HCN_1}——卷烟主流烟气粒相物中的氰化氢，μg·cig^{-1}；

　　　　1.038——由氰根换算成氰化氢的系数；

　　　　c_1——样品溶液 HCN 的检测浓度，μg·mL^{-1}；

　　　　V_1——滤片萃取液的体积，mL；

　　　　m——抽吸烟支的数目，cig（支）。

② 卷烟主流烟气气相中的氰化氢——NaOH 水溶液捕集部分的 HCN 含量由下式计算：

$$w_{HCN_2} = \frac{1.038 c_2 V_2}{m}$$

式中　　w_{HCN_2}——烟主流烟气气相中的氰化氢，μg·cig^{-1}；

　　　　1.038——由氰根换算成氰化氢的系数；

c_2——样品液 HCN 的仪器观测值，$\mu g \cdot mL^{-1}$；

V_2——捕集溶液的体积，mL；

m——抽吸烟支的数目，cig（支）。

③ 卷烟主流烟气氰化氢释放量：

卷烟主流烟气氰化氢释放量 $= w_{HCN_1} + w_{HCN_2}$。

以两次测定的平均值作为测定结果，精确至 $0.1\ \mu g \cdot cig^{-1}$。

5. 结果与讨论

（1）采样方法的优化

设计多种采样方式评价采样效率，采用了砂芯吸收瓶和玻璃球打孔吸收瓶两种结构的吸收瓶。采样方式为全烟气采样方式（即用 50 mL 0.1 mol·L^{-1} 的氢氧化钠水溶液吸收全烟气）以及粒相部分和气相部分 HCN 分别采样检测的方式。连接方式见图 10-3，结果见表 10-3。

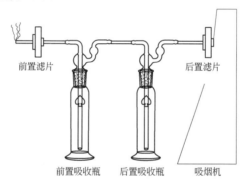

图 10-3 采样装置图

表 10-3 不同采样方法对 HCN 捕集效率的影响

序号	采样方案	HCN 在各部分的分布/$\mu g \cdot cig^{-1}$			HCN 含量 /$(\mu g \cdot cig^{-1})$
		玻璃纤维滤片	吸收瓶 1	吸收瓶 2	
1	单打孔吸收瓶	60	60	未接吸收瓶 2	120
2	两打孔吸收瓶串联	56	60	未检出	116
3	单砂芯吸收瓶	54	53	未接吸收瓶 2	107
4	两砂芯吸收瓶串联	43	45	未检出	88
5	两打孔吸收瓶串联，全烟气方式	未检出	101	2.3	103
6	两砂芯吸收瓶串联，全烟气方式	未检出	89	未检出	89

从表 10-3 可看出 HCN 在各部分的捕集效率及分布，其中采样方案一采用一个打孔气体吸收瓶，分别收集气相部分和滤片上固相部分 HCN 的捕集效率最高，操

作最简便。连接过多的气体吸收瓶容易引起压降变化，影响分析结果。图 10-4 显示了抽吸容量对主流烟气中 HCN 的传输量有直接的影响，二者线性相关，可见在测量中保证抽吸容量的恒定十分重要。

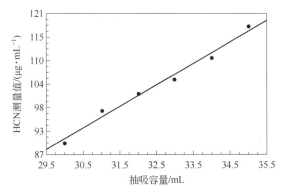

图 10-4　主流烟气中 HCN 含量随抽吸容量的变化

（2）连续流动仪参数对 HCN 检测结果的影响

① 异烟酸-1,3-二甲基巴比妥酸分光光度法反应温度对检测的影响：试验了不同反应温度下检测结果达到平衡所需要的时间。从图 10-5 所显示的结果可以看出，对于 15 ℃以上的反应温度，反应都能在我们设计的管路反应时间 11 min 内达到平衡，因此方法中可不对反应管路恒温，在室温不能达到 15 ℃的情况，可加一 30 ℃加热池。

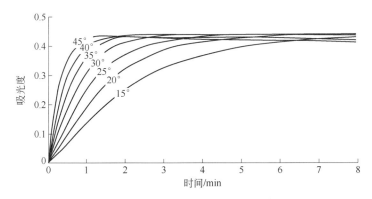

图 10-5　不同反应温度下反应时间-吸收曲线

② 异烟酸-巴比妥酸显色体系中缓冲溶液 pH 值对灵敏度的影响：在范围 4.6～8.0 内改变缓冲溶液 pH 值，研究缓冲溶液 pH 值对显色反应吸光度的影响，结果见图 10-6。实验表明，酸度对灵敏度影响较大，pH 在 5.3 时吸光度最大，灵敏度最高。因此，控制反应 pH 值对保证检测结果的重复性非常重要。

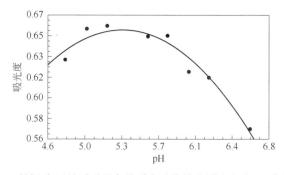

图 10-6 异烟酸-巴比妥酸显色体系中吸收值随缓冲溶液 pH 值的变化

③ 异烟酸-巴比妥酸标准溶液 pH 值对工作曲线的影响：将标准溶液 pH 值从 12 提高至 13，工作曲线线性相关性明显改善，相关系数从 0.9982 提高到 0.9998。

④ 进样流量的优化：CFA 的进样流量由进样管道的内径决定。进样流量对峰高、灵敏度、线性范围、工作曲线和进样频率影响较大。进样流量增加时峰变高，线性范围变窄，拖尾严重，从而不得不降低进样频率。进样流量对分析结果的影响如表 10-4 所示，在进样流量为 0.23 mL·min^{-1} 时结果最佳。

表 10-4　8.0 mg·L^{-1}HCN 标样不同进样体积对分析结果的影响

项目	进样管 1	进样管 2	进样管 3
进样流量/（mL·min^{-1}）	0.23	0.8	1.2
校正曲线相关系数	0.9998	0.9984	0.9935
标准偏差（$n=5$）	0.22	0.84	1.11
分析速度（个/h）	50	40	36

（3）工作曲线，检出限（LOD）和定量检测限（LOQ）

测定的线性范围为 $6.2×10^{-2}$～15.0 mg·L^{-1}，回归方程为 $A=1.05c-0.178$，相关系数 0.9996。检出限（LOD）和定量检测限（LOQ）是由最低浓度的标准溶液 10 次测定结果的标准偏差的 3 倍和 10 倍来确定的。测得 LOD 为 $1.95×10^{-2}$mg·L^{-1}，LOQ 为 $6.2×10^{-2}$mg·L^{-1}。

（4）空白实验

用以上方法测空白玻璃纤维滤片的 HCN 含量，结果均为未检出。

（5）空白加标回收率实验

在空白的玻璃纤维滤片加入 39.6 mL NaOH 和 0.4 mL 500 μg·L^{-1}（以 HCN 计）浓度的 KCN 标准溶液，用以上方法测得外加标准的 HCN 含量，计算空白加标回收率，以估计样品处理过程中分析物的损失。回收率均值为 98.6%，$n=10$，RSD = 3.62%。

（6）样品加标回收率

用 0.1 mol·L^{-1} 的 NaOH 稀释 5 mL 控制样品的萃取液至 10 mL。在 5 mL 控制

样品的萃取液中，加入 0.1 mL 500 μg·mL^{-1}（以 HCN 计）KCN 标准溶液。用以上方法测得外加标准的 HCN 含量，计算样品加标回收率。加标回收率均值为99.1%，$n=10$，RSD = 4.32%。

（7）仪器精密度

配制不同浓度的标准样品，在连续流动分析仪上重复进样 10 次，计算测定结果的标准偏差，结果如表 10-5。对 0.50 mg·L^{-1} 以上浓度的样品，该方法 10 次测量的相对标准偏差<4%。

表 10-5 不同浓度标准样品重复测量 10 次的仪器精密度

样品浓度/（mg·L^{-1}）	平均测量浓度/（mg·L^{-1}）	标准偏差/（mg·L^{-1}）	相对标准偏差
0.50	0.58	0.02	3.4%
1.25	1.25	0.04	3.2%
2.50	2.58	0.01	0.4%
3.75	3.88	0.06	1.5%
5.00	5.19	0.05	1.0%
6.25	6.41	0.06	0.9%
7.50	7.48	0.08	1.1%

（8）方法的重复性

分 5 次抽吸同一卷烟样品制得 5 个样品，然后在连续流动分析仪上检测。5 次检测的结果分别为 116 μg·cig^{-1}、126 μg·cig^{-1}、126 μg·cig^{-1}、126 μg·cig^{-1}、112 μg·cig^{-1}，相对标准偏差 5.59%。由于卷烟烟支具有一定的个体差异，因此该偏差比仪器精密度指标大。

（9）烟气吸收液样品的稳定性

烟气吸收液样品在室温下保存 36 h，期间 HCN 检测结果的变化如图 10-7 所示。6 h 后检测结果明显下降，因此吸收液应在制成后 6 h 内完成上机分析。

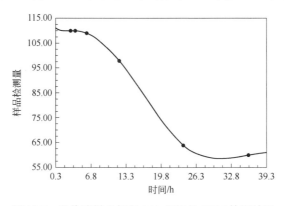

图 10-7 吸收液样品保存 36 h 期间的 HCN 检测结果

（10）方法选择性的评价

采用浓度为 6.37 mg·L^{-1}（以 CN^{-} 计）的标准溶液，加入各种浓度的离子进行干扰实验。阴离子的干扰实验结果见表 10-6，其中 SCN^{-} 对检测结果有较明显的正干扰，Br^{-}、I^{-}、S^{2-} 有较明显的负干扰。某些阳离子可能与 CN^{-} 发生络合反应而对检测产生干扰。从表 10-7 可以看出，除 Co^{2+}、Ni^{2+}、Ag^{+}、Hg^{2+} 等金属离子有较大干扰外，该显色反应抗阳离子干扰的能力较强。卷烟烟气中金属离子含量一般为"纳克"或"亚微克"级，远低于此干扰浓度，一般不会引起干扰。

表 10-6　阴离子对 6.37 mg·L^{-1} CN^{-1} 标准溶液的显色反应的影响

阴离子种类 及对应化合物		加入量/（×10^{-5} mol·L^{-1}）					
		2		20		200	
		HCN 检测值 /（mg·L^{-1}）	HCN 回收率/%	HCN 检测值/（mg·L^{-1}）	HCN 回收率/%	HCN 检测值/（mg·L^{-1}）	HCN 回收率/%
SCN^{-}	NH$_4$SCN	6.65	104	9.17	144	17.91	281
[Fe(CN)$_6$]$^{3-}$	K$_3$[Fe(CN)$_6$]	6.10	96	6.20	97	4.90	77
[Fe(CN)$_6$]$^{2-}$	K$_4$[Fe(CN)$_6$]	6.36	100	6.49	102	6.51	102
S^{2-}	Na$_2$S·9H$_2$O	6.41	101	6.16	97	5.03	79
NO$_2^{-}$	NaNO$_2$	6.44	101	6.51	102	6.42	101
CO$_3^{2-}$	Na$_2$CO$_3$	6.41	101	6.54	103	6.42	101
NO$_3^{-}$	NaNO$_3$	6.37	100	6.51	102	6.65	104
SO$_3^{2-}$	Na$_2$SO$_3$	6.34	100	6.55	103	6.27	98
SO$_4^{2-}$	Na$_2$SO$_4$	6.46	101	6.51	102	6.42	101
CH$_3$COO^{-}	NaAc·3H$_2$O	6.46	101	6.51	102	6.42	101
F^{-}	NaF	6.44	101	6.52	102	6.44	101
Cl^{-}	NaCl	6.26	98	6.51	102	6.38	100
Br^{-}	NaBr	6.05	95	3.34	52	0.13	2
I^{-}	KI	5.78	91	0.59	9	0.08	1

表 10-7　阳离子对 6.37 mg·L^{-1} CN^{-} 标准溶液的显色反应的影响

阳离子种类及对应 化合物		加入量/（×10^{-5} mol·L^{-1}）					
		2		20		200	
		HCN 检测值 /（mg·L^{-1}）	HCN 回收率/%	HCN 检测值/（mg·L^{-1}）	HCN 回收率/%	HCN 检测值/（mg·L^{-1}）	HCN 回收率/%
K^{+}	KNO$_3$	6.37	100	6.55	103	6.66	105
NH$_4^{+}$	NH$_4$NO$_3$	6.30	99	6.50	102	6.24	98
Fe^{3+}	Fe$_2$(SO$_4$)$_3$	6.49	102	6.36	100	0.14	2

阳离子种类及对应化合物		加入量/（×10⁻⁵ mol · L⁻¹）					
		2		20		200	
		HCN 检测值/（mg · L⁻¹）	HCN 回收率/%	HCN 检测值/（mg · L⁻¹）	HCN 回收率/%	HCN 检测值/（mg · L⁻¹）	HCN 回收率/%
Mg²⁺	MgSO₄ · 7H₂O	6.46	101%	6.54	103%	6.54	103%
Ca²⁺	Ca(NO₃)₂ · 4H₂O	6.47	102%	6.53	103%	6.46	101%
Cu²⁺	Cu(NO₃)₂ · 3H₂O	6.05	95%	4.81	76%	3.21	50%
Zn²⁺	ZnSO₄ · 7H₂O	6.40	100%	6.42	101%	6.21	97%
Cd²⁺	3CdSO₄ · 8H₂O	6.41	101%	5.72	90%	0.15	2%
Pb²⁺	Pb(NO₃)₂	6.22	98%	6.51	102%	6.34	100%
Al³⁺	AlCl₃ · 6H₂O	6.36	100%	6.52	102%	6.45	101%
Co²⁺	Co(NO₃)₂ · 6H₂O	4.91	77%	0.12	2%	0.10	2%
Ag⁺	AgNO₃	6.11	96%	2.12	33%	1.18	19%
Ba²⁺	BaCl₂ · 2H₂O	6.40	100%	6.19	97%	3.87	61%
Ni²⁺	Ni(NO₃)₂ · 6H₂O	4.27	67%	1.67	26%	0.85	13%
Hg²⁺	Hg(NO₃)₂ · H₂O	5.72	90%	0.15	2%	—	—

（11）异烟酸-巴比妥酸法与标准方法吡啶-吡唑啉酮显色法的对比实验。

采用异烟酸-巴比妥酸分光光度法与吡啶-吡唑啉酮分光光度法进行对照实验，所测定结果经统计学处理，两种方法无显著性差异，异烟酸-巴比妥酸法各项分析指标表明，其精密度、准确度都达到或优于吡啶-吡唑啉酮法分析标准。对比实验的结果见表 10-8。

表 10-8　异烟酸-巴比妥酸显色法与吡啶-吡唑啉酮显色法的对比　　单位：mg · L⁻¹

序号及项目	吡啶-吡唑啉酮显色法	异烟酸-巴比妥酸显色法
1	1.9778	2.0219
2	1.9705	1.9934
3	1.9773	1.9714
4	1.9672	2.0516
5	2.0387	1.9941
6	2.0247	1.9686
7	1.9709	1.9892
8	1.9607	1.9904
9	1.9506	1.9713
10	1.9503	2.0026
平均值	1.98	1.99
标准偏差	1.57%	1.28%

序号及项目	吡啶-吡唑啉酮显色法	异烟酸-巴比妥酸显色法
t-检验（90%置信度）	$0.0957 < t_{90}^{10}$（2.11）	
F-检验（90%置信度）	$1.504 < F_{90}^{10}$（3.18）	
反应温度	至少平衡 30 min，结果随温度波动	室温检测，对温度不敏感
试剂性质	很大的异味	无味
分析效率	每小时 40 个样品	每小时 50 个样品
显色试剂稳定性	2～5℃，1 个月	2～5℃，3 个月

（12）日内检测精度和日间检测精度

为了考察方法的日内检测精度和日间检测精度，考察了肯塔基参考卷烟 2R4F 和 1R5F 在 1 日内检测 5 次和检测 3 天的结果，如表 10-9：

表 10-9   1R5F 和 2R4F 的检测结果   单位：$\mu g \cdot cig^{-1}$

项目		2R4F			1R5F		
		第一日	第二日	第三日	第一日	第二日	第三日
检测序号	1	84.59	88.62	94.73	13.33	11.82	14.65
	2	90.02	94.97	93.1	13.68	14.29	14.61
	3	83.59	89.41	85.72	13.56	15.07	13.89
	4	91.47	91.9	104.72	14.83	12.33	13.05
	5	97.34	94.56	95.28	14.93	15.25	11.2
日内平均		89.40	91.89	94.72	14.07	13.75	13.48
日内精度		6.24%	3.14%	7.16%	5.36%	11.50%	10.62%
日间平均		92.00			13.77		
日间精度		2.89%			2.14%		

HCN 释放量较低的 1R5F 相对标准偏差较大，日间精度因为由日内 5 次检测平均结果计算，结果较好。

（13）肯塔基参考卷烟 2R4F 测定结果比较

采用该方法对肯塔基参考卷烟 2R4F 进行的检测结果与国际上其他实验室的结果进行了对比，见表 10-10。

表 10-10   2R4F 主流烟气中 HCN 释放量的检测结果比较   单位：$\mu g \cdot cig^{-1}$

项目	文献结果		本方法结果	
	平均值	变异系数	平均值	变异系数
HCN 释放量	109.2	5%	92.0	5.51%

（14）连续流动仪配置和不配置加热池的检测结果对比

抽吸肯塔基卷烟 2R4F 和 1R5F 制成 2 个样品，分别在配置了 37℃加热池和未配加热池的连续流动分析仪上检测，如表 10-11 所示，两种配置所测量的结果无显著性差异，配置加热池的检测结果精度稍低。根据该实验结果，在实验室环境有保证的条件下可以不用加热池。

表 10-11　配置和不配置加热池的测量结果比较　　　　单位：$\mu g \cdot cig^{-1}$

项目		2R4F		1R5F	
		37℃加热	不加热	37℃加热	不加热
检测序号	1	104.98	103.94	15.37	14.95
	2	92.93	96.14	13.90	14.24
	3	97.35	99.27	13.97	13.98
	4	96.62	98.89	13.74	13.92
	5	95.35	97.54	12.34	12.57
平均值		97.45	99.16	13.86	13.93
标准偏差		4.53	2.94	1.07	0.86
相对标准偏差		4.65%	2.97%	7.75%	6.2%
t-检验		2.37<2.78 (t_{95}^{5})		0.51<2.78 (t_{95}^{5})	

（15）国内市场上 50 个牌号卷烟烟气中 HCN 释放量的测定

检测了市场上 50 个牌号卷烟的主流烟气 HCN 含量，结果见表 10-12。其中烤烟型卷烟平均主流烟气 HCN 释放量 93.8 $\mu g \cdot cig^{-1}$、混合型卷烟平均主流烟气 HCN 释放量 63.6 $\mu g \cdot cig^{-1}$，烤烟型 HCN 释放量与焦油释放量之比平均为 6.22 $\mu g \cdot mg^{-1}$，混合型为 7.56 $\mu g \cdot mg^{-1}$。

表 10-12　50 个牌号卷烟主流烟气中 HCN 含量的检测结果

样品编号	HCN 含量 / ($\mu g \cdot cig^{-1}$)	支重 /g	吸阻 /Pa	TPM/mg	烟碱 / ($mg \cdot cig^{-1}$)	TAR / ($mg \cdot cig^{-1}$)	CO /($mg \cdot cig^{-1}$)	口数/口
1	104	0.97	1127	19.9	1.26	16.4	14.1	8.4
2	99	0.95	911	15.5	1.10	13.0	11.4	8.6
3	126	0.91	1156	18.0	1.12	14.9	14.2	8.1
4	90	0.89	1049	15.1	1.08	12.2	12.9	7.6
5	147	0.9	1088	20.2	1.24	16.3	16.4	7.9
6	120	0.94	1078	19.3	1.42	15.7	14.1	8.2
7	113	0.92	1088	18.4	1.35	15.2	13.8	7.5
8	112	0.93	1098	18.3	1.16	15.5	15.2	7.7
9	103	0.94	990	23.0	1.38	18.5	15.1	8.2
10	90	0.92	921	17.0	1.17	14.2	13.3	8.5
11	89	0.87	843	21.2	1.36	17.1	14.3	8.6
12	91	0.91	1000	22.9	1.35	19.0	15.4	8.6

样品编号	HCN 含量/（μg•cig⁻¹）	支重/g	吸阻/Pa	TPM/mg	烟碱/（mg•cig⁻¹）	TAR/（mg•cig⁻¹）	CO/（mg•cig⁻¹）	口数/口
13	85	0.98	1029	22.4	1.44	18.4	14.3	9.7
14	80	0.97	1049	20.5	1.41	16.7	13.3	9.4
15	86	0.95	892	17.6	1.34	14.5	12.8	8.8
16	103	0.95	1029	22.6	1.56	18.1	13.6	9.6
17	98	0.95	1137	20.9	1.42	17.1	15.7	8.5
18	94	0.85	1039	11.8	0.84	9.5	10.9	6.1
19	103	0.93	1049	21.5	1.38	17.1	15.2	7.7
20	79	0.93	1078	18.5	1.30	14.9	12.7	7.9
21	80	0.96	1039	17.0	1.18	14.0	12.8	7.8
22	82	0.94	1117	19.0	1.18	15.2	13.6	8
23	87	0.94	1107	19.1	1.34	15.7	13.2	8.3
24	133	0.93	1068	23.6	1.46	19.3	16.1	9.1
25	100	0.91	1009	20.0	1.33	16.3	14.4	8.1
26	82	0.95	1019	14.7	1.06	12.3	12.3	8.2
27	77	0.98	1068	21.9	1.41	16.8	15.9	8.5
28	83	0.93	1000	12.7	0.92	10.6	9.9	7.8
29	97	0.97	1009	18.2	1.40	14.6	14.5	9.8
30	75	0.97	970	12.0	0.82	9.7	9.5	7.5
31	75	0.94	1009	15.7	0.99	12.9	13.5	8
32	77	0.94	902	18.3	1.09	15.3	13.8	8.6
33	68	0.93	862	15.5	1.01	13.0	12.9	8.7
34	90	0.94	951	19.0	1.20	16.1	15.6	7.9
35	84	0.93	960	18.7	1.24	15.3	14.3	8.3
36	102	0.93	1127	18.9	1.26	15.5	13.5	9.2
37	104	0.93	1058	20.2	1.22	16.5	14.4	8
38	87	0.96	980	18.4	1.41	15.1	13.6	8.9
39	85	0.97	1049	18.0	1.20	14.8	14.1	7.4
40	62	0.93	911	10.5	0.78	8.5	8.5	7
41	26	0.9	892	5.2	0.47	4.1	5.4	7.2
42	74	0.91	1078	10.6	0.94	8.5	9.6	7.9
43	81	0.91	951	13.1	1.14	10.5	10.2	8.4
44	73	0.92	1127	16.1	0.92	13.4	11.5	7.2
45	85	0.91	1068	19.6	1.25	15.9	13.5	8.2
46	90	0.95	1098	20.2	1.28	16.5	14.1	8.2
47	90	0.94	1107	19.4	1.23	16.2	15	7.9
48	123	0.92	1303	21.2	1.28	16.9	15.2	8.4
49	85	0.98	951	15.5	0.93	13.0	12.9	8.7
50	71	0.89	1147	13.5	0.89	11.2	13.2	7.1

（16）不同实验室的对比实验

在不同地点的四家实验室做了对比实验，考察了 20 种牌号规格的烤烟型和混合型卷烟主流烟气中 HCN 释放量的检测结果，如表 10-13：

表 10-13 20 个样品在四家实验室的检测结果　　　　　　单位：μg·cig⁻¹

样品	检测地	1	2	3	4	5	平均值	RSD
1	实验室 1	110.8	117.4	118.6	114.4	115.5	115.3	2.6%
	实验室 2	113.1	118.0	117.9	122.6	130.8	120.5	5.6%
	实验室 3	122.3	110.8	126.6	—	—	123.7	6.8%
	实验室 4	132.0	128.5	129.9	143.5	—	133.6	5.1%
	相对偏差	—	—	—	—	—	6.2%	—
2	实验室 1	117.9	120.2	110.2	115.6	113.9	115.5	3.3%
	实验室 2	129.6	113.3	126.9	112.0	119.9	120.3	6.5%
	实验室 3	116.4	124.2	126.2	—	—	122.3	4.2%
	实验室 4	123.5	139.3	123.4	125.5	—	127.1	6.0%
	相对偏差	—	—	—	—	—	3.9%	—
3	实验室 1	117.9	144.9	114.6	122.2	120.8	124.1	9.7%
	实验室 2	121.6	114.6	121.1	114.7	121.7	118.8	3.1%
	实验室 3	126.8	115.4	138.9	—	—	127.0	9.3%
	实验室 4	133.3	135.7	129.9	129.7	—	132.1	2.2%
	相对偏差	—	—	—	—	—	4.5%	—
4	实验室 1	141.1	128.6	152.2	137.7	144.9	140.9	6.2%
	实验室 2	129.9	130.0	131.5	135.8	112.2	127.9	7.1%
	实验室 3	154.1	136.8	162.8	—	—	151.3	8.8%
	实验室 4	155.3	134.2	134.0	154.1	—	144.3	8.3%
	相对偏差	—	—	—	—	—	7.0%	—
5	实验室 1	112.0	123.6	131.0	121.5	114.9	120.6	6.2%
	实验室 2	127.4	122.9	116.8	119.6	116.9	120.7	3.7%
	实验室 3	135.9	118.5	114.4	—	—	122.9	9.3%
	实验室 4	123.2	115.7	124.0	137.4	—	125.0	7.2%
	相对偏差	—	—	—	—	—	1.7%	—
6	实验室 1	122.3	123.3	115.7	120.9	112.5	118.9	3.9%
	实验室 2	114.2	112.8	121.3	118.0	114.9	116.3	2.9%
	实验室 3	113.0	116.7	133.6	—	—	121.1	9.1%
	实验室 4	139.5	127.4	133.8	121.3	—	130.5	6.0%
	相对偏差	—	—	—	—	—	5.1%	—

样品	检测地	1	2	3	4	5	平均值	RSD
7	实验室 1	119.3	111.8	111.1	111.4	108.5	112.4	3.6%
	实验室 2	112.1	102.0	106.6	116.7	92.2	106.9	8.9%
	实验室 3	118.4	109.0	115.7	—		114.3	4.2%
	实验室 4	119.4	117.1	120.9	109.6	—	116.7	4.3%
	相对偏差	—	—	—	—	—	3.7%	—
8	实验室 1	137.8	132.5	128.5	140.4		134.8	4.0%
	实验室 2	124.2	133.8	135.6	130.9	126.2	130.1	3.7%
	实验室 3	142.1	135.9	150.7	—		142.9	5.2%
	实验室 4	160.4	148.2	146.3	—		151.6	5.0%
	相对偏差	—	—	—	—	—	6.8%	—
9	实验室 1	130.6	129.5	126.5	133.0	122.2	128.4	3.2%
	实验室 2	119.7	123.4	119.1	122.0	128.7	122.6	3.1%
	实验室 3	130.0	123.6	123.8	—		125.8	2.9%
	实验室 4	127.9	137.1	124.6	128.3		129.5	4.1%
	相对偏差	—	—	—	—	—	2.4%	—
10	实验室 1	101.1	113.6	120.9	107.7	109.3	111.7	6.6%
	实验室 2	102.3	114.3	97.1	109.6		108.8	7.2%
	实验室 3	103.2	101.1	—	—		102.2	1.4%
	实验室 4	112.4	97.1	103.9	112.1		106.4	6.9%
	相对偏差	—	—	—	—	—	3.7%	—
11	实验室 1	186.1	172.0	171.7	182.9	173.5	177.2	3.8%
	实验室 2	157.0	169.1	159.9	163.9	185.0	167.0	6.6%
	实验室 3	138.2	177.4	183.5	—		166.4	14.8%
	实验室 4	192.1	199.2	183.9	186.9	—	190.5	3.5%
	相对偏差	—	—	—	—	—	6.5%	—
12	实验室 1	107.1	100.0	99.8	89.4	103.8	100.0	6.6%
	实验室 2	96.3	88.9	91.9	89.5	95.3	92.4	3.6%
	实验室 3	101.4	100.9	—	—		101.1	0.3%
	实验室 4	111.2	110.3	106.6	—		109.3	2.2%
	相对偏差	—	—	—	—	—	6.9%	—
13	实验室 1	98.8	101.5	92.0	105.0	94.6	98.4	5.3%
	实验室 2	115.4	120.9	116.2	109.4	114.7	115.3	3.6%
	实验室 3	117.5	107.5	116.1	—		113.7	4.8%
	实验室 4	134.4	124.9	130.2	—		129.9	3.7%
	相对偏差	—	—	—	—	—	11.3%	—

样品	检测地	1	2	3	4	5	平均值	RSD
14	实验室 1	138.3	130.2	142.2	149.4	145.1	141.0	5.2%
	实验室 2	133.8	136.0	141.6	135.7	141.4	137.7	2.6%
	实验室 3	139.0	148.0	152.6	—	—	146.5	4.7%
	实验室 4	157.8	160.6	143.9	164.8	—	156.8	5.8%
	相对偏差	—	—	—	—	—	5.7%	—
15	实验室 1	122.9	127.9	118.8	122.8	114.4	121.3	4.2%
	实验室 2	113.5	103.8	112.7	115.1	—	111.3	4.5%
	实验室 3	105.8	120.1	123.5	—	—	116.5	8.1%
	实验室 4	107.2	120.7	118.4	122.2	—	117.1	5.8%
	相对偏差	—	—	—	—	—	3.6%	—
16	实验室 1	100.8	100.6	119.3	100.5	108.6	106.0	7.8%
	实验室 2	105.6	97.8	109.8	107.2	106.9	105.4	4.3%
	实验室 3	112.4	108.5	114.0	—	—	111.7	2.5%
	实验室 4	121.9	112.0	111.5	116.4	—	115.5	4.2%
	相对偏差	—	—	—	—	—	4.4%	—
17	实验室 1	154.1	163.9	140.5	154.9	154.5	153.6	5.5%
	实验室 2	128.1	146.3	146.4	145.3	133.8	139.8	6.1%
	实验室 3	151.3	129.0	152.5	—	—	144.3	9.2%
	实验室 4	157.8	150.1	152.0	155.2	—	153.8	2.2%
	相对偏差	—	—	—	—	—	4.7%	—
18	实验室 1	81.8	86.5	83.1	81.0	77.9	82.1	3.8%
	实验室 2	57.5	63.6	72.8	68.0	64.6	65.3	8.6%
	实验室 3	65.0	69.4	74.6	—	—	69.7	6.9%
	实验室 4	87.6	83.3	84.6	97.4	—	88.1	7.3%
	相对偏差	—	—	—	—	—	13.9%	—
19	实验室 1	145.0	142.0	150.0	146.2	147.2	146.1	2.0%
	实验室 2	134.0	129.4	132.6	125.4	132.7	130.8	2.7%
	实验室 3	144.8	134.2	146.2	—	—	141.7	4.6%
	实验室 4	170.4	155.1	168.2	—	—	164.6	5.0%
	相对偏差	—	—	—	—	—	9.7%	—
20	实验室 1	75.0	77.1	69.4	67.8	71.4	72.2	5.3%
	实验室 2	68.7	71.5	69.7	70.3	72.6	70.5	2.2%
	实验室 3	78.3	71.3	68.3	—	—	72.6	7.0%
	实验室 4	63.5	64.3	65.3	62.2	—	63.9	2.0%
	相对偏差	—	—	—	—	—	5.8%	—

除样品 13 和 18 在四家实验室的检测结果偏差较大,其他样品的检测结果表现出了良好的重现性。

6. 结论

采用异烟酸-1,3-二甲基巴比妥酸显色体系分析烟气中的 HCN 含量,详细考察了影响该分析方法测定结果的多个因素,优化了分析条件。实验结果表明,与吡啶-吡唑啉酮显色体系相比,新的显色体系具有明显的优势。从实验条件来看,吡啶-吡唑啉酮分光光度法需在 25～35℃ 环境中放置 40 min,还要严格控制温度,否则温度变化将影响检测的准确度。而异烟酸-1,3-二甲基巴比妥酸光度法不受温度影响,在常温下数分钟内即可完成测定。从分析结果来看,吡啶-吡唑啉酮分光光度法反应速度较慢、峰型宽、取样频率较低。在分析的精密度上比异烟酸-1,3-二甲基巴比妥酸显色体系也更好。因此可以认为异烟酸-1,3-二甲基巴比妥酸显色法是更优的烟气中 HCN 含量的连续流动仪测定方法。

第四节 卷烟烟气中 HCN 的检测方法(剑桥滤片法)

众所周知,烟气捕集是氰化氢检测工作的首要环节,是氰化氢检测工作较为烦琐的步骤,特别是接装吸收阱过程,费时费力,实验效率低下,捕集器与捕集阱的连接管中吸附的氰化氢难以清洗干净,给检测工作带来了不便。同时,烟气中其他化学成分,如羰基类化合物、氮氧化物,在碱性溶液中可与氰化氢发生反应,从而导致氰化氢的损失,导致测定结果偏低。再者,大量连接管路的使用易造成烟气老化和吸附氰化氢,从而造成氰化氢损失。

本节介绍的剑桥滤片法建立了卷烟主流烟气氰化氢新的捕集体系,比较了不同方法捕集氰化氢样品的稳定性,分析了吸收阱捕集烟气氰化氢的不足。采用氢氧化钠-乙醇/水溶液预处理剑桥滤片,捕集卷烟主流烟气中的氰化氢,应用异烟酸-1,3-二甲基巴比妥酸显色体系在连续流动分析仪上检测卷烟烟气中氰化氢释放量,捕集效率得到明显提高,操作更加简便,同时捕集的样品稳定性好。

一、试剂与仪器

水中氰成分分析标准物质[GBW（E）080115,国家标准物质资源共享平台,中国],氯胺 T(纯度≥99.99%,Sigma 公司,美国),邻苯二甲酸氢钾(纯度≥99.99%,

Acros 公司，美国），异烟酸（纯度≥99.0%，Acros 公司，美国），1,3-二甲基巴比妥酸（纯度≥99.9%，Acros 公司，美国），Brij35（质量分数 30%，Sigma-aldrich 公司，美国），氢氧化钠（分析纯，北京化学试剂公司，中国），无水乙醇（分析纯，北京化工厂，中国），44 mm 剑桥滤片（Borgwaldt KC GmbH，德国），实验用烟为参比卷烟 1R5F 和 3R4F（美国肯塔基大学，美国）。

AAⅢ型连续流动分析仪（SEAL Analytical GmbH，德国），SM 450 20 孔道直线式吸烟机（Cerulean 公司，英国），润膜机（北京慧荣和科技有限公司，北京），TZ-2AG 台式往复旋转振荡器（北京沃德创新医药科技中心，中国）。

二、方法介绍

1. 卷烟样品的平衡

将样品参照 GB/T 5506，在平衡箱中保持温度（22±1）℃，相对湿度（60±2）% 的条件，平衡 48 h。实验环境条件保持温度（22±2）℃，相对湿度（60±5）%。

2. 剑桥滤片法捕集氰化氢

剑桥滤片的预处理：移液枪取 2.0 mL 1.0 mol·L^{-1} 氢氧化钠-乙醇/水溶液（乙醇：水＝1∶1），均匀施加于 44 mm 剑桥滤片（或以润膜机代替人工操作），置于恒温恒湿环境中［温度（22±1）℃，相对湿度（60±2）%］平衡 1～3 h。

烟气捕集：如图 10-8（a）所示，两张剑桥滤片（1 张为氢氧化钠预处理，1 张为未处理）置于夹烟器中（预处理滤片置于夹烟器的前端，且糙面均朝向烟气端），调整吸烟机抽吸容量为（35.0±0.3）mL，按照 GB/T 19609—2004《卷烟用常规分析用吸烟机测定总粒相物和焦油》标准进行吸烟。直线式吸烟机设置 4 支·轮$^{-1}$、3 个样品平行实验。

样品萃取：将捕集过烟气的 44 mm 剑桥滤片置于 150 mL 三角瓶，加 100 mL 0.1 mol·L^{-1} 氢氧化钠溶液（或将 92 mm 滤片置于 250 mL 三角瓶中，加 200 mL 氢氧化钠溶液）。在 200 r·min^{-1} 转速下振摇 30 min，经 0.45 μm 滤膜过滤，连续流动分析仪测定。

3. 国内烟草行业推荐方法捕集氰化氢（YC 法）

参照 YC/T 253—2008 方法［图 10-8（b）］。

4. 英美烟草方法捕集氰化氢（BAT 法）

参照英美烟草公司方法［图 10-9（c）］。

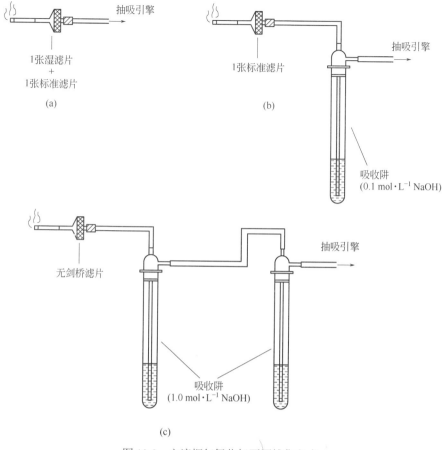

图 10-8　主流烟气氰化氢不同捕集方式
（a）纯剑桥滤片法；（b）YC 法；（c）BAT 法

5. 连续流动仪测定

上述不同方法捕集的氰化氢样品均采用连续流动分析仪测定。在微酸性条件下，CN^- 与氯胺 T 作用生成氯化氰 CNCl，氯化氰与异烟酸反应，经水解生成戊烯二醛，再与 1,3-二甲基巴比妥酸反应生成蓝色化合物，在 600 nm 处进行吸光度检测。

样品通过连续流动分析仪流程为自动进样器→蠕动泵→氰化氢分析模块→检测器→数据处理系统。连续流动分析仪设定参数为 600 nm 滤光片，进样速率 30 个·h^{-1}，样品进样/清洗时间比为 1∶1，样品出峰时间为 15 min。如图 10-9、图 10-10 所示。

6. 标准工作曲线

通过水中氰成分分析标准物质［GBW(E)080115］。用 0.1 mol·L^{-1} 的氢氧化钠溶液配制至少 7 个梯度的标准溶液（0.100 mg·L^{-1}、0.300 mg·L^{-1}、1.600 mg·L^{-1}、3.000 mg·L^{-1}、4.200 mg·L^{-1}、5.700 mg·L^{-1}、6.800 mg·L^{-1}），标准溶液每周新鲜配制。

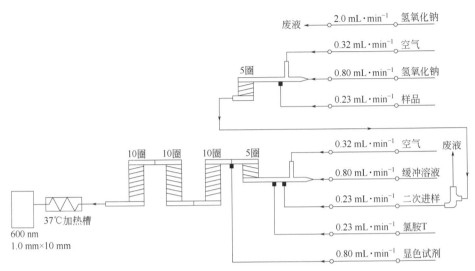

图 10-9　氰化氢的连续流动法分析流程图

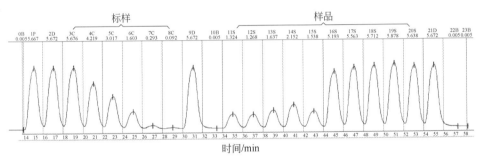

图 10-10　氰化氢的样品测试典型图谱示意

7. 空白实验

同批烟支样品不点燃，按上述条件进行抽吸、样品处理和分析，得到的结果为空白值，在测定结果中进行空白扣除。

8. 数据处理

采用外标法定量，以 SAS 软件处理数据。卷烟主流烟气氰化氢含量由下式计算：

$$M = \frac{1.038cV}{N}$$

式中　　M——主流烟气中氰化氢含量，$\mu g \cdot cig^{-1}$；

　　　1.038——由氰离子换算成氰化氢的系数；

　　　　c——样品萃取液中氰离子的检测浓度，$mg \cdot L^{-1}$；

　　　　V——滤片萃取液的体积，mL；

　　　　N——抽吸烟支的数目。

以两次测定的算术平均值作为测定结果，精确至 0.01 $\mu g \cdot cig^{-1}$。两次测定结果的相对偏差不应大于 10.0%。

三、剑桥滤片捕集氰化氢

1. 滤片数量的选择和溶液施加体积的影响

多次实验证实，采用 1 张剑桥滤片，氰化氢会出现随液体透过滤片的情况，造成氰化氢的损失。而后面垫 1 张标准未处理滤片后，即使氰化氢随液体透过，也会被截留在第 2 张标准滤片上，保证了捕集的充分性。剑桥滤片预处理须保证施加于滤片上的捕集液分布均匀，且不影响抽吸曲线。如果施加捕集液过多，会导致滤片太湿，吸烟过程阻力大，抽吸曲线严重右移，不能达到标准抽吸状态，而且滤片要达到合适的湿度，需要较长的平衡时间。如果剑桥滤片没有被完全润湿，则会导致捕集液在滤片上分布不均匀，吸烟过程中烟气从阻力小的地方通过，烟气通过滤片不均匀，捕集效率下降。因此，捕集液施加过多或过少，都不利于烟气中氰化氢的捕获。由于乙醇易挥发且无毒，本研究采用含氢氧化钠的乙醇/水溶液处理剑桥滤片。在后期滤片的平衡过程中，乙醇能够快速挥发，减小了滤片载水量，保证了滤片的气体透过性。本研究对捕集液的施加体积进行了优化，经反复实验，最后确定的使用条件为用 2.0 mL 氢氧化钠-乙醇/水溶液润湿 44 mm 剑桥滤片，放置于恒温恒湿环境中平衡。

2. 氢氧化钠浓度对氰化氢捕集的影响

为了确定氢氧化钠-乙醇/水溶液的浓度，采用不同浓度的氢氧化钠（0.1 mol $\cdot L^{-1}$、0.5 mol $\cdot L^{-1}$、1.0 mol $\cdot L^{-1}$、2.0 mol $\cdot L^{-1}$、4.0 mol $\cdot L^{-1}$）处理 44 mm 滤片，测定结果如表 10-14 所示。由表 10-14 可看出，采用 0.1 mol $\cdot L^{-1}$、0.5 mol $\cdot L^{-1}$、1.0 mol $\cdot L^{-1}$ 氢氧化钠溶液处理的滤片捕集率均在 95% 以上，考虑到吸收阱中氰化氢含量较低，对总量的贡献较小，可忽略吸收阱的影响。因此上述浓度氢氧化钠处理的滤片可完全捕集 3R4F 卷烟主流烟气中的氰化氢。而使用高浓度氢氧化钠处理滤片，其捕集效率略低。实验过程中发现，2.0 mol $\cdot L^{-1}$ 的氢氧化钠-乙醇/水溶液处理后的滤片使吸烟过程中的抽吸曲线右移，不能满足标准抽吸要求，4.0 mol $\cdot L^{-1}$ 氢氧化钠溶液较为黏稠，导致处理过的滤片抽吸阻力过大，抽吸曲线右移严重，且难以达到

（35±0.3）mL 的抽吸体积。上述情况可能是造成高浓度氢氧化钠溶液处理的滤片捕集效率偏低的原因。考虑到 0.1 mol·L^{-1} 和 0.5 mol·L^{-1} 的氢氧化钠溶液处理滤片，在捕集氰化氢释放量高的卷烟烟气时可能不适用，故选用 1.0 mol·L^{-1} 的氢氧化钠作为滤片的预处理溶液。同样，对转盘式吸烟机进行实验，发现 1.0 mol·L^{-1} 的氢氧化钠浓度适合烟气中氰化氢的捕集。

表 10-14　不同浓度氢氧化钠溶液处理滤片对 3R4F 卷烟主流烟气中氰化氢捕集的影响

氢氧化钠浓度/（mol·L^{-1}）	滤片/（μg·cig^{-1}）	阱/（μg·cig^{-1}）	合计/（μg·cig^{-1}）	滤片捕集效率/%
0.1	101.99	4.28	106.28	95.97
0.5	106.76	0.43	107.19	99.60
1.0	107.31	0.33	107.64	99.69
2.0	93.64	5.01	98.65	94.92
4.0	92.69	—①	92.69	—

①4.0 mol·L^{-1} 浓度组抽吸曲线严重变形，该组数据不宜采用。

3. 平衡时间对滤片捕集效率的影响

考虑到节约实验时间，尽量缩短滤片平衡时间，进行了预处理滤片平衡时间对捕集效率的影响实验。结果见表 10-15。平衡 0.5～3 h 时，滤片捕集效率均大于 99%，后面接装吸收阱中氰化氢含量极低。平衡时间过长时，滤片水分过少，捕集效率下降，并且会出现滤片黏结夹烟器的现象。平衡时间>3 h 均会导致滤片黏结夹烟器。平衡 0.5 h 时，乙醇尚未挥发完全，抽吸阻力较大，需要补偿较大抽吸体积（0.6～0.8 mL），且在吸烟过程中，乙醇逐渐挥发，影响抽吸体积的准确性。从捕集效率和操作便捷性的角度考虑，采用 1～3 h 作为预处理剑桥滤片的平衡时间为宜。

表 10-15　平衡时间对滤片捕集效率的影响

平衡时间/h	滤片/（μg·cig^{-1}）	阱/（μg·cig^{-1}）	合计/（μg·cig^{-1}）	滤片捕集效率/%
0.5	102.89	0.69	103.58	99.33
1.0	104.29	0.95	105.24	99.10
1.5	102.35	0.66	103.01	99.35
2.0	106.97	1.05	108.03	99.03
2.5	103.57	0.98	104.55	99.06
3.0	105.86	1.01	106.87	99.05

4. 平衡时间对吸烟机抽吸曲线的影响

对不同氰化氢捕集方法得到的抽吸曲线进行比较，发现接装 1 个阱（YC 法）和 2

个阱（BAT 法）的捕集体系对抽吸曲线平滑度影响很大（图 10-11）。而使用氢氧化钠处理滤片，不接装吸收阱时，抽吸曲线与标准滤片捕集体系基本吻合。图 10-12 中列出氢氧化钠溶液处理滤片不同平衡时间的抽吸曲线，1～3 h 平衡时间对抽吸曲线影响不大。

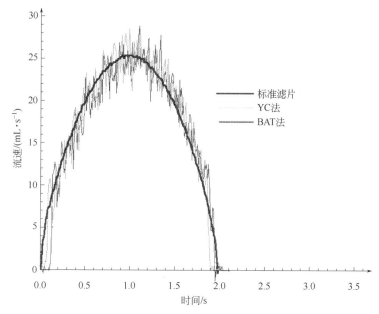

图 10-11　不同捕集方法（标准抽吸法、YC 法、BAT 法）对抽吸曲线的影响

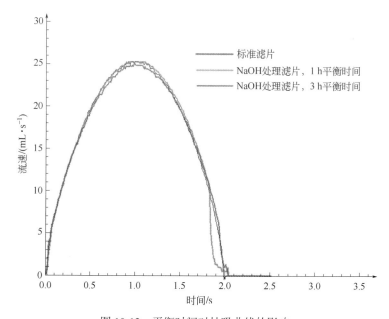

图 10-12　平衡时间对抽吸曲线的影响

5. 平衡条件和滤片规格对滤片含水率的影响

多种因素影响滤片的含水率。

① 相同平衡时间内，平衡环境（平衡室、平衡箱）、风速、换气频率等均影响滤片的含水率，如图 10-13 所示；

② 滤片规格不同，如直线式和转盘式吸烟机滤片直径不同、相同直径的滤片厚度不同，均会导致平衡所需最佳时间存在差异，如图 10-14 所示。由于不同实验室采用的平衡条件和滤片规格不同，平衡至合适含水率所需时间亦不一致。将滤片平衡时间设置为 1～3 h 可满足实验要求。

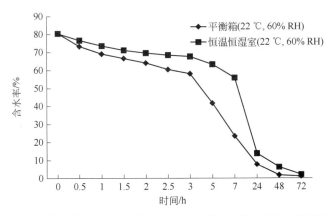

图 10-13　平衡条件对滤片含水率的影响（50%乙醇含量的氢氧化钠处理剑桥滤片）

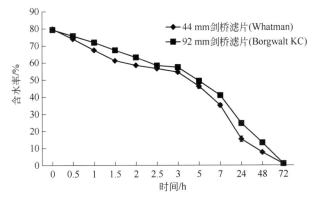

图 10-14　滤片规格对滤片含水率的影响（70%乙醇含量的氢氧化钠处理剑桥滤片）

6. 样品萃取时间对氰化氢测定结果的影响

将捕集烟气后的滤片（44 mm）浸入 100 mL 0.1 mol·L^{-1}氢氧化钠溶液，振荡不同时间后测定氰化氢含量，发现 30 min 的萃取时间即可将氰化氢萃取完全，见图 10-15。

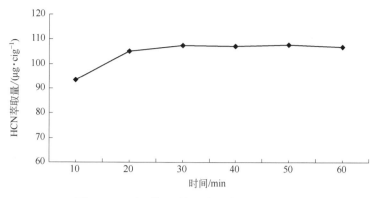

图 10-15　不同萃取时间对氰化氢测定的影响

7. 不同方法的比较

目前，卷烟主流烟气中氰化氢捕集方法主要有加拿大健康署方法（HC 法）、英美烟草公司方法（BAT 法）和国内烟草行业推荐方法（YC 法）。由于 HC 法与 YC 法捕集方式较为相似，故将剑桥滤片法与 YC 法、BAT 法进行比较。YC 法采用单一吸收阱，内装 30 mL 0.1 mol·L^{-1} 氢氧化钠溶液，BAT 法采用 2 只串联吸收阱，其中 1 级阱为 25 mL 1 mol·L^{-1} 氢氧化钠溶液，2 级阱为 10 mL 1 mol·L^{-1} 氢氧化钠溶液。以 3R4F 卷烟主流烟气中氰化氢为研究对象，结果见表 10-16。由表可见，YC 法和纯剑桥滤片法捕集量接近；BAT 法捕集量较低，可能是由于存在管路残留。另外，吸收阱中氰化氢存在衰减现象，捕集完氰化氢样品后，如未能迅速测定，也会造成上述方法捕集量偏低。采用 YC 法和剑桥滤片法对多个不同样品进行测定，结果见图 10-16。两种方法测定氰化氢，结果相关性强（$R^2 = 0.9986$），两种方法的检测结果无显著性差异（$p = 0.948$）。

表 10-16　三种不同方法捕集量的比较（$n=5$）

捕集方法	滤片/（μg·cig^{-1}）	1 级阱/（μg·cig^{-1}）	2 级阱/（μg·cig^{-1}）	总量/（μg·cig^{-1}）
剑桥滤片法	106.46	—[①]	—[①]	106.46
YC 法	42.31	59.80	—[①]	102.11
BAT 法	—[②]	93.34[③]		93.34

①表示未接吸收阱。

②表示未使用滤片。

③表示两个吸收阱合并测定。

8. 不同方法捕集氰化氢样品的稳定性比较

对不同方法捕集 3R4F 卷烟主流烟气中氰化氢样品的稳定性进行了研究，结果见表 10-17。由表中实验结果可以看出，YC 法捕集氰化氢样品衰减最快，4 h 衰减 14.9%，24 h 时衰减 48.2%，其次为 BAT 法，剑桥滤片法最稳定，氰化氢样品几乎无衰减（24 h）。表明该方法具有较好的适用性。

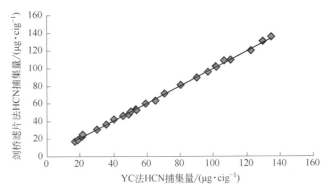

图 10-16　剑桥滤片法和 YC 法测定氰化氢结果比较

表 10-17　三种不同方法捕集氰化氢的稳定性比较

项目	1 h		4 h		24 h		48 h	
	滤片	阱	滤片	阱	滤片	阱	滤片	阱
剑桥滤片法/ $(\mu g \cdot cig^{-1})$	106.46	—①	104.01	—①	100.89	—①	96.45	—①
总衰减率/%	0		2.3		5.2		9.4	
YC 法/ $(\mu g \cdot cig^{-1})$	42.31	59.80	41.75	45.08	40.69	12.24	40.14	5.48
总衰减率/%	0		14.9		48.2		55.3	
BAT 法/ $(\mu g \cdot cig^{-1})$	—②	93.34	—②	89.72	—②	86.41	—②	82.64
总衰减率/%	0		3.9		7.4		11.5	

①表示未接吸收阱。

②表示未使用滤片。

9. 标准工作曲线、检出限和定量限

以 $0.1 \, mol \cdot L^{-1}$ 氢氧化钠溶液配制 $0.100 \, mg \cdot L^{-1}$、$0.300 \, mg \cdot L^{-1}$、$1.600 \, mg \cdot L^{-1}$、$3.000 \, mg \cdot L^{-1}$、$4.200 \, mg \cdot L^{-1}$、$5.700 \, mg \cdot L^{-1}$、$6.800 \, mg \cdot L^{-1}$ 的氰化物标准溶液（以氰根离子计），以配置的系列标准溶液进行连续流动分析，并以吸光度对标准溶液浓度进行线性回归得到标准工作曲线，结果见图 10-17。实验结果说明，在设计的实验条件下，吸光度与溶液浓度在 $0.100 \sim 5.700 \, mg \cdot L^{-1}$ 范围内线性关系良好，所得曲线拟合方程为 $A = 0.079 \, c + 0.0006$。式中，c 为样品浓度（$mg \cdot L^{-1}$），A 为吸

光度，$R^2 = 0.9999$。

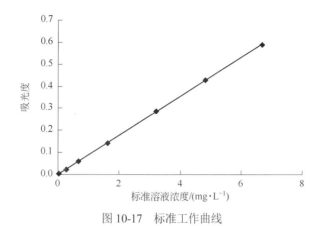

图 10-17 标准工作曲线

将最低浓度的标准溶液连续 10 次进样，计算标准偏差（SD），检出限 = 3SD，定量限 = 10SD。剑桥滤片法的检出限为 1.12×10^{-2} mg·L^{-1}，定量限为 3.74×10^{-2} mg·L^{-1}，远低于卷烟烟气中氰化氢的实际含量，因此，可满足日常定量检测卷烟烟气中氰化氢的工作要求。

10. 空白实验

待测烟支样品不点燃，按剑桥滤片法进行同步实验，得到的结果为空白值。结果显示未检出氰化氢。

11. 剑桥滤片法的验证

（1）空白加标回收率

采用外加标样法测定方法的回收率，即在预处理的空白滤片上分别加入对应标准曲线浓度范围的低、中、高三个不同浓度的氰化物标样，进行萃取，将测定量和加入量的比值作为回收率（表 10-18）。每个浓度做 5 组平行实验，计算平均值。从表可以看出，剑桥滤片法测定主流烟气氰化氢的空白加标回收率在 99.50%～100.51%，说明此方法具有较好的空白加标回收率。

表 10-18　剑桥滤片法测定氰化氢的空白加标回收率（$n = 5$）

氰化氢浓度	实测平均值/（mg·L^{-1}）	加入量/（mg·L^{-1}）	回收率/%
低浓度	0.298	0.300	99.50
中浓度	3.316	3.300	100.51
高浓度	6.889	6.900	99.84

（2）样品加标回收率

按照剑桥滤片法捕集 3R4F 主流烟气中的氰化氢，在吸烟后的滤片上分别加入对应 3R4F 卷烟主流烟气中氰化氢含量的 $\frac{1}{2}$、1 倍和 2 倍的标样，进行萃取。测定方法的样品加标回收率，用实际测定量与计算量的比值表示（表 10-19）。每个浓度做 5 组平行实验，计算平均值。从表 10-19 可以看出，剑桥滤片法测定主流烟气氰化氢的样品加标回收率在 92.39%～99.01%，说明此方法有较好的样品加标回收率。

表 10-19　剑桥滤片法测定 3R4F 样品萃取液加标回收率（ $n=5$ ）

加标比例	实测平均值/（mg・L^{-1}）	计算量/（mg・L^{-1}）	回收率/%
$\frac{1}{2}$	1.012	1.095	92.39
1 倍	1.444	1.461	98.86
2 倍	2.169	2.191	99.01

（3）实验室内重复性

用剑桥滤片法测定 3R4F 卷烟主流烟气中氰化氢的实验室内重复性与实验室间重复性如表 10-20 所示。

表 10-20　剑桥滤片法测定 3R4F 卷烟主流烟气中氰化氢的实验室内重复性与
实验室间重复性　　　　　　　　　　　　　单位：μg・cig^{-1}

项目	实验室内重复性（ $n=5$ ）			实验室间重复性（ $n=5$ ）		
	第一天	第二天	第三天	第一天	第二天	第三天
1	100.04	100.67	99.82	102.15	99.01	100.36
2	101.34	102.32	99.35	101.67	101.47	99.03
3	99.77	101.84	102.14	100.78	100.63	101.31
4	102.59	99.15	100.77	103.76	102.07	100.11
5	103.25	104.37	101.05	99.21	99.23	100.83
平均值	101.23			100.77		
RSD	1.49%			1.34%		

剑桥滤片法的实验室内重复性是以组内测定结果的重复性和组间测定结果的重复性来评价的。组内测定结果重复性是以同一样品每天重复测定 5 次，连续测定 3 天，计算相对标准偏差来表示的。组间测定结果重复性以连续三天，每天测定 5 组样品，计算相对标准偏差来表示。按照剑桥滤片法捕集 3R4F 卷烟主流烟气中的氰化氢，进行重复性实验，结果见表 10-20。由表 10-20 可以看出，剑桥滤片法测定主流烟气中氰化氢的组内相对标准偏差在 1.49%，组间相对标准偏差在 1.34%，说明此方法有很好的实验室内重复性。

12. 不同样品测定结果

应用该方法对不同卷烟样品进行测定，以三次结果的算术平均值为该样品的结果。结果见表 10-21。

表 10-21　不同卷烟样品氰化氢的含量

卷烟类型	样品	HCN 含量/（µg·cig^{-1}）	SD	RSD/%
混合型	1	18.76	1.00	5.33
	2	42.74	1.08	2.53
	3	85.46	1.44	1.68
	4	108.58	5.21	4.80
	5	164.23	7.10	4.32
烤烟型	6	35.27	2.03	5.76
	7	53.35	2.59	4.85
	8	75.60	3.40	4.50
	9	119.43	6.41	5.37
	10	150.17	8.34	5.55

13. 共同实验结果

7 家不同实验室对 5 个样品的检测结果如图 10-18。经检验，实验结果中无离群值和歧离值，显示数据一致性较好。实验室内的重复性 r 值和实验室间的重现性 R 值见表 10-22。经检验，上述数值与均值并无依赖关系。可以看出，剑桥滤片法在不同实验室进行实验，实验室内的重复性和实验室间的再现性均满足要求。

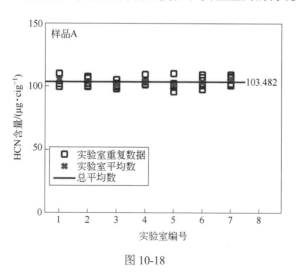

图 10-18

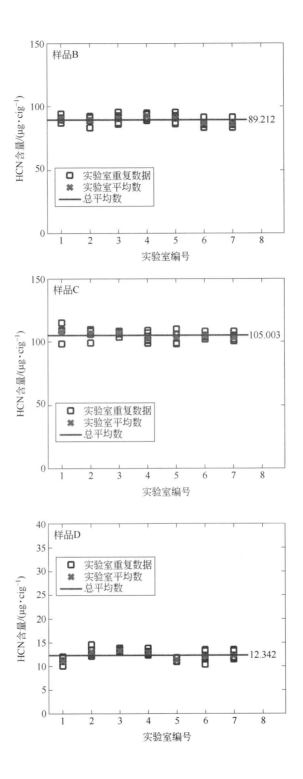

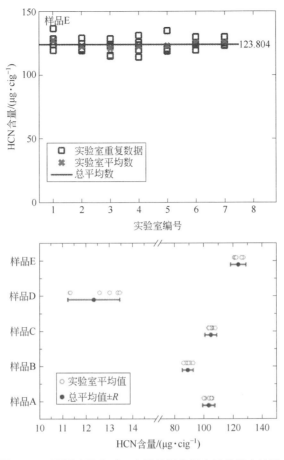

图 10-18　不同实验室对 5 个样品氰化氢含量的测定结果

表 10-22　不同样品氰化氢含量总均值及实验室间检测的 r 值和 R 值

样品	实验室数/个	均值/（μg·cig⁻¹）	r	R	r/均值	R/均值
A	7	103.482	3.650	4.103	3.527%	3.965%
B	7	89.212	3.158	3.708	3.540%	4.156%
C	7	105.003	4.006	3.988	3.815%	3.798%
D	7	12.342	0.480	0.584	3.889%	4.732%
E	7	123.804	5.216	5.376	4.213%	4.342%

14. 结论

　　剑桥滤片法捕集卷烟主流烟气中的氰化氢可表述为：通过直线式吸烟机采用 2 mL 浓度为 1 mol·L⁻¹ 氢氧化钠-乙醇/水溶液处理 44 mm 剑桥滤片，捕集主流烟气中的氰化氢，并应用异烟酸-1,3-二甲基巴比妥酸显色体系在连续流动分析仪上测定其释放量。该方法无需接装吸收阱，简化了操作，缩短了实验时间。采用纯剑桥滤片捕集烟气中的氰化氢，使烟气迅速被载有氢氧化钠的滤片捕集，避免了吸收阱所提供的碱性溶液环境，减少了因氰根与烟气中羰基化合物、氮氧化物反应所导致的氰化氢衰减。同时，减少了氰化氢的管路吸附。该方法捕集完全，测定更加准确、可靠，且样品稳定性得到提高。方法的回收率、准确度、重复性以及实验室间的再现性均符合要求，适合于卷烟主流烟气中氰化氢的日常检测。

参考文献

[1] 严拯宇. 分析化学实验与指导[M]. 北京: 中国医药科技出版社, 2005.

[2] 王建梅. 化学检验基础知识[M]. 北京: 化学工业出版社, 2009.

[3] 葛兴. 分析化学[M]. 北京: 中国农业大学出版社, 2004.

[4] 李艳红. 分析化学[M]. 北京: 石油工业出版社, 2008.

[5] 廖力夫. 分析化学[M]. 武汉: 华中科技大学出版社, 2008.

[6] 张锦柱. 分析化学简明教程[M]. 北京: 冶金工业出版社, 2006.

[7] 王冬梅. 分析化学实验[M]. 武汉: 华中科技大学出版社, 2007.

[8] 刘淑萍, 高筠, 孙晓然, 等 分析化学实验教程[M]. 北京: 冶金工业出版社, 2004.

[9] 赵凤英. 分析化学（上册）[M]. 北京: 中国科学技术出版社, 2005.

[10] 朱明华. 仪器分析[M]. 北京: 高等教育出版社, 2000.

[11] 张槐苓, 葛翠英, 穆怀静, 等. 烟草分析与检验[M]. 郑州, 河南科学技术出版社, 1994.

[12] 王瑞新. 烟草化学[M]. 北京: 中国农业出版社, 2003.

[13] Layten D D, Mark T N. Tobacco：Production, chemistry and technology[M]. Wiley- Blackwell, 1999.

[14] 国家烟草专卖局科技教育司编. GB 5606—2005《卷烟》系列国家标准宣贯教材[M]. 北京: 中国标准出版社, 2005.

[15] 闫克玉. 烟草化学[M]. 郑州: 郑州大学出版社, 2002.

[16] 肖协忠. 烟草化学[M]. 北京: 中国农业科技出版社, 1997.

[17] 钟庆辉. 烟草化学基本知识[M]. 北京: 中国轻工业出版社, 1985.

[18] 王瑞新, 韩富根, 杨素勤, 等. 烟草化学品质分析法[M]. 郑州: 河南科学技术出版社, 1990.

[19] 史宏志, 刘国顺. 烟草香味学[M]. 北京: 中国农业出版社, 1998.

[20] 上海卷烟厂. 卷烟生产基本知识[M]. 北京: 中国轻工业出版社, 1977.

[21] 丁瑞康, 王承翰, 朱尊权. 卷烟工艺学[M]. 北京: 食品工业出版社, 1958.

[22] Thomas A. P, Perfetti，Perfetti. The chemical components of tobacco and tobacco smoke[M].Florida：CRC Press, 2008.

[23] 《中国烟草大辞典》编委会. 中国烟草大辞典[M]. 中国经济出版社，1992.

[24] ISO 22980:2020 [S].

[25] CORESTA CRM No. 85 [S].

[26] YC/T 162—2011 [S].

[27] YC/T 468—2013[S].

[28] He S B, Zhang W, Luo A, et al. Determination of total alkaloid in tobacco by a safer and improved method based on KSCN[J]. Tobacco Science and Technology, 2014 (5): 57-61.

[29] 张杰, 马雁军, 石睿, 等. 硫氰化钾与DCIC反应法测定烟草总植物碱[J]. 烟草科技, 2014 (5): 60-62.

[30] YC/T 159—2019 [S].

[31] 张杰, 马雁军, 石睿, 等. 连续流动法测定烟草中还原糖含量的方法优化[J]. 烟草科技, 2018, 51(4): 41-45.

[32] 方肇伦, 徐淑坤. 流动注射分析[M]. 北京: 科学出版社, 1986.

[33] 金闻博, 戴亚, 横田拓, 等. 烟草化学[M]. 北京: 清华大学出版, 2000.

[34] 鲍士旦. 土壤农化分析[M]. 北京: 中国农业出版社, 1981.

[35] 林素梅, 朱一钧, 郑明祥. 现代化学分析法（下册）[M]. 北京: 高等教育出版社, 1989.

[36] 吴性良, 孔继烈. 分析化学原理[M]. 2版. 北京: 化学工业出版社, 2010.

[37] YC/T 161—2002 [S].

[38] YC/T 33—1996 [S].

[39] YC/T 249—2008 [S].

[40] YC/T 245—2008 [S].

[41] YC/T 296—2009 [S].

[42] ISO 15517:2003 [S].

[43] AAⅢ连续流动分析仪硬件手册（英文版）[M]. 汉堡: 布朗-卢比公司, 2004: 165-166.

[44] 北京化学试剂公司. 化学试剂目录手册[M]. 北京: 北京工业大学出版社, 2004: 159.

[45] Marek T. Advances in flow analysis[M]. Berlin: WILEY-VCH Verlag GmbH & Co. KGaA, 2008: 50.

[46] 张威, 王颖, 于瑞国, 等. 连续流动法测定烟草中磷酸盐的含量[J]. 烟草科技, 2010 (10): 37-40.

[47] 王颖, 张威, 王洪波, 等. 烟草中氯的AAⅢ连续流动分析仪测定改进[J]. 烟草科技, 2011 (9): 41-44.

[48] 孔浩辉, 郭璇华, 沈光林, 等. 烟草中氯含量连续流动分析法的改进[J]. 烟草科技, 2008 (2): 28-30.

[49] 谈文, 蒋士君, 刘骏, 等. 烟草个体发育中营养抗病性的研究综述[J]. 烟草科技, 1999 (1): 46-48.

[50] 李晓, 肖协忠, 许锡明, 等. 提高烟叶含钾量应技术创新[J]. 中国烟草科学, 1999 (3): 33-34.

[51] 李佛琳, 彭桂芬, 萧凤回, 等. 我国烟草钾素研究的现状与展望[J]. 中国烟草科学, 1999 (1): 24-27.

[52] 黄贵萍, 钱晓刚. 钾肥施用技术与烤烟产量、烟叶含钾量研究[J]. 耕作与栽培, 1999 (2): 39-40, 61.

[53] 李忠, 蒋次清, 刘巍, 等. 烟草中钾含量测定的研究[J]. 分析科学学报, 2001 (1): 60-61.

[54] 黄瑞, 孙长胜, 杨越, 等. 测定烟草中钾含量的连续流动分析方法[J]. 烟草科技, 1998 (6): 30-31.

[55] 王爱国, 张仕祥, 戴华鑫, 等. 水泥厂对周边环境及烟叶重金属积累的影响[J]. 烟草科技, 2018 (3): 7-14.

[56] 许杰, 马文广, 何冰, 等. 烤烟不同基因型钾营养特性研究[J]. 中国烟草学报, 2017 (6): 45-52.

[57] 肖水平, 吴香华, 孙亮庆, 等. 棉花苗期钾营养效率的基因型分类及钾营养特性差异分析[J]. 棉花学报, 2014 (6): 546-554.

[58] 雷晶, 郝艳淑, 王晓丽, 等. 植物钾效率差异的营养生理及代谢机制研究进展[J]. 中国土壤与肥料, 2014 (1): 1-5.

[59] 梁太波, 王高杰, 张艳玲, 等. 不同氮效率烟草品种氮素营养特性的差异[J]. 烟草科技, 2013 (12): 63-66.

[60] 闫慧峰, 石屹, 李乃会, 等. 烟草钾素营养研究进展[J]. 中国农业科技导报, 2013 (1): 123-129.

[61] 展曼曼, 王宁, 田晓莉. 棉花钾营养效率的基因型差异研究进展[J]. 棉花学报, 2012 (2): 176-182.

[62] GB 11904—1989 [S].

[63] YC/T 153—2001 [S].

[64] YC/T 248—2008 [S].

[65] YC/T 162—2002 [S].

[66] YC/T 162—2011 [S].

[67] YC/T 173—2003 [S].

[68] YC/T 217—2007 [S].

[69] YC/T 269—2008 [S].

[70] YC/T 343—2010 [S].

[71] SN/T 0736.7—1999 [S].

[72] ISO 15682:2002 [S].

[73] 王怀珠, 杨焕文, 郭红英, 等. 淀粉类酶降解鲜烟叶中淀粉的研究[J]. 中国烟草科学, 2005 (2): 37-39.

[74] 宫长荣. 烟草调制学[M]. 北京: 中国农业出版社, 2003.

[75] 宫长荣, 袁红涛, 陈江华. 烘烤过程中环境湿度和烟叶水分与淀粉代谢动态[J]. 中国农业科学, 2003, 36(2): l55-158.

[76] 王怀珠, 杨焕文, 郭红英. 烘烤过程中外加淀粉类酶对烤烟淀粉降解的影响[J]. 生物技术, 2004, 10(5): 67-69.

[77] Weeks W W. Chemistry of tobacco constituents influ-ences flavor and aroma[J]. Rec. Adv. Tob. Sc. 1985, 11: 175-200.

[78] 王东胜. 烟草栽培学[M]. 北京: 中国科学技术大学出版社, 2002.

[79] 蔡宪杰, 王信民, 尹启生, 等. 采收成熟度对烤烟淀粉含量影响的初步研究[J]. 烟草科技, 2005 (2): 38-40.

[80] 张峻松, 贾春晓. 碘显色法测定烟草中的淀粉含量[J]. 烟草科技, 2004, 5: 24-26.

[81] 郭冬生, 彭小兰. 蒽酮比色法和酶水解法两种淀粉测定方法的比较研究[J]. 湖南文理学院学报（自然科学版）. 2007, 19 (3): 34-36.

[82] 戴双, 程敦公, 李豪圣, 等. 小麦直、支链淀粉和总淀粉含量的比色快速测定研究[J]. 麦类作物学报, 2008, 28(3): 442-447.

[83] 范明顺, 张崇玉, 张琴, 等. 双波长分光光度法测定高粱中的直链淀粉和支链淀粉[J]. 中国酿造, 2008, 21: 85-87.

[84] Jarvis C E, Walker J R I. Simultaneous, rapid, spectrophotometric determination of total starch, amylose, and amylopectin[J]. Journal of the Science of Food and Agriculture, 1993, 63: 53-57.

[85] Sene M, Thevenot C, Prioul J L. Simultaneous spectrophoto-metric determination of amylose and amylopectin in starch-from maize kernel by multiwavelength analysis[J]. Journal of Cereal Science, 1997, 26(2): 211-221.

[86] 曹忙选. 电位滴定法快速测定直链淀粉含量[J]. 西北农业学报, 2003, 12(4): 91-92, 97.

[87] 陈俊芳, 周裔彬, 白丽, 等. 两种方法测定板栗直链淀粉含量的比较[J]. 中国粮油学报, 2010, 25(4): 93-95, 128.

[88] Ferting C, Podczek F, Jee R, et al. Feasibility study for the rapiddetermination of the amylase content in starch by near-infrared spectroscopy[J]. European Journal of Pharmaceutical Sciences, 2004, 24: 155-159.

[89] 彭建, 张正茂. 小麦籽粒淀粉和直链淀粉含量的近红外漫反射光谱法快速检测[J]. 麦类作物学报, 2010, 30(2): 276-279.

[90] Grerard C, Barron C, Colonana P, et al. Amy lose determination in genetically modified starches[J]. Carbohydrate Polymers, 2001, 44: 19-27.

[91] Grant L A, Ostenson A M,Rayas D P. Determination of amylose and amylopectin of wheat starch using high performance size-exclusion chromatography (HPSEC)[J]. Cereal Chemistry, 2002, 79: 771-773.

[92] Charoenkui N, Uttapap D, Pathipanawat W, et a1. Simul-taneous determination of amylose content & unit chain distribution ofamylopectins of cassava starches by fluorescent labeling(HPSEC)[J]. Carbohydrate Polymers, 2006, 65 (1): 102-108.

[93] Mestres C, Metencio F, Pons B, et al. A rapid method for the determination of amylase contentby using differential scanning calorimetry[J]. Starch, 1996, 48: 2-6.

[94] Polaske N W, Wood A L,Campbell M R, et al. Amylose determination of native high amylosecomstraches by differential scanning calorimetry[J]. Starch. 2005, 57: 118-123.

[95] Yun S H, Matheson N K. Estimation of the amylase content of starches after precipitation of amylopectin by concanavalin A[J]. Starch, 1990, 42: 302-305.

[96] Gibson T S, Solah V A, McClearly B V. A procedure to measure amylase incereal starched and flours with concanaval in A[J]. CerealSitense, 1997, 25: 111-119.

[97] Listed NA.NTP Toxicity Studies of sodium cyanide (CAS No. 143-33-9) administered in drinking water to F344/N rats and B6C3FI mice[J]. Toxicity Report. 1993, 37:1.

[98] Hariharakrishnan J, Satpute R M, Prasad G B K S, et al. Oxidative stress mediated cytotoxicity of cyanide in LLC-MK2 cells and its attenuation by alpha-ketoglutarate and N-acetyl cysteine[J]. Toxicol. Lett., 2009, 185: 132-141.

[99] Haxhiu M A, Erokwu B, van Lunteren E, et al. Central and spinal effects of sodium cyanide on respiratory activity[J].Journal of Applied Physiology, 1993, 74(2): 574-579.

[100] Hariharakrishnan J, Satpute R M, Bhattacharya R. Cyanide-induced changes in the levels of neurotransmitters in discrete brain regions of rats and their response to oral treatment with alpha-ketoglutarate[J]. Indian journal of experimental biology, 2010,48(7): 731.

[101] Salkowski A A，Penney D G. Cyanide poisoning in animals and humans: a review[J]. Veterinary and human toxicology, 1994, 36: 455-466.

[102] Mathangi D C, Shyamala R, Vijayashree R, et al. Effect of alpha-ketoglutarate on neurobehavioral, neurochemical and oxidative changes caused by sub-chronic cyanide poisoning in rats[J]. Neurochemical Research, 36: 540-548.

[103] Leavesley H B, Li L, Prabhakaran K, et al. Interaction of cyanide and nitric oxide with cytochrome coxidase: implications for acute cyanide toxicity[J]. Toxicological sciences: An official journal of the Society of Toxicology, 2008, 101: 101-111.

[104] Tulsawani R K, Debnath M, Pant S C, et al. Effect of sub-acute oral cyanide administration in rats: Protective efficacy of alpha-ketoglutarate and sodium thiosulfate[J]. Chem. Biol. Interact., 2005, 156: 1-12.

[105] Soto-Blanco B, Marioka P C, Górniak S L,et al. Effects of long-term low-dose cyanide administration to rats[J]. Ecotoxicol. Environ. Saf., 2002, 53: 37-41.

[106] Xie J. Development of a novel hazard index of mainstream cigarette smoke and its application on risk evaluation of cigarette products[J]. Tobacco Science and Technology, 2009（2）：5-15.

[107] Wynder E L, Hoffmann D. Smoking and lung cancer: Scientific Challenges and Opportunities[J]. Cancer Research, 1994, 54: 5284-5295.

[108] Esposito F M. Inhalation toxicity of carbon monoxide and hydrogen cyanide gases released during the thermal decomposition of polymers[J]. Journal of Free Sciences, 1988, 6: 195-242.

[109] Pohlandt C, Jones E A, LEE A F. A critical evaluation of methods applicable to the determination of cyanides[J]. Journal of the Southern African Institute of Mining and Metallurgy, 1983, 83: 11-19.

[110] Collins P F, Sarji N M, Williams J F. A trapping system for the combined determination fo total HCN and Total gas phase aldehyde in cigarette smoke[J]. Beiträge zur Tabakforschung International, 1973, 7: 73-78.

[111] Van P P F. A continuous-flow analysis system for thiocyanate (and cyanide) in physiological preparations. Biochemical. Medicine, 1972, 6: 105-110.

[112] Sun B, Noller B N. Simultaneous determination of trace amounts of free cyanide and thiocyanate by a stopped-flow spectrophotometric method[J]. Water Research, 1998, 32: 3698-3704.

[113] Rueppel M L, Kirkwood, Ting C C, et al. Method for the quantitative determination n of cyanide：US4227888A[P].1980.

[114] Jiang Y, Lu N, Yu F, et al. Sampling and determination of hydrogen cyanide in cigarette smoke Fresenius[J].Fresenius Journal of Analytical Chemistry, 1999, 364: 786-787.

[115] Koupparis M A, Efstathiou C E, Hadjiioannou T P. Kinetic determination of formaldehyde and hexamethylenetetramine with a cyanide-selective electrode[J]. Analytica Chimica Acta, 1979, 107: 91-100.

[116] Safavi A, Maleki N, Shahbaazi H R. Indirect determination of cyanide ion and hydrogencyanide by adsorptive stripping voltammetry at a mercury electrode[J]. Analytica Chimica Acta, 2004, 503: 213-221.

[117] Nonomura M. Indirect determinaiton of cyanide compounds by ion chromatography with conductivity measurement[J]. Analytial Chemistry, 1987, 59: 2073-2076.

[118] Odoul M, Fouillet B, Nouri B, et al. Specific determination of cyanide in blood by headspace gas chromatography[J]. Journal of Analytial Toxic ology, 1994(4): 205.

[119] Mottier N, Jeanneret F, Rotach M. Determination of hydrogen cyanide in cigarette mainstream smoke by LC/MS/MS[J].Journal of Aoac International, 2010,93: 1032-1038.

[120] Chinaka S, Takayama N, Michigami Y, et al. Simultaneous determination of cyanide and thiocyanate in blood by ion chromatography with fluorescence and ultraviolet detection[J].Journal of Chromatography B Biomedical Sciences & Applications, 1998, 713(2): 353-359.

[121] Shibata M, Inoue K, Yoshimura Y, et al. Simultaneous determination of hydrogen cyanide and volatile aliphatic nitriles by headspace gas chromatography, and its application to an in vivo study of the metabolism of acrylonitrile in the rat[J].Archives of Toxicology, 2004, 78: 301-305.

[122] Darr R W, Capson T L, Hileman F D. Determination of hydrogen cyanide in blood using gas chromatography with alkali thermionic detection[J]. Analytial Chemistry, 1980, 52: 1379-1381.

[123] Dolzine T W, Esposito G G, Rinehart D S. Determination of hydrogen cyanide in air by ion chromatography[J]. Analytial Chemistry, 1982, 54: 470-473.

附　录

附录1　部分氧化还原电对的标准电极电位

半反应	$E^{\ominus}/V$
$Li^+ + e^- \rightleftharpoons Li$	-3.045
$Rb^+ + e^- \rightleftharpoons Rb$	-2.925
$K^+ + e^- \rightleftharpoons K$	-2.924
$Cs^+ + e^- \rightleftharpoons Cs$	-2.923
$Ba^{2+} + 2\,e^- \rightleftharpoons Ba$	-2.90
$Ca^{2+} + 2\,e^- \rightleftharpoons Ca$	-2.87
$Na^+ + e^- \rightleftharpoons Na$	-2.714
$Mg^{2+} + 2\,e^- \rightleftharpoons Mg$	-2.375
$(AlF_6)^{3-} + 3\,e^- \rightleftharpoons Al + 6\,F^-$	-2.07
$Al^{3+} + 3\,e^- \rightleftharpoons Al$	-1.66
$Mn^{2+} + 2\,e^- \rightleftharpoons Mn$	-1.182
$Zn^{2+} + 2\,e^- \rightleftharpoons Zn$	-0.763
$Cr^{3+} + 3\,e^- \rightleftharpoons Cr$	-0.74
$Ag_2S + 2\,e^- \rightleftharpoons 2\,Ag + S^{2-}$	-0.69
$2\,CO_2 + 2\,H^+ + 2\,e^- \rightleftharpoons H_2C_2O_4$	-0.49
$S + 2\,e^- \rightleftharpoons S^{2-}$	-0.48
$Fe^{2+} + 2\,e^- \rightleftharpoons Fe$	-0.44
$Co^{2+} + 2\,e^- \rightleftharpoons Co$	-0.277
$Ni^{2+} + 2\,e^- \rightleftharpoons Ni$	-0.257
$AgI + e^- \rightleftharpoons Ag + I^-$	-0.152
$Sn^{2+} + 2\,e^- \rightleftharpoons Sn$	-0.136
$Pb^{2+} + 2\,e^- \rightleftharpoons Pb$	-0.126
$Fe^{3+} + 3\,e^- \rightleftharpoons Fe$	-0.036
$AgCN + e^- \rightleftharpoons Ag + CN^-$	-0.02
$2\,H^+ + 2\,e^- \rightleftharpoons H_2$	0.000
$AgBr + e^- \rightleftharpoons Ag + Br^-$	0.071
$S_4O_6^{2-} + 2\,e^- \rightleftharpoons 2\,S_2O_3^{2-}$	0.08
$S + 2\,H^+ + 2\,e^- \rightleftharpoons H_2S\,(aq)$	0.141

半反应	$E^{\ominus}/V$
$Sn^{4+} + 2\,e^- \rightleftharpoons Sn^{2+}$	0.154
$Cu^{2+} + e^- \rightleftharpoons Cu^+$	0.159
$SO_4^{2-} + 4\,H^+ + 2\,e^- \rightleftharpoons SO_2(aq) + 2\,H_2O$	0.17
$AgCl + e^- \rightleftharpoons Ag + Cl^-$	0.2223
$Hg_2Cl_2 + 2\,e^- \rightleftharpoons 2\,Hg + 2\,Cl^-$	0.2676
$Cu^{2+} + 2\,e^- \rightleftharpoons Cu$	0.337
$[Fe(CN)_6]^{3-} + e^- \rightleftharpoons [Fe(CN)_6]^{4-}$	0.36
$[Ag(NH_3)_2]^+ + e^- \rightleftharpoons Ag + 2\,NH_3$	0.373
$2\,H_2SO_3 + 2\,H^+ + 4\,e^- \rightleftharpoons S_2O_3^{2-} + 3\,H_2O$	0.40
$O_2 + 2\,H_2O + 4\,e^- \rightleftharpoons 4\,OH^-$	0.41
$H_2SO_3 + 4\,H^+ + 4\,e^- \rightleftharpoons S + 3\,H_2O$	0.45
$Cu^+ + e^- \rightleftharpoons Cu$	0.52
$I_2 + 2\,e^- \rightleftharpoons 2\,I^-$	0.535
$H_3AsO_4 + 2\,H^+ + 2\,e^- \rightleftharpoons HAsO_2 + 2\,H_2O$	0.559
$MnO_4^- + 2\,e^- \rightleftharpoons MnO_4^{2-}$	0.564
$O_2 + 2\,H^+ + 2\,e^- \rightleftharpoons H_2O_2$	0.682
$(PtCl_4)^{2-} + 2\,e^- \rightleftharpoons Pt + 4\,Cl^-$	0.73
$(CNS)_2 + 2\,e^- \rightleftharpoons 2\,CNS^-$	0.77
$Fe^{3+} + e^- \rightleftharpoons Fe^{2+}$	0.771
$Hg_2^{2+} + 2\,e^- \rightleftharpoons 2\,Hg$	0.793
$Ag^+ + e^- \rightleftharpoons Ag$	0.7995
$Hg^{2+} + 2\,e^- \rightleftharpoons Hg$	0.854
$2\,Cu^{2+} + 2\,I^- + 2\,e^- \rightleftharpoons Cu_2I_2$	0.86
$2\,Hg^{2+} + 2\,e^- \rightleftharpoons Hg_2^{2+}$	0.920
$HNO_2 + H^+ + e^- \rightleftharpoons NO + H_2O$	0.99
$NO_2 + 2\,H^+ + 2\,e^- \rightleftharpoons NO + H_2O$	1.03
$Br_2(l) + 2\,e^- \rightleftharpoons 2\,Br^-$	1.065
$Br_2(aq) + 2\,e^- \rightleftharpoons 2\,Br^-$	1.087
$Cu^{2+} + 2\,CN^- + e^- \rightleftharpoons [Cu(CN)_2]^-$	1.12
$ClO_3^- + 2\,H^+ + e^- \rightleftharpoons ClO_2 + H_2O$	1.15
$2\,IO_3^- + 12\,H^+ + 10\,e^- \rightleftharpoons I_2 + 6\,H_2O$	1.20
$MnO_2 + 4\,H^+ + 2\,e^- \rightleftharpoons Mn^{2+} + 2\,H_2O$	1.208
$ClO_3^- + 3\,H^+ + 2\,e^- \rightleftharpoons HClO_2 + H_2O$	1.21
$O_2 + 4\,H^+ + 4\,e^- \rightleftharpoons 2\,H_2O$	1.229
$Cr_2O_7^{2-} + 14\,H^+ + 6\,e^- \rightleftharpoons 2\,Cr^{3+} + 7\,H_2O$	1.33

半反应	$E^{\ominus}/V$
$Cl_2 + 2\,e^- \rightleftharpoons 2\,Cl^-$	1.36
$Au^{3+} + 3\,e^- \rightleftharpoons Au$	1.42
$BrO_3^- + 6\,H^+ + 6\,e^- \rightleftharpoons Br^- + 3\,H_2O$	1.44
$ClO_3^- + 6\,H^+ + 6\,e^- \rightleftharpoons Cl^- + 3\,H_2O$	1.45
$PbO_2 + 4\,H^+ + 2\,e^- \rightleftharpoons Pb^{2+} + 2\,H_2O$	1.455
$2\,ClO_3^- + 12\,H^+ + 10\,e^- \rightleftharpoons Cl_2 + 6\,H_2O$	1.47
$MnO_4^- + 8\,H^+ + 5\,e^- \rightleftharpoons Mn^{2+} + 4\,H_2O$	1.51
$MnO_4^- + 4\,H^+ + 3\,e^- \rightleftharpoons MnO_2 + 2\,H_2O$	1.695
$H_2O_2 + 2\,H^+ + 2\,e^- \rightleftharpoons 2\,H_2O$	1.776
$S_2O_8^{2-} + 2\,e^- \rightleftharpoons 2\,SO_4^{2-}$	2.01
$O_3 + 2\,H^+ + 2\,e^- \rightleftharpoons O_2 + H_2O$	2.07
$F_2 + 2\,e^- \rightleftharpoons 2\,F^-$	2.87
$F_2 + 2\,H^+ + 2\,e^- \rightleftharpoons 2\,HF$	3.06

附录2 部分氧化还原电对的条件电位

半反应	$E^{\ominus\prime}/V$	介质
$Ag^+ + e^- \rightleftharpoons Ag$	0.792	$1\ mol \cdot L^{-1}\ HClO_4$
	0.228	$1\ mol \cdot L^{-1}\ HCl$
$H_3AsO_4 + 2\,H^+ + e^- \rightleftharpoons H_3AsO_3 + H_2O$	0.577	$1\ mol \cdot L^{-1}\ HCl,\ HClO_4$
	0.07	$1\ mol \cdot L^{-1}\ NaOH$
$Ce^{4+} + e^- \rightleftharpoons Ce^{3+}$	1.75	$3\ mol \cdot L^{-1}\ HClO_4$
	1.71	$2\ mol \cdot L^{-1}\ HClO_4$
	1.70	$1\ mol \cdot L^{-1}\ HClO_4$
	1.61	$1\ mol \cdot L^{-1}\ HNO_3$
	1.44	$4\ mol \cdot L^{-1}\ H_2SO_4$
	1.28	$1\ mol \cdot L^{-1}\ HCl$
$Cr_2O_7^{2-} + 14\,H^+ + 6\,e^- \rightleftharpoons 2Cr^{3+} + 7\,H_2O$	1.00	$1\ mol \cdot L^{-1}\ HCl$
	1.08	$3\ mol \cdot L^{-1}\ HCl$
	1.10	$2\ mol \cdot L^{-1}\ H_2SO_4$
	1.15	$4\ mol \cdot L^{-1}\ H_2O_4$
	1.025	$1\ mol \cdot L^{-1}\ HClO_4$
$CrO_4^{2-} + 2\,H_2O + 3\,e^- \rightleftharpoons CrO_2^- + 4\,OH^-$	−0.12	$1\ mol \cdot L^{-1}\ NaOH$
$Fe^{3+} + e^- \rightleftharpoons Fe^{2+}$	0.732	$1\ mol \cdot L^{-1}\ HClO_4$
	0.70	$1\ mol \cdot L^{-1}\ HCl$
	0.68	$3\ mol \cdot L^{-1}\ HCl$
	0.68	$1\ mol \cdot L^{-1}\ H_2SO_4$
	0.46	$2\ mol \cdot L^{-1}\ H_3PO_4$
$Fe(EDTA)^- + e^- \rightleftharpoons Fe(EDTA)^{2-}$	0.12	$1\ mol \cdot L^{-1}\ EDTA$ pH 值为 4~6
$I_3^- + 2\,e^- \rightleftharpoons 3\,I^-$	0.5446	$0.5\ mol \cdot L^{-1}\ H_2SO_4$
$I_2(水) + 2\,e^- \rightleftharpoons 3\,I^-$	0.6276	$0.5\ mol \cdot L^{-1}\ H_2SO_4$
$MnO_4^- + 8\,H^+ + 5\,e^- \rightleftharpoons Mn^{2+} + 4\,H_2O$	1.45	$1\ mol \cdot L^{-1}\ HClO_4$
$Sn^{4+} + 2\,e^- \rightleftharpoons Sn^{2+}$	0.14	$1\ mol \cdot L^{-1}\ HCl$
$Sn^{2+} + 2\,e^- \rightleftharpoons Sn$	−0.20	$1\ mol \cdot L^{-1}\ HCl,\ H_2SO_4$
	−0.16	$1\ mol \cdot L^{-1}\ HClO_4$
$Mo^{3+} + e^- \rightleftharpoons Mo^{2+}$	0.1	$4\ mol \cdot L^{-1}\ H_2SO_4$
$Hg_2Cl_2 + 2\,e^- \rightleftharpoons 2\,Hg + 2\,Cl^-$	0.242	饱和 KCl
	0.282	$0.1\ mol \cdot L^{-1}\ KCl$
	0.334	$0.1\ mol \cdot L^{-1}\ KCl$
$Sb(V) + 2\,e^- \rightleftharpoons Sb(III)$	0.75	$0.35\ mol \cdot L^{-1}\ HCl$

附录 3　常用基准物质的干燥条件和应用

基准物质		干燥后的组成	干燥条件	标定对象
名称	分子式			
碳酸氢钠	NaHCO₃	Na_2CO_3	270~300℃	酸
碳酸钠	Na₂CO₃·10H₂O	Na_2CO_3	270~300℃	酸
硼砂	Na₂B₄O₇·10H₂O	$Na_2B_4O_7 \cdot 10H_2O$	放在含 NaCl 和蔗糖饱和溶液的干燥器中	酸
碳酸氢钾	KHCO₃	K_2CO_3	270~300℃	酸
草酸	H₂C₂O₄·2H₂O	$H_2C_2O_4 \cdot 2H_2O$	室温空气干燥	碱或 KMnO₄
邻苯二甲酸氢钾	KHC₈H₄O₄	$KHC_8H_4O_4$	110~120℃	碱
重铬酸钾	K₂Cr₂O₇	$K_2Cr_2O_7$	140~150℃	还原剂
溴酸钾	KBrO₃	$KBrO_3$	130℃	还原剂
碘酸钾	KIO₃	KIO_3	130℃	还原剂
铜	Cu	Cu	室温干燥器中保存	还原剂
三氧化二砷	As₂O₃	As_2O_3	室温干燥器中保存	还原剂
草酸钠	Na₂C₂O₄	$Na_2C_2O_4$	130℃	氧化剂
碳酸钙	CaCO₃	$CaCO_3$	110℃	EDTA
锌	Zn	Zn	室温干燥器中保存	EDTA
氧化锌	ZnO	ZnO	900~1000℃	EDTA
氯化钠	NaCl	NaCl	500~600℃	AgNO₃
氯化钾	KCl	KCl	500~600℃	AgNO₃
硝酸银	AgNO₃	$AgNO_3$	280~290℃	氯化物
氨基磺酸钠	HOSO₂NH₂	$HOSO_2NH_2$	在真空 H₂SO₄ 干燥器中保存 48 h	碱

附录4　常用缓冲溶液的配制

pH	配制方法
0.0	1.0 mol · L^{-1} HCl 或 HNO$_3$
1.0	0.1 mol · L^{-1} HCl 或 HNO$_3$
2.0	0.01 mol · L^{-1} HCl 或 HNO$_3$
3.6	NaAc · 3H$_2$O 8 g，溶于适量水中，加 6 mol · L^{-1} HAc 134 mL，稀释至 500 mL
4.0	NaAc · 3H$_2$O 20 g，溶于适量水中，加 6 mol · L^{-1} HAc 134 mL，稀释至 500 mL
4.5	NaAc · 3H$_2$O 32 g，溶于适量水中，加 6 mol · L^{-1} HAc 68 mL，稀释至 500 mL
5.0	NaAc · 3H$_2$O 50 g，溶于适量水中，加 6 mol · L^{-1} HAc 34 mL，稀释至 500 mL
5.7	NaAc · 3H$_2$O 100 g，溶于适量水中，加 6 mol · L^{-1} HAc 13 mL，稀释至 500 mL
7.0	NH$_4$Ac 77 g，用适量水溶解后，稀释至 500 mL
7.5	NH$_4$Cl 60 g，溶于适量水中，加 15 mol · L^{-1} 氨水 1.4 mL，稀释至 500 mL
8.0	NH$_4$Cl 50 g，溶于适量水中，加 15 mol · L^{-1} 氨水 3.5 mL，稀释至 500 mL
8.5	NH$_4$Cl 40 g，溶于适量水中，加 15 mol · L^{-1} 氨水 8.8 mL，稀释至 500 mL
9.0	NH$_4$Cl 35 g，溶于适量水中，加 15 mol · L^{-1} 氨水 24 mL，稀释至 500 mL
9.5	NH$_4$Cl 30 g，溶于适量水中，加 15 mol · L^{-1} 氨水 65 mL，稀释至 500 mL
10.0	NH$_4$Cl 27 g，溶于适量水中，加 15 mol · L^{-1} 氨水 175 mL，稀释至 500 mL
10.5	NH$_4$Cl 9 g，溶于适量水中，加 15 mol · L^{-1} 氨水 197 mL，稀释至 500 mL
11.0	NH$_4$Cl 3 g，溶于适量水中，加 15 mol · L^{-1} 氨水 207 mL，稀释至 500 mL
12.0	0.01 mol · L^{-1} NaOH 或 KOH
13.0	0.1 mol · L^{-1} NaOH 或 KOH

附录 5 汉蒙表

铜/mg	葡萄糖/mg	铜/mg	葡萄糖/mg	铜/mg	葡萄糖/mg	铜/mg	葡萄糖/mg
10	4.6	11	5.1	12	5.6	13	6.0
14	6.5	15	7.0	16	7.5	17	8.0
18	8.5	19	8.9	20	9.4	21	9.9
22	10.4	23	10.9	24	11.4	25	11.9
26	12.3	27	12.8	28	13.3	29	13.8
30	14.3	31	14.8	32	15.3	33	15.7
34	16.2	35	16.7	36	17.2	37	17.7
38	18.2	39	18.7	40	19.2	41	19.7
42	20.1	43	20.6	44	21.1	45	21.6
46	22.1	47	22.6	48	23.1	49	23.6
50	24.1	51	24.6	52	25.1	53	25.6
54	26.1	55	26.5	56	27.0	57	27.5
58	28.0	59	28.5	60	29.0	61	29.5
62	30.0	63	30.5	64	31.0	65	31.5
66	32.0	67	32.5	68	33.0	69	33.5
70	34.0	71	34.5	72	35.0	73	35.5
74	36.0	75	36.5	76	37.0	77	37.5
78	38.0	79	38.5	80	39.0	81	39.5
82	40.0	83	40.5	84	41.0	85	41.5
86	42.0	87	42.5	88	43.0	89	43.5
90	44.0	91	44.5	92	45.0	93	45.5
94	46.0	95	46.5	96	47.0	97	47.5
98	48.0	99	48.5	100	49.0	101	49.5
102	50.0	103	50.6	104	51.1	105	51.6
106	52.1	107	52.6	108	53.1	109	53.6
110	54.1	111	54.6	112	55.1	113	55.6
114	56.1	115	56.7	116	57.2	117	57.7
118	58.2	119	58.7	120	59.2	121	59.7
122	60.2	123	60.7	124	61.3	125	61.8
126	62.3	127	62.8	128	63.3	129	63.8
130	64.3	131	64.9	132	65.4	133	65.9
134	66.4	135	66.9	136	67.4	137	68.0
138	68.5	139	69.0	140	69.5	141	70.0

铜/mg	葡萄糖/mg	铜/mg	葡萄糖/mg	铜/mg	葡萄糖/mg	铜/mg	葡萄糖/mg
142	70.5	143	71.1	144	71.6	145	72.1
146	72.6	147	73.1	148	73.7	149	74.2
150	74.7	151	75.2	152	75.7	153	76.3
154	76.8	155	77.3	156	77.8	157	78.3
158	78.9	159	79.4	160	79.9	161	80.4
162	81.0	163	81.5	164	82.0	165	82.5
166	83.1	167	83.6	168	84.1	169	84.6
170	85.2	171	85.7	172	86.2	173	86.7
174	87.3	175	87.8	176	88.3	177	88.9
178	89.4	179	89.9	180	90.4	181	91.0
182	91.5	183	92.0	184	92.6	185	93.1
186	93.6	187	94.2	188	94.7	189	95.2
190	95.7	191	96.3	192	96.8	193	97.3
194	97.9	195	98.4	196	98.9	197	99.5
198	100.0	199	100.5	200	101.1	201	101.6
202	102.2	203	102.7	204	103.2	205	103.8
206	104.3	207	104.8	208	105.4	209	105.9
210	106.5	211	107.0	212	107.5	213	108.1
214	108.6	215	109.2	216	109.7	217	110.2
218	110.8	219	111.3	220	111.9	221	112.4
222	112.9	223	113.5	224	114.0	225	114.6
226	115.1	227	115.7	228	116.2	229	116.7
230	117.3	231	117.8	232	118.4	233	118.9
234	119.5	235	120.0	236	120.6	237	121.1
238	121.7	239	122.2	240	122.7	241	123.3
242	123.8	243	124.4	244	124.9	245	125.5
246	126.0	247	126.6	248	127.1	249	127.7
250	128.2	251	128.8	252	129.3	253	129.9
254	130.4	255	131.0	256	131.6	257	132.1
258	132.7	259	133.2	260	133.8	261	134.3
262	134.9	263	135.4	264	136.0	265	135.5
266	137.1	267	137.7	268	138.2	269	138.8
270	139.3	271	139.9	272	140.4	273	141.0
274	141.6	275	142.1	276	142.7	277	143.2
278	143.8	279	144.4	280	144.9	281	145.5

铜/mg	葡萄糖/mg	铜/mg	葡萄糖/mg	铜/mg	葡萄糖/mg	铜/mg	葡萄糖/mg
282	146.0	283	146.6	284	147.2	285	147.7
286	148.3	287	148.8	288	149.4	289	150.0
290	150.5	291	151.1	292	151.7	293	152.2
294	152.8	295	153.4	296	153.9	297	154.5
298	155.1	299	155.6	300	156.2	301	156.8
302	157.3	303	157.9	304	158.5	305	159.0
306	159.6	307	160.2	308	160.7	309	161.3
310	161.9	311	162.5	312	163.0	313	163.6
314	164.2	315	164.7	316	165.3	317	165.9
318	166.5	319	167.0	320	167.6	321	168.2
322	168.8	323	169.3	324	169.9	325	170.5
326	171.1	327	171.6	328	172.2	329	172.8
330	173.4	331	173.9	332	174.5	333	175.1
334	175.7	335	176.3	336	176.8	337	177.4
338	178.0	339	178.6	340	179.2	341	179.7
342	180.3	343	180.9	344	181.5	345	182.1
346	182.7	347	183.2	348	183.8	349	184.4
350	185.0	351	185.6	352	186.2	353	186.8
354	187.3	355	187.9	356	188.5	357	189.1
358	189.7	359	190.3	360	190.9	361	191.5
362	192.0	363	192.6	364	193.2	365	193.8
366	194.4	367	195.0	368	195.6	369	196.2
370	196.8	371	197.4	372	198.0	373	198.5
374	199.1	375	199.7	376	200.3	377	200.9
378	201.5	379	202.1	380	202.7	381	203.3
382	203.9	383	204.5	384	205.1	385	205.7
386	206.3	387	206.9	388	207.5	389	208.1
390	208.7	391	209.3	392	209.9	393	210.5
394	211.1	395	211.7	396	212.3	397	212.9
398	213.5	399	214.1	400	214.7	401	215.3
402	215.9	403	216.5	404	217.1	405	217.8
406	218.4	407	219.0	408	219.6	409	220.2